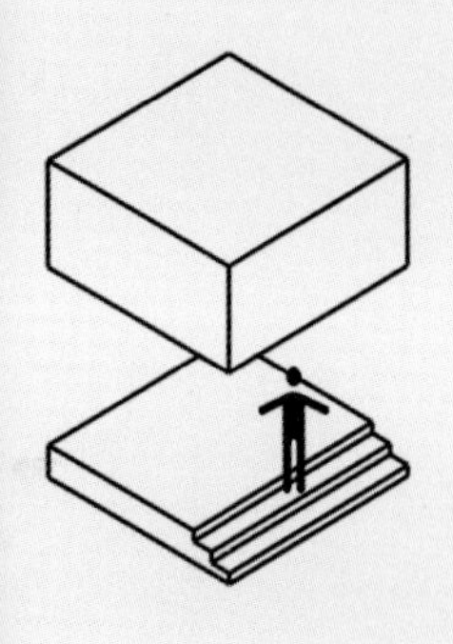

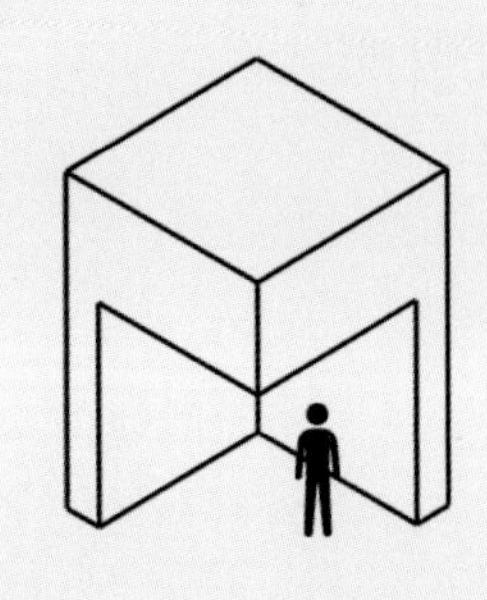

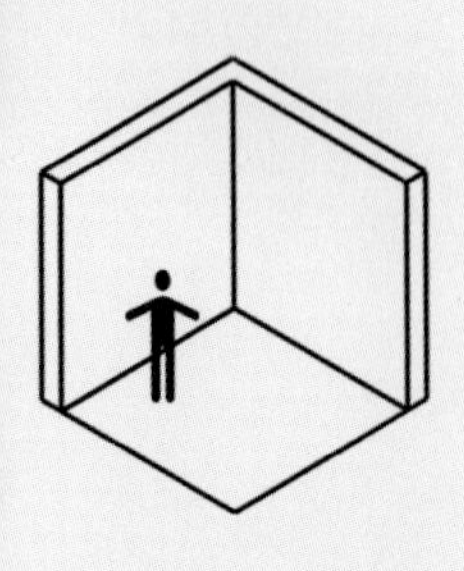

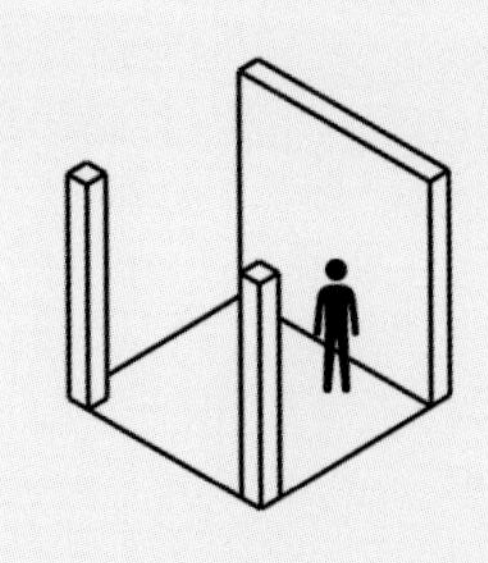

建筑设计初步

吕元 赵睿 等编

ARCHITECTURE PRELIMINARY

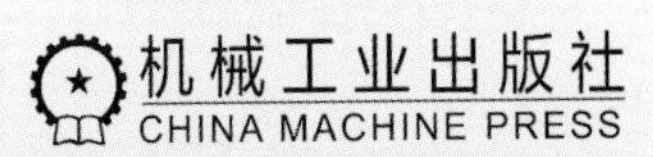

本书以建筑学一年级建筑设计初步课程教学实践为主要内容，包括建筑初步课程教学目标、方法、基本理论和作业实例等。在建筑学专业基础教学中有意识渗透学科专业理论，从体验、操作、实践中认知专业、学习技能、应用理论，使学生在入学之初能够在学习专业基础理论的同时，认知学科专业发展方向，建立工程实践意识，有利于创新思维能力与实践操作能力的培养与提高。本书适合作为普通高等院校建筑学专业教师及学生用书或教辅用书。

图书在版编目（CIP）数据

建筑设计初步/吕元等编. —北京：机械工业出版社，2015.12（2019.1重印）
ISBN 978-7-111-52455-7

Ⅰ.①建… Ⅱ.①吕… Ⅲ.①建筑设计—高等学校—教材 Ⅳ.①TU2

中国版本图书馆CIP数据核字（2015）第301199号

机械工业出版社（北京市百万庄大街22号 邮政编码100037）
策划编辑：赵 荣 责任编辑：赵 荣 林 静
版式设计：霍永明 责任校对：黄兴伟
封面设计：张 静 责任印制：孙 炜
北京利丰雅高长城印刷有限公司印刷

2019年1月第1版第3次印刷
184mm × 260mm · 13.25印张 · 290千字
标准书号：ISBN 978-7-111-52455-7
定价：65.00 元

凡购本书，如有缺页、倒页、脱页，由本社发行部调换

电话服务	网络服务
服务咨询热线：010-88361066	机 工 官 网：www.cmpbook.com
读者购书热线：010-68326294	机 工 官 博：weibo.com/cmp1952
010-88379203	金 书 网：www.golden-book.com
封面无防伪标均为盗版	教育服务网：www.cmpedu.com

前　言

《建筑设计初步》课程是建筑学及相关专业低年级阶段非常重要的核心专业基础课程。本书以建筑学专业一年级《建筑设计初步》课程教学实践为主要内容，介绍了该课程的教学目标、方法，基本授课内容，作业实例等，旨在探讨在建筑学专业基础教学中有意识渗透学科专业理论，从体验、操作、实践中认知专业、学习技能、应用理论、拓展研究。使学生在入学之初能够在学习专业基础理论的同时，认知学科专业发展方向，建立工程实践意识，有利于创新思维能力与实践操作能力的培养与提高。

本书主要分为教学内容与作业两大部分，教学主要内容：第1章主要从环节基础教学、工程素质培养、学科理论引导三方面介绍了《建筑设计初步》课程体系；第2章主要通过介绍中西方古代建筑史纲，了解基本的识图制图内容来对建筑进行基本了解与认知；第3章主要介绍建筑钢笔画表达技法；第4章通过名师作品复原及作品解析的学习了解建筑设计的基本要素；第5章分别从功能/尺度研究、形态/二维—三维转换研究、结构/材料研究、空间/流线研究等几个方面对建筑设计的各要素进行分解学习及训练；第6章通过对前几章节内容的学习与总结进行综合设计与训练。作业部分涵盖专业认知、钢笔画技法、作品复原及解析、人体尺度、形态构成、空间构成、综合设计、拓展训练等多项训练题目，可以为低年级建筑学专业的学习与训练提供参考。

本书的编著工作具体分工如下：第1章由吕元、陈喆、孙颖编写；第2章由张帆、熊瑛编写；第3章由刘悦编写；第4章由熊瑛编写；第5章由赵睿、吕元、熊瑛、张青编写；第6章由张帆编写；附录作业部分由吕元、赵睿、张帆、刘悦、张青、熊瑛编写。此外，还要感谢刘佳颖为本书提供的部分作业照片。

本书受北京市校外人才培养基地、北京市特色专业资助出版。

编者

目　录

第1章　课程概况

1.1　课程背景

高校本科生高素质应用型创新人才培养目标提出从提高学生实践能力、创新能力的角度深化教学改革。教育部“卓越工程师教育培养计划”也提出培养创新实践型人才。

建筑学专业的实践性特点要求学生应具备相应的实践经验与能力，如果学生在入学之初就能够在学习专业基础理论、基本技能的同时开始树立正确的职业观与工程实践意识，在基础能力的培养中同步介入社会热点问题，真实项目与案例，有助于学生更为直观、形象地认知专业，掌握专业技能，认识社会，有助于与高年级的实践教学进行衔接。

在一年级开设新生研讨课有利于拓宽学生的专业视野，引入学科前沿问题，促进学生在专业学习基础阶段能够初步了解专业，认知专业、思考专业，对于培养学生的创新思维能力具有重要的意义。因此，有必要在基础教学中以专业基础知识培养为核心，有意识渗透学科前沿理论，从操作实践中认知专业、学习技能、应用理论，拓展研究。使学生在入学之初就能够在学习专业基础的同时开始具备对学科前沿的敏感度与工程实践意识，有利于创新思维能力与实践操作能力的锻炼和提高。

《建筑设计初步》课程是建筑学低年级非常重要的核心专业基础课，教学内容涵盖专业认知、基本专业技能、基本专业理论、建筑设计方法及能力的培养等多方面内容，本课程依托“卓越工程师教育培养计划”及新生研讨课两大平台建设，旨在探讨低年级专业基础阶段在学习基本专业技能及建筑设计基本能力的同时同步进行实践教学、专业研究方向的引导，实现以基础教学为核心，理论引导、工程实践为支撑的一体化教学。

1.2　教学现状与改革

结合北京工业大学建筑与城市规划学院环节基础教学改革，依托卓越工程师计划及新生研讨课程，课程可以实施如下改革：

1.2.1　环节基础教学

以建筑学专业环节为主线的3+2教学体系改革，强调6个有关于建筑设计思维能力培养的环节（主题与命题、环境与形体、功能与空间、建构与实体、塑构与造型、表达与表现）在本科5年全教学过程中的贯穿，一年级专业基础教学处于环节基础认知阶段，注重对专业基础理论的认知及基本技能的掌握（图1-1）。

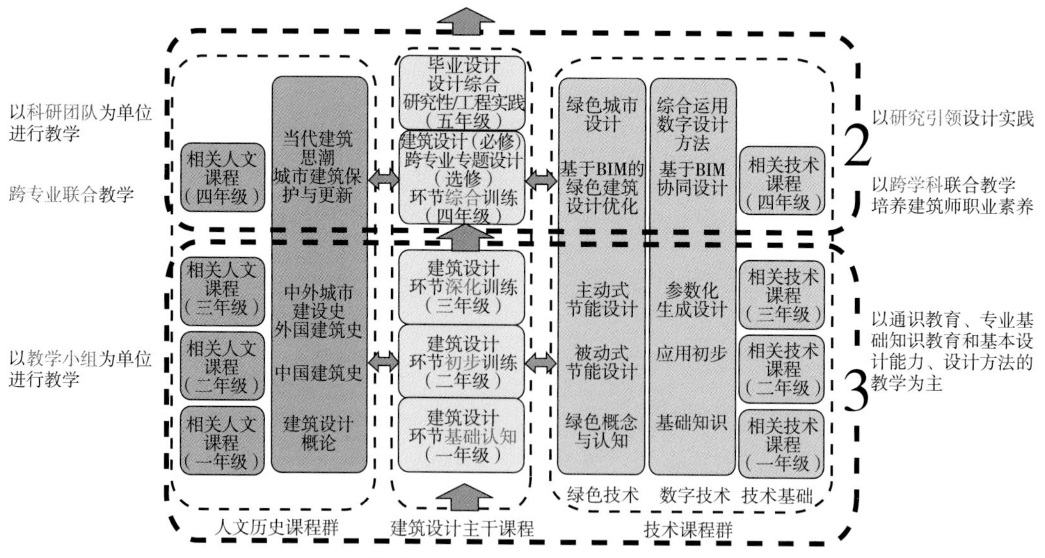

环节为主线的“3+2”教学体系

环节设置	第一学期					第二学期				
	具象						抽象			具象
	综合				分解					综合
	专业认知		表现基础	设计解析	设计基础					综合设计实践
					功能（尺度）研究	结构（材料）研究	形态（二维—三维转换）研究		空间（流线）研究	
	建筑概述	鲁滨逊的家	南校门测绘（识图制图）钢笔画技法	建筑观察作品分析	宿舍改造设计	纸质坐具设计	平面构成（专教平面设计）	形体构成（蒙德里安的盒子）	空间构成（限定、组合、序列）	装置设计
	1.5周	1.5周	4周	4周	4周	2周	2周	2周	4周	5周
1. 主题与命题	—	—	—	—	功能主题	功能主题	功能主题	设计立意	设计立意	主题策划
2. 环境与形体	—	自然环境/简单形体	—	认知与分析环境对形体的影响	—	—	图底/图形	限定空间/形体控制	场地控制/空间界定形体	人工环境/形体组合
3. 功能与空间	—	功能需求/空间划分	—	认知与分析功能对空间的要求	功能分区/空间尺度	—	功能组团/空间利用	—	功能流线/空间组织	功能需求、转换/空间界定、组合
4. 建构与实体	—	基本结构支撑	—	认知基本结构形式	基本结构支撑	结构稳定性/材料选择	—	—	—	结构支撑体系/构造方式
5. 塑构与造型	—	—	—	分析体块关系	—	材质、构造/形态	二维—三维形态转换	形式构成/形态	空间组合/形态	多种因素影响下的造型
6. 表现与表达	—	简单模型 语言表达	图纸构图 工具墨线 徒手表现	精细模型 图纸表达 语言表达	精细模型 草图表达 图纸表达 语言表达	实物模型 工作模型 草图表达 图纸表达 语言表达	草图表达 图纸表达 语言表达	精细模型 工作模型 草图表达 图纸表达 语言表达	精细表达 计算机辅助草模 草图表达 图纸表达 语言表达	实体建造 计算机辅助草模 工作实物模型 草图表达 图纸表达 语言表达

注：有底色部分为重点教学内容。

图1-1　3+2教学体系及一年级环节设置

1.2.2 工程素质培养

结合“卓越工程师教育培养计划”，《建筑设计初步》专业基础教学开展了相应的现场参观教学、工程师进课堂、工程实践教学、实地测绘等实践能力培养教学内容。

1.2.3 学科理论引导

结合学科发展、社会热点问题，将科研方向引入教学，引导学生探讨研究城市、校园防灾，老龄化社会无障碍环境与设施，资源循环再利用与绿色建筑技术等问题，并完成相应设计，有效激发学生的专业思考能力。

1.3 教学研究与实践

1.3.1 培养目标

原有的《建筑设计初步》教学目标是培养学生具有专业基本知识结构、基本技能和思维能力，侧重基础理论教学。新的教学目标强化了将实践能力培养与学科理论引导纳入基础教学。

1.3.2 培养方案

培养方案强调将专业基础环节教学与工程素质培养、创新思维训练有机融合，形成一体化教学方案：以环节基础教学为核心，依托新生研讨课引入学科发展方向；依托卓越工程师计划提升实践操作能力，从而在培养基础设计思维能力的同时提高学生的创新思考能力，实践操作能力（图1-2）。

1）课堂教学引入学科发展方向，结合基础理论教学进行拓展研究

将学科热点理论引入课堂。在基础教学中有意识渗透，结合基础教学进行适合一年级学生特点的调研、分析等。如在人体尺度教学环节鼓励学生进行无障碍尺度拓展研究，调研老龄化社会背景下的高龄人士及行动障碍人士的动作方式及人体尺度。

将社会热点问题引入课堂。引导学生发现专业方向来源于社会发展中出现的热点问题，推动基于问题的学习、基于项目的学习、基于案例的学习等多种研究性学习方法，培养学生的创新思考能力。

2）课堂教学引入专业实践环节，结合基础教学进行设计实践

将真实生活场景的设计与研究引入课堂。结合宿舍、专教、教学楼、校园、社区等真实熟悉环境，在作业题目中引入真实地段、真实社会与生活环境，引导学生进行思考，并进行设计实践。

将真实项目的实地考察与研究引入课堂。结合专业认知教学、实地测绘、调研等教学内容组织学生进行设计院参观、工地观察、优秀建筑考察、家具、建材市场考察等实践教学。

将具有丰富经验的工程师引入课堂。聘请具有丰富实践经验的设计院建筑师开设工程导论讲座，参加作业公开评图环节，对作业中与实践相关的模块进行讲解。

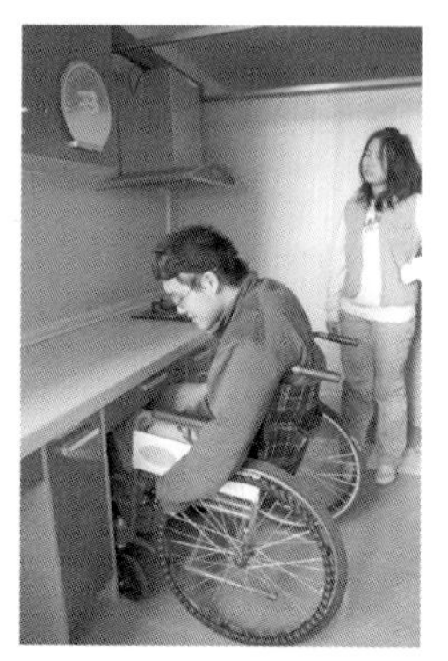

图1-2 课堂、现场、实践教学相融合

1.3.3 作业设置

作业设置同步考虑专业基础环节教学与工程素质培养、创新思维训练有机融合，实现教学过程的一体化（表1-1）。如资源循环型（Recycling）装置设计教学研究的基础环节教学目标为在设计中综合考虑与应用建筑设计相关的6个环节：主题与命题、环境与形体、功能与空间、建构与实体、塑构与造型、表达与表现；同时导入专业研究方向：资源节约与循环再利用意识、绿色建筑设计技术认知；此外通过校园真实环境引入、材料市场调研考察、经济造价预算、大比例实物草模设计、1:1仿真模型实地建造等设计过程培养实践操作能力。

表1-1 作业设置情况表

教学模块	课程基本内容	专业方向引导	实践能力培养
专业认知	建筑概述	学科专业方向导入	—
	认识建筑——荒岛上的家	原生态建筑	真实材料考察
表现基础	南校门测绘（含识图制图）	—	实地测量
	建筑钢笔画技法	—	—
设计解析	建筑观察与分析（真实建筑）	—	真实案例体验
	作品复制与解析（大师作品）	—	大比例模型还原

（续）

教学模块		课程基本内容	专业方向引导	实践能力培养
设计基础	功能、尺度研究	宿舍改造设计（正常人体尺度） 拓展研究——轮椅上的生活（无障碍尺度）	节能意识（自然通风、采光等） 老龄化社会、弱势群体拓展研究	家具商场体验 生活环境设计实践 人体工学体验室体验
	形态、二维—三维转换研究	平面构成	—	日常实物 观察与生活体验
		形体构成	—	
	结构、构造研究	纸质坐具设计	节材意识（可再生材料）	真实材料考察 生活用具设计实践
	空间、流线研究	空间构成（限定、组合、序列）	—	实地空间体验
综合设计（结合真实环境、热点问题选题）		资源节约型装置设计	资源节约意识、全生命周期	真实场景设计实践 大比例实物模型设计 实体模型搭建
		校园防灾装置设计	城市、社区防灾	

1.3.4 教学方法

对于初学者而言，缺乏必要的设计经验与设计方法，因此从认知、体验出发，通过研究进行操作实践，从具象思维引导抽象思维，从感性思维引导理性思维、从认知体验—拓展研究—设计实践展开教学，形成认知—体验—研究—实践—反馈型教学方法，有利于在教学过程中实现创新实践能力的一体化培养。

1.4 作业题库

两个学期的作业题库见表1-2和表1-3。

表1-2 第一学期作业题库

教学模块	教学内容	教学时间	题库			
			题目1	题目2	题目3	题目4
专业认知	建筑基本知识	2周	荒岛上的家	城市规划展览馆参观		
表现基础	建筑识图制图	1周	建筑图纸抄绘			
	测绘	1.5周	南校门测绘			
	钢笔画技法	2周	钢笔线条 （课下作业）	建筑配景 1周	建筑钢笔画 1周	
设计解析	建筑解析	3 周	大师作品模型解析	建筑观察 课下作业		
设计基础	功能（尺度）研究	4.5周	人体尺度测绘 1.5周	学生宿舍设计 3 周	无障碍环境研究 （课下拓展研究）	
课下作业	仿宋字、钢笔画练习	15周	仿宋字练习	钢笔画练习	生活笔记练习	

表1-3　第二学期作业题库

<table>
<tr><th rowspan="2"></th><th colspan="2" rowspan="2">教学内容</th><th rowspan="2">教学时间</th><th colspan="4">题库</th></tr>
<tr><th>题目1</th><th>题目2</th><th>题目3</th><th>题目4</th></tr>
<tr><td rowspan="4">设计基础</td><td rowspan="2">形态（二维—三维转换）研究</td><td>平面构成</td><td>1周</td><td>专教平面设计</td><td>正方形切割组合</td><td>建筑平立面解析</td><td rowspan="3">形态构成
（包含以下内容：
1. 观察笔记
2. 平面构成
3 立体构成
4 坐具设计）</td></tr>
<tr><td rowspan="2">形体构成</td><td>2周</td><td>蒙德里安的盒子</td><td>根据二维平面生成三维立体</td><td>立方体切割组合</td></tr>
<tr><td>结构（构造）研究</td><td>2周</td><td>纸质坐具设计</td><td></td><td></td></tr>
<tr><td>空间（流线）研究</td><td>空间构成</td><td>5周</td><td>空间构成（限定、组合、序列）</td><td>承重/非承重</td><td></td><td></td></tr>
<tr><td>综合设计</td><td colspan="2">综合设计实践</td><td>5周</td><td>Recycling实体装置设计</td><td>多功能奥运服务设施设计</td><td>校园防灾装置设计</td><td>专业教学楼空间改造设计</td></tr>
<tr><td>课下作业</td><td colspan="2">仿宋字、钢笔画综合练习</td><td>15周</td><td>读书笔记练习</td><td>观察笔记练习</td><td>生活笔记练习</td><td></td></tr>
</table>

第2章 专业认知

2.1 初识建筑

对于刚刚高中毕业走入大学校园的新生而言，如何更快、更好地适应大学的学习和生活是他们面临的第一个挑战，尤其是对建筑学专业的同学。好的开始是成功的一半，因此，“初识建筑”则显得至关重要。作为学生接触专业课程学习的第一项内容，“初识建筑”由两部分组成，即“基础知识”和“热身训练”。

“基础知识”主要延续中学历史课程的讲授思路，将与建筑学密切相关的中外建筑史（古代部分）的核心内容进行压缩和凝练，通过介绍中外建筑主流的发展和特征，给同学们描述出一个大致的中外建筑的历史发展脉络，进而使其由浅入深地进入建筑学的殿堂。

“热身训练”主要目的是让同学更易上手，在面对与高中的数理化截然不同的建筑学专业之初不至于不知所措。“荒岛上的家”这一课程设计，让同学们利用纯天然材料制作建筑模型。

下面我们就上述部分内容进行更为详细的介绍。

2.1.1 何谓建筑

一般而言，建筑可分建筑物和构筑物。建筑物（Building）是指人工营造的，供人们进行生产、生活或其他活动的房屋或场所，一般指房屋建筑，也包括纪念性建筑、陵墓建筑、园林建筑和建筑小品等。构筑物（Structure）是为某种工程目的而建造的，人们一般不直接在其内部进行生产和生活活动的某项工程实体和附属建筑设施。通常意义上而言，建筑学中所探讨的对象主要是前者。

关于建筑的基本属性，古罗马建筑师维特鲁威在他的《建筑十书》中提到：“建筑的基本构成要素为适用、坚固、美观。”“适用”主要是指建筑的功能，从建筑的功能要求来讲，分人体活动尺度的要求、人的生理要求、使用过程和特点的要求。“坚固”主要是就建筑的物质技术条件来讲，结构和材料的物质技术条件是达到目的的手段。例如，建筑结构在古代分为梁柱结构、拱券结构。近现代分为桁架、刚架、悬挑结构、框架结构、壳体、折板结构、悬索、充气结构。建筑材料在古代中国为木建筑，古代西方为砖、石建筑；现代分混凝土、钢筋、玻璃、铝合金等。“美观”则是探讨建筑形象的形式美法则。形、线、色彩、质感、光影变化，其基本原则为比例、尺度、均衡、韵律、对比等。建筑区别于其他造型艺术的特征在于它还可以提供使用的空间以满足功能需求，建筑的形象是建筑功能、技术和艺术内容的综合表现。

2.1.2 中国古代建筑史概述

古代世界曾经有过大约七个主要的独立建筑体系，其中有的或早已中断，或流传不广，成就和影响也就相对有限。只有中国建筑、西方建筑、伊斯兰建筑被认为是世界三大建筑体系，其中又属中国建筑和西方建筑延续时间较长、流域较广。

1. 原始社会建筑

（1）天然洞窟　在生产力水平极其低下的状况下，原始人类在吃、穿、住等各个方面，大多是依靠自然的恩赐，吃天然的野果、穿树叶裹兽皮，天然洞穴显然首先成为最宜居的“家”，它满足了原始人对生存的最低要求。从原始人的生活遗迹可以看出，他们日常使用的主要区域接近洞口部分，因为这一部分比较干燥，有充足的空气利于生存。洞窟深处的低凹部分则用于埋葬死者。

（2）巢居与穴居　巢居与穴居主要发展在我国的长江流域和黄河流域（中华文明的两大发祥地），对于整个中国建筑史来说，原始的、极其简陋的巢居、穴居，为其后中国传统建筑的发展奠定了基础，提供了极其宝贵的经验，它们成为中国建筑的两大源头。

2. 奴隶社会建筑

公元前21世纪时夏朝的建立标志着我国奴隶社会的开始。从夏朝建立开始，经过商、西周、春秋，是中国的奴隶社会时期。

（1）夏代建筑　夏代已基本有了宫室、民居、墓葬等建筑类别，甚至还有了较正规意义上的城市。夏代宫室建筑目前已有遗址发掘，这就是河南偃师二里头夏代宫室遗址。这所建筑遗址是至今发现的我国最早的规模较大的木架夯土建筑和庭院实例（图2-1）。

图2-1　河南偃师二里头夏代宫室遗址

（2）商代建筑　商代的建筑比夏代建筑已有了一定的发展与进步，但就整个中国建筑史来说，这样的发展依然是缓慢的。商代是青铜器制造的黄金时期，有些青铜器上直接反映了当时的某些建筑形象。商代的城市周围大多有壕沟和城墙，这源于夯筑技术的日益成熟。

（3）周代建筑　关于周代建筑，《尚书》《周礼》《尔雅》《左传》《史记》《战国策》《后汉书》等文献中都有一些记载。最有代表性的西周建筑遗址当属陕西岐山凤雏村的早周遗址。它是一座相当严整的四合院式建筑，由二进院落组成。中轴线上依次为影壁、大门、前堂、后室。这组建筑的规模并不大，却是我国已知最早、最严整的四合院实例（图2-2）。

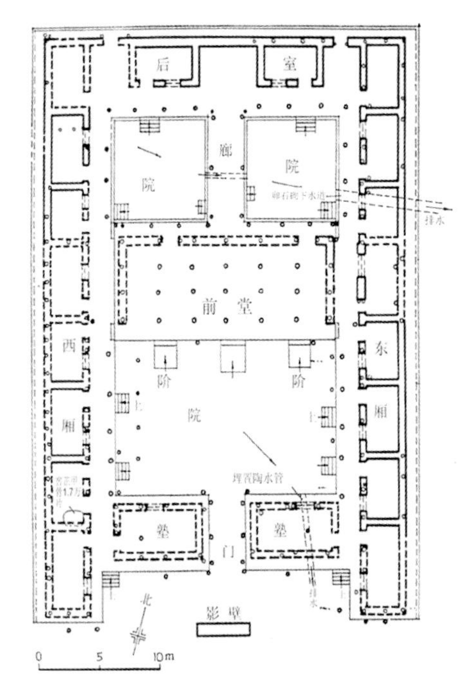

图2-2 陕西岐山凤雏村西周建筑遗址平面图

3. 封建社会建筑

（1）战国　这一时期在建筑方面，大城市开始出现，大规模宫室和高台建筑兴建，以及瓦的发展和砖的出现，装饰纹样也更加丰富多彩。铁工具的应用，提高了木构建筑的艺术和加工质量，加快了施工速度。在工程构筑物方面，七国之间因险为塞，竞筑长城。秦、郑国开渠三百里和李冰兴修都江堰，规模都相当巨大。

（2）秦　秦始皇统一全国后（前221年），大力改革政治、经济、文化，统一法令，统一货币与度量衡，统一文字，修驰道通达全国，并筑长城以御匈奴。而由于国家统一，可以集全国之人力物力与六国成就，在咸阳修筑都城、宫殿、陵墓。历史上著名的阿房宫、骊山陵至今遗迹犹存。

（3）汉　汉朝是我国历史上一个重要的王朝，社会生产力的发展促使建筑显著进步，形成我国古代建筑史上一个繁荣期。从西汉到东汉的400年间，木构建筑逐渐成熟，为后世木构架的几种主要形式：抬梁式、穿斗式和井干式奠定了基础。砖瓦生产和砌筑技术的不断提高，使中国古典建筑三段式（台基、屋身和屋顶）的外形特征基本定型。

（4）魏晋南北朝　魏晋南北朝时期的建筑，虽没有两汉时期那么丰富的创造，但随着民族融合以及在文化上的交流，也有了不少新的发展，其中最重要的就是佛教建筑的兴盛。佛寺、佛塔和石窟是这个时期最突出的建筑类型。中国的佛教由印度传入，因此初期佛寺的结构与布局基本都是模仿印度的，而后佛寺进一步中国化，不仅把中国的庭院式木构建筑应用于佛寺，而且使私家园林也成为佛寺的一部分。佛塔是佛寺的重要建筑物，传到中国后佛塔和中国已有的各种木构楼阁相结合，形成了中国式的木塔、石塔和砖塔。我国的山西大同云冈石窟、河南洛阳龙门石窟始凿于南北朝时期；甘肃敦煌莫高窟、甘肃天水麦积山石窟始凿于东晋十六国时期（图2-3）。

图2-3 甘肃天水麦积山石窟

（5）隋唐　隋唐时期的建筑，既继承了前代成就，又融合了外来影响，形成一个独立而完整的建筑体系，把中国古代建筑推到了成熟阶段，并远播影响于朝鲜、日本。

图2-4　唐乾陵

长安城的规划是我国古代都城中最为严整的，它甚至影响到渤海国东京城，日本平成京（今奈良市）和后来的平安京（今京都市）。唐代皇家园林的最大特点就是规模宏大，此外皇家园囿依然具有狩猎场的功能。唐代帝王陵主要建于长安城附近，共十八座称唐十八陵，以昭陵和乾陵（图2-4）最具代表性。唐代寺院形成了一定的布局模式：有明确的中轴线，主要建筑都依轴线布置，并且以最中心的院落为主院，主院内建的是寺庙的第一重要建筑。大雁塔、小雁塔、大理三塔均为唐代遗物。

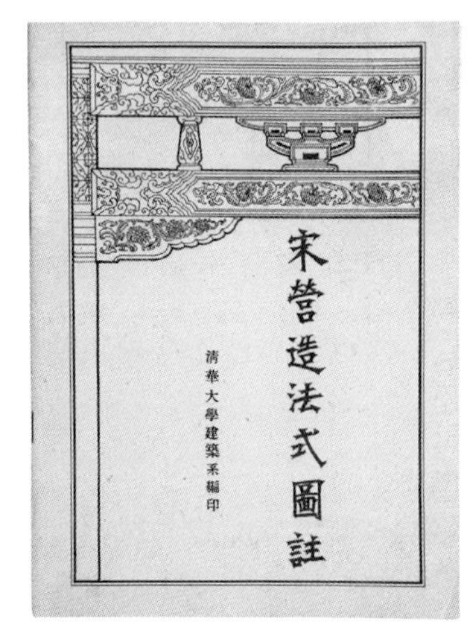

图2-5　宋营造法式图注

（6）宋代　经过了五代短暂的纷争，宋朝登上了中国的历史舞台。城市经济发达，手工业分工细化，科技生产工具更进步，商业的繁荣推动了整个社会前进。受精神领域的影响，宋代建筑没有了唐代建筑雄浑的气势，体量较小，绚烂而富于变化，呈现出细致柔丽的风格，有如宋代书画和诗词，美学风格偏于柔美细腻，出现了各种复杂形式的殿、台、楼、阁。与此同时，宋代的建筑构件、建筑方法和工料估算在唐代的基础上进一步标准化，规范化，并且出现了总结这些经验的书籍——《营造法式》和《木经》。其中李诫所著的《营造法式》是我国古代最全面、最科学的建筑学著作（图2-5）。

图2-6　应县木塔

（7）辽、金、西夏　契丹原是游牧民族，唐末逐渐强盛，不断向南扩张，五代时得燕云十六州，进入河北、山西，形成与北宋对峙的局面。其建筑多保留唐代建筑手法。遗存建筑主要有：应县木塔（图2-6）、河北独乐寺山门与观音阁、北京天宁寺塔等。女真族统治的金朝占领了中国北部地区之后，吸收宋、辽文化，营建中都（今北京城）。北京永定河上的卢沟桥是金代所建的著名石桥。西夏建都于大兴府（今宁夏银川），其建筑受宋影响，同时又受吐蕃影响，具有汉藏文化双重内涵。

（8）元代　蒙古族大约于公元7世纪登上历史舞台，13世纪强大了起来。他们南下入侵中原，灭掉了金朝和宋朝，又向西扩张，侵占了中亚、东欧，建立了版图空前巨大的蒙古帝国。在建筑方面，各民族文化交流和工艺美术带来新的元素，使中国建筑呈现出若干新趋势。藏传佛教建筑有了新的发展，但汉族传统建筑的正统地位在此时期并没有被动摇。在此时期大量使用减柱法，但正式建筑仍采用满堂柱网。官式建筑斗拱的作用进一步减弱，斗拱比例渐小，补间铺作进一步增多。

（9）明清　明清的宫殿——北京故宫和沈阳故宫（图2-7）保存至今，是中国建筑的无价之宝。北京的四合院和江浙一带的水乡民居则是中国民居最成功的典范。坛庙和帝王陵墓都是古代重要的建筑，目前北京依然较完整地保留有明清两代祭祀天地、社稷和帝王祖先的国家最高级别坛庙。明代帝陵在继承前代型制的基础上自成一格，清代基本上继承了明代制度。明代的江南私家园林和清代北方的皇家园林都是最具艺术性的古代建筑群。在建筑结构方面，明清建筑突出了梁、柱、檩的直接结合，减少了斗拱这个中间层次的作用，简化了结构，节省了木材，达到以更少材料取得更大建筑空间的效果。明清建筑还大量使用砖石，促进了砖石结构的发展。

图2-7　沈阳故宫大政殿

综上所述，在整个中国建筑史上很难看到类似于西方建筑跳跃式发展的景象。这一点与中国的传统文化意识相吻合，在儒家“礼制”观念的影响之下，与创新求变相比，“法先王之法”则更为重要。但正因此，中国建筑才最终形成独特的建筑体系。到了清末，鸦片战争打开国门，西方建筑之潮流涌入，才有了近、现代建筑的多元发展。

2.1.3　西方古代建筑史概述

1. 古代埃及建筑

高超的石材加工制作技术创造出巨大的体量，简洁的几何形体，纵深的空间布局，追求雄伟、庄严、神秘、震撼人心的艺术效果，这就是古代埃及建筑。古埃及各个时期的代表性建筑及其特征如下：

古王国时期（前27~前22世纪）。代表性建筑是陵墓。最初是仿照住宅的玛斯塔巴（MASTAB）式，即略有收分的长方形台子。经多层阶梯状金字塔逐渐演化为方锥体式的金字塔陵墓（图2-8）。

图2-8　吉萨金字塔群

中王国时期（前21~前18世纪）。首都迁到上埃及的底比斯，在深窄峡谷的峭壁上开凿出石窟陵墓，如曼都赫特普三世（Mentuhotep）墓。此时祭祀厅堂成为陵墓建筑的主体，加强了内部空间的作用，在严整的中轴线上按纵深系列布局，整个悬崖被组织到陵墓的外部形象中。

新王国时期（前17~前11世纪）。形成适应专制制度的宗教，太阳神庙代替陵墓成为主要建筑类型。著名的太阳神庙，如卡纳克-卢克索的阿蒙（Amon）神庙。其布局沿轴线依次排列高大的牌楼门、柱廊院、多柱厅等神殿、密室和僧侣用房等。

2. 古代西亚建筑

约在公元前3500年至前4世纪。两河流域缺石少木，故从夯土墙开始，至土坯砖、烧砖的筑墙技术，并以沥青、陶钉、石板贴面及琉璃砖保护墙面，使材料、结构、构造与造型有机结合，创造以土作为基本材料的结构体系和墙体饰面装饰方法。

3. 古代希腊建筑

（1）古代爱琴海地区建筑　公元前三千纪出现于爱琴海岛屿、希腊半岛和小亚细亚西海岸地区，以克里特岛和希腊半岛的迈锡尼为中心，又称克里特-迈锡尼（Crete-Mycenae）文化。克里特岛的建筑全是世俗性的。著名的克诺索斯的米诺（Minos）王宫，空间高低错落，依山而建，规模很大，楼梯走道曲折多变，宫内厅堂柱廊组合多样，柱子上粗下细，造型独特。迈锡尼的文化略晚于克里特，主要城市建设是各城市中心的卫城。其中，迈锡尼卫城及泰仑（Tiryns）卫城风格粗犷，防御性强。迈锡尼卫城的城门因其雕刻得名为狮子门。

（2）古代希腊建筑　古希腊是欧洲文化的发源地，古希腊建筑是欧洲建筑的先河，范围包括巴尔干半岛南部、爱琴海诸岛屿、小亚细亚西海岸，以及东至黑海，西至西西里的广大地区。古希腊庙宇除屋架外，全部用石材建造。柱子、额枋和檐部的艺术处理基本上决定了庙宇的外貌。希腊建筑在长期的推敲改进中主要集中在这些构件的形式、比例及其相互组合上，这套做法稳定后即形成不同的柱式（Order）。盛期的两大主要柱式为多立克（Doric）和爱奥尼（Ionic），各有自己强烈的特色。

古希腊建筑中反映出平民的人本主义世界观，体现着严谨的理性精神，追求一般的理想的美。其美学观受到初步发展起来的理性思维的影响，认为美是由度量和秩序所组成的，而人体的美也是由和谐的数的原则统辖着，故人体是最美的。当客体的和谐同人体的和谐相契合时，客体就是美的。建筑风格特征为庄重、典雅、精致，有性格，有活力（图2-9）。

图2-9　帕提农神庙

4. 古代罗马建筑

古罗马建筑直接继承并大大推进了古希腊建筑成就，开拓了新的建筑领域，丰富了建筑艺术手法，在建筑型制、技术和艺术方面的广泛成就达到了奴隶制时代建筑的最高峰。 建筑材料除砖、木、石外还使用了火山灰制的天然混凝土，并发明了相应的支模、混凝土浇灌及大理石饰面技术。结构方面在伊特鲁里亚和希腊的基础上发展了梁柱与拱券结构技术。拱券结构是罗马最大成就之一，种类有筒拱、交叉拱、十字拱、穹隆（半球），同时创造出一套复杂的拱顶体系。罗马建筑的布局方式、空间组合、艺术形式都与拱券结构技术和复杂的拱顶体系密不可分。

图2-10　古罗马斗兽场

在建筑艺术方面，古罗马建筑主要取得了以下成就：①继承古希腊柱式并发展为五种柱式：塔司干柱式、罗马多立克柱式、罗马爱奥尼柱式、科林斯柱式、混合柱式。②解决了拱券结构的笨重墙墩同柱式艺术风格的矛盾，创造了券柱式。为建筑艺术造型创造了新的构图手法。③解决了柱式与多层建筑的矛盾，发展了叠柱式，创造了水平立面划分构图形式。④适应高大建筑体量构图，创造了巨柱式的垂直式构图形式。⑤创造了拱券与柱列的结合，将券脚立在柱式檐部上的连续券（图2-10）。

5. 拜占庭建筑

公元330年罗马皇帝迁都于帝国东部的拜占庭，名君士坦丁堡。公元395年罗马帝国分裂为东西两部分。东罗马帝国又称为拜占庭帝国，也是东正教的中心。 拜占庭帝国存在于330~1453年，4~6世纪为建筑繁荣期。拜占庭建筑发展了古罗马的穹顶结构和集中式型制，创造了穹顶支撑在四个或更多的独立柱上的结构方法和穹顶统率下的集中式型制建筑、彩色镶嵌和粉画装饰艺术。在建筑结构方面，出现了帆拱、鼓座、穹顶相结合的做法（图2-11）。

图2-11　土耳其圣索菲亚大教堂

6. 西欧中世纪建筑

（1）早期基督教建筑　西罗马帝国至灭亡后的三百多年时间的西欧封建混战时期的教堂建筑，典型的教堂型制是由罗马的巴西利卡发展而来的。在罗马巴西利卡的东端建半圆形圣坛，用半穹顶覆盖，其前为祭坛，坛前是歌坛。由于宗教仪式日益复杂，在坛前增建一道横向空间，形成十字形的平面，纵向比横向长得多，即为拉丁十字平面。其形式象征着基督受难，适合仪式需要，成为天主教堂的正统型制。这类建筑体型简单，墙体厚重，砌筑较粗糙，灰缝厚，教堂不求装饰，沉重封闭，缺乏生气。

（2）罗马风（Romanesque）建筑　这是10~12世纪欧洲基督教地区的一种建筑风格，又叫罗曼建筑、似罗马、罗马式。承袭早期的基督教建筑，平面仍为拉丁十字，西面有一二座钟楼。重要实例主要有：比萨主教堂群、德国乌尔姆斯主教堂、法国昂古来姆主教堂。

（3）哥特式（Gothic）建筑　11世纪下半叶起源于法国，12~15世纪流行于欧洲的一种建筑风格。框架式骨架券作拱顶承重构件，其余填充维护部分减薄，使拱顶减轻；独立的飞扶壁在中厅十字拱的起脚处抵住其侧推力，和骨架券共同组成框架式结构，侧廊拱顶高度降低，使中厅高侧窗加大；使用二圆心的尖拱、尖券，侧推力减小，使不同跨度拱可一样高。外部的扶壁、塔、墙面都是垂直向上的垂直划分，全部局部和细节顶部为尖顶，整个外形充满着向天空的升腾感（图2-12）。

图2-12　巴黎圣母院

7. 中古伊斯兰建筑

中古伊斯兰建筑主要指7~13世纪的阿拉伯帝国的建筑、14世纪以后的奥斯曼帝国建筑以及16~18世纪的波斯萨非王朝、印度、中亚等国家建筑。在结构技术方面，使用多种拱券，采用大小穹顶覆盖主要空间。纪念性建筑为求高耸，在其下加筑一个高高的鼓座，起统率整体的作用。代表性建筑实例有耶路撒冷的圣石庙（集中式圆顶建筑）、大马士革的大礼拜寺（早期最大清真寺）、西班牙的科尔多瓦大清真寺（伊斯兰最大的清真寺之一）和印度的泰姬陵。

8. 文艺复兴建筑与巴洛克建筑

图2-13　圣母百花大教堂穹顶

文艺复兴建筑是以15世纪意大利文艺复兴为起点，到18世纪末近400年间遍布欧洲的建筑潮流，这股潮流影响之大，以致欧洲各地区形成各自风格独特的文艺复兴建筑。文艺复兴建筑抛弃了中世纪的哥特式建筑风格，认为哥特式建筑是基督教神权统治的象征，采用古代希腊罗马柱式构图要素，符合文艺复兴运动的人文主义观念（图2-13）。

意大利文艺复兴建筑的发展主要分为三个时期：早期（15世纪）是以佛罗伦萨为中心，诞生了意大利复兴建筑的第一个作品——佛罗伦萨主教堂大穹顶，设计者是早期文艺复兴的奠基人——伯鲁乃列斯基。盛期（15世纪末~16世纪上半叶）以罗马为中心，代表作品为坦比哀多小教堂，纪念性风格的典型代表，是当时有重大创新的建筑，对后世建筑影响很大，由伯拉孟特设计。晚期（16世纪下半叶）以维琴察为中心，代表作为维琴察的巴西利卡，是晚期文艺复兴重要建筑师帕拉第奥的重要作品之一。其立面构图处理是柱式构图的重要创造，名为“帕拉第奥母题”。

意大利文艺复兴晚期出现手法主义的两种表现，一种是教条式的模仿过去大师的创造手法，为柱式制定繁琐而死板的规则；另一种则追求新颖，堆砌建筑装饰构件，致力于光影变化，不安定的体形和意外的起伏转折。

巴洛克建筑是17~18世纪在意大利文艺复兴建筑基础上发展起来的一种建筑和装饰风格，直至19、20世纪在欧洲各国都有它的影响。其风格特征主要表现在以下几个方面：①追求新奇；②追求建筑形体和空间的动态，常用穿插的曲面和椭圆形的空间；③喜好富丽的装饰，强烈的色彩，打破建筑与雕刻绘画的界线，使其相互渗透；④趋向自然，追求自由奔放的格调，表达世俗情趣，具有欢乐气氛。

9. 法国古典主义建筑与洛可可风格

广义的古典主义建筑是指意大利文艺复兴建筑、巴洛克建筑和古典复兴建筑等采用古典柱式的建筑风格；狭义的是指运用纯正的古典柱式的建筑，主要是法国古典主义建筑及其他地区受其影响的建筑，即指17世纪法国国王路易十三、十四专制王权时期的建筑。此类建筑推崇古典柱式，排斥民族传统与地方特色。在此期间，法国建立了欧洲最早的建筑学院（1671年）培养建筑师，制定严格的规范，形成了欧洲建筑教学的体系。

洛可可风格是18世纪20年代产生于法国的一种建筑装饰风格。主要表现在室内装饰上，具有繁琐、妖媚、柔糜的贵族气味和浓厚的脂粉气。

10. 资产阶级革命至19世纪上半叶的西方建筑

（1）英国资产阶级革命时期的建筑　由于革命的妥协性和不彻底性，导致在建筑创作上缺乏创造新文化的自觉性，把法国宫廷倡导的古典主义文化当作榜样。18世纪英国庄园府邸追求豪华、雄伟、盛气凌人的风格，大型公建追随意大利文艺复兴柱式规范和构图原则，忽视使用功能，缺乏创造性和现实感。

（2）法国资产阶级革命时期的帝国风格　拿破仑帝国的纪念性建筑物上形成的风格，如马德兰教堂（军功庙）、雄师凯旋门。

（3）18世纪下半叶和19世纪上半叶的西方建筑　欧洲各主要国家在资产阶级革命影响下，建筑创作中复古思潮流行的社会背景主要是新兴资产阶级政治上的需要，同时也受到考古发掘进展的影响。法国以罗马样式为主，如巴黎的万神庙，雄师凯旋门。英国以希腊样式为主，如爱丁堡中学。德国以希腊样式为主，如布兰登堡门、柏林宫廷剧院。美国以罗马样式为主，如美国国会大厦、弗吉尼亚州议会大厦。

2.1.4　建筑初体验

在进行建筑学基础训练之前，可通过认知实践初识建筑，形成对专业学科核心问题较为基本的认知。利用1周时间，在没有任何建筑学基础的前提下，请同学们使用自然材料，进行最为原始、简易的“建筑设计”，利用纯天然材料搭建一个心中可避风雨的家——荒岛上的家：一个成年男人流落到一个热带荒岛上，需要搭建一个遮风避雨、防范野兽的临时住所，设计这个居所，并搭建模型。在制作过程中，可以体验房屋建造过程，尝试材料的利用、建造的方式和创作的快乐，从而增进对建筑学基本问题的了解和认识（详见第7章）。

此训练分组进行合作设计，在设计前需要思考和讨论的问题包括：荒岛上都有什么可用于建房的材料？在没有现成工具的情况下，他将如何获得和加工材料呢？可以采用什么建筑形式和结构方式建造一个高效可用的房子呢？房子如何建造才安全？他思乡和期盼获救心切，怎么办？

在设计中需要关注和解决的问题主要有：岛上的环境适合把房屋设计成什么形式？为什么？和我们平时接触到的建筑有何不同？房屋中所有的部件尺寸均需符合我

们的常识，比如台阶的高度、窗户和门的尺寸等，并且要思考这些建筑部件尺寸和什么有关系？在做好初步设计之后，考虑所采用的建筑形式是否可以被一个人搭建出来？如果不可以则需要修改设计方案。思考：为什么在给定条件下不能搭建的形式就不可取？建筑只是一种艺术吗？建筑和材料是什么关系？这种关系会对设计有所影响吗？

"荒岛上的家"题目虽小，时间很短，看似简单，但其实反映出建筑设计最为核心的几个问题，需要予以重点考虑的环节主要有以下四个方面：

1）环境与形体：在设计中需要结合特定的自然环境做出对应的调整，采用简单的建筑形体以应对具体的自然条件。

2）功能与空间：初步分析荒岛上建设住宅的基本功能需求，并在此基础上进行初步的空间划分。

3）建构与实体：需要考虑在人力、工具、资源有限的前提下，建筑的基本结构形式、支撑方式以及建造方法等。

4）表达与表现：通过简单模型的制作锻炼动手能力，作业讲评需进行口头汇报，有助于锻炼逻辑思维能力和语言表达能力。

2.2 识图制图

每个专业都有自己特定的记录语言，对于建筑学专业而言，是用各种规范化的图形、线条、色块等来表达设计思想。建筑学专业的记录语言是图形语言。下面将根据建筑图的分类逐一做出介绍。

2.2.1 平面图

1. 建筑平面图的生成

建筑的平面图是假想用水平剖切面在稍高于窗台的位置将房屋剖开，把剖切面以上的部分移开，将剩余的部分向下投射得到的水平剖面图。虽然它是水平剖面图，但习惯上称为平面图。平面图主要用来表达建筑的平面形式和内部布置、房间的分隔和门窗的位置等内容。

2. 建筑平面图的表达内容

平面图反映建筑的平面形状、大小和布置；墙、柱的位置、尺寸和材料；门窗的类型和位置等。具体说来，主要有以下方面：

1）建筑物及其组成房间的划分、名称、尺寸、定位轴线的位置和墙壁位置、厚度等。

2）走廊、楼梯、电梯等交通空间的位置及尺寸。

3）门窗位置、尺寸及编号。门的代号是M，窗的代号是C。在代号后面写上编号，同一编号表示同一类型的门窗，如M-1、M-2、C-1等。

4）室外台阶、阳台、雨篷、散水的位置及细部尺寸。

5）室内地面的高度。

6）首层地面上应画出剖面图的剖切位置线，以便与剖面图对照查阅[1]。

对平面图来讲，像房间划分，墙的位置、厚薄，门窗开口的位置及宽窄等一类的问题毫无疑问必须首先确定下来。但是平面图仅有这些要素不仅会显得空旷、单薄，而且也不能反映各房间的功能特点及相互之间的功能联系。只有把家具陈设也一并表现出来，才能让人对建筑有清晰、明确的印象。

此外，家具陈设也会带来尺度感，让观看者借助平时熟悉的家具尺寸大小来推测各个房间的大小尺寸。

3. 读图

在阅读平面图时，需要读懂以下一些基本内容：

1）图名、绘图比例和建筑朝向。

2）定位轴线的位置，轴线编号及尺寸。

3）墙柱配置，包括它们的位置和尺寸。

4）房间名称及用途。

5）门窗位置及尺寸。

6）楼、电梯配置。

7）剖切符号位置、散水、台阶、坡道位置及坡度等。

4. 绘制建筑平面图的注意事项

平面图中剖切到的墙，剖切号需用粗实线画出；平面图中的轻质隔墙线画成中实线，门、窗、楼梯等可见构件、铺地、家具、材料图例填充线、尺寸线及标注绘制成细实线。高窗或者雨篷等的投影用细虚线画出。

建筑平面图常用1:50、1:100、1:200的比例绘制。

按照建筑平面图反映的内容，一般将其分为以下几类：

（1）总平面图　总平面图所表达的是建筑物与周围环境的关系。通常会为建筑加上阴影，以表现建筑的高度和各体量之间的关系。从理解角度讲，总平面很像一个建筑及其周边环境的卫星航拍图。

总平面图中新建建筑的外轮廓线、新建地下建筑的外轮廓线（虚线）、用地红线（双点划线）需画成粗实线；总平面图中新建道路、构筑物的轮廓线，计划扩建的建筑物、构筑物、道路及其用地范围红线（虚线）画成中实线；原有的建筑物、构筑物、道路、地形线，原有的地下建筑轮廓线（虚线）画成细实线（图2-14）。

---

[1] 肖明和，张营．建筑工程制图．北京：北京大学出版社，2012年8月第二版：170-179。

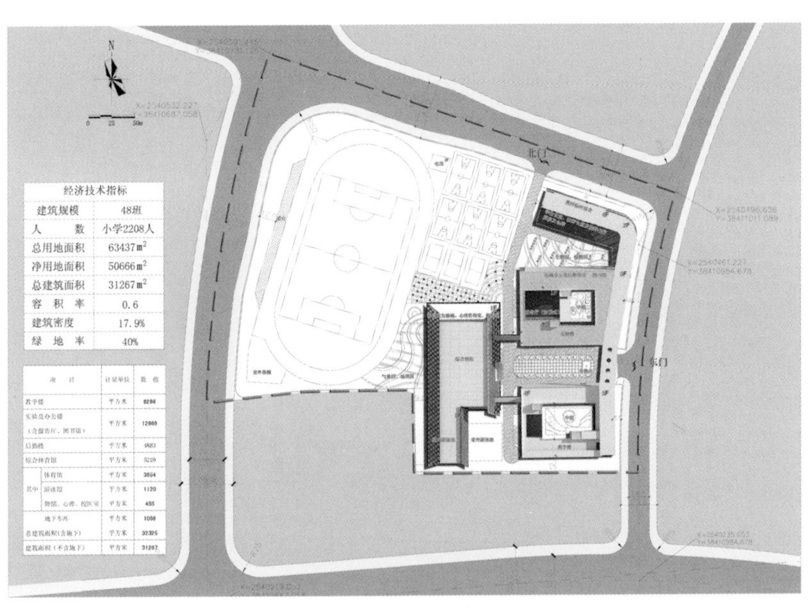

图 2-14 某小学建筑总平面

（2）首层平面图 它是所有建筑平面图中首先绘制的一张图。这张平面图除了其他平面图所要表达的房间分隔和大小、门窗位置等信息之外，还表现建筑与基地环境关系的细节，如入口广场的铺地、基地内的景观设计、地下停车场出入口的位置和大小等（图2-15）。

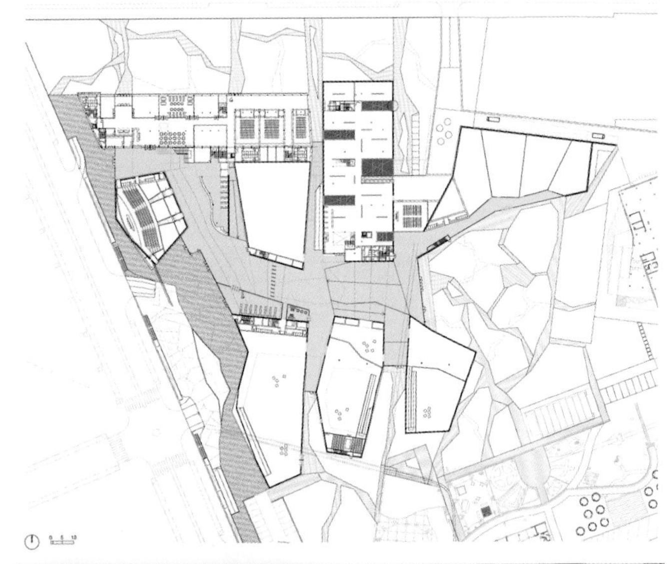

图2-15 西班牙格兰纳达科学园首层平面与实景照片

（3）中间层/标准层平面图 由于房屋内部平面布置的差异，对于多层建筑而言，应该每层都绘制相应的平面图，其名称就用本身的层数来命名，例如“二层平面图”或“四层平面图”等。但在实际的建筑设计过程中，多层或高层建筑往往存在许多相同或相近平面布置形式的楼层，因此在实际绘图时，可将这些平面布局相同的楼层合用一张平面图来表示。这张合用的图，就叫作“标准层平面图”，有时也可以用其对应的楼层命名，例如“二至六层平面图”等。

（4）顶层平面图　指房屋最高层的平面布置图，也可用相应的楼层数命名。

（5）其他平面图　除了上面所讲的平面图外，建筑平面图还应包括屋顶平面图和局部平面图。

5. 建筑平面图的意义

建筑平面图作为建筑设计、施工图纸中的重要组成部分，它反映建筑物的功能需要、平面布局及其平面的构成关系，是决定建筑立面及内部结构的关键环节。其主要反映建筑的平面形状、大小、内部布局、地面、门窗的具体位置和占地面积等情况。所以说，建筑平面图是新建建筑物的施工及施工现场布置的重要依据，也是设计及规划给排水、强弱电、暖通设备等专业工程平面图和绘制管线综合图的依据㊀。

2.2.2　立面图

为了反映建筑立面的形状，把房屋向着与各墙平行的投影面进行投射所得到的图形称为建筑各个立面的立面图。通常把建筑主要入口或反映建筑外貌主要特征的立面图作为正立面图，相应地可以定出背立面图和侧立面图等。

立面图主要用于表现建筑的外部形状、高度、立面装修和材料等（图2-16）。

图2-16　某建筑立面图

1. 立面图的生成

建筑立面图是在与房屋立面相平行的投影面上所做的正投影图，简称立面图。其中反映主要出入口或比较显著地反映出房屋外貌特征的立面图称为正立面图。其余的立面图相应称为背立面图、侧立面图。也可按房屋朝向来命名，如南立面图、东立面图等。或者可按照立面特征命名，如入口立面图。若建筑各立面的结构有丝毫差异，都应绘出对应立面的立面图来诠释所设计的建筑。

㊀ 肖明和，张营．建筑工程制图．北京：北京大学出版社，2012年8月第二版：170-179。

2. 绘制立面图的注意事项

为使立面图外形更清晰，通常用粗实线表示立面图的最外轮廓线，而凸出墙面的雨篷、阳台、柱子、窗台、窗楣、台阶、花池等投影线用中粗线画出；地坪线用加粗线（粗于标准粗度的1.4倍）画出，其余如门、窗及墙面分格线、落水管以及材料符号引出线、说明引出线等用细实线画出。

建筑立面图的比例与平面图一致，常用1:50、1:100、1:200的比例绘制。

立面图中的尺寸较少，通常只需注明几个主要部位的标高即可。

3. 读图

在阅读立面图时，需要读懂以下一些基本内容：

1）图名和比例。

2）首尾轴线及编号。

3）各部分的标高。

4）外墙做法。

5）各结构和装饰配件。

2.2.3 剖面图

剖面图用以表示房屋内部的结构或构造形式，分层情况和各部位的联系，材料及其高度等，是与平面图、立面图相互配合的不可缺少的重要图样之一。

1. 剖面图的生成

剖面图是假想用平行于某一墙面的平面剖切房屋所得到的垂直剖面图。

剖面图的数量是根据房屋的具体情况和施工实际需要而决定的，其位置应选择在能反映出房屋内部构造比较复杂与典型的部位，并应通过门窗洞口的位置。若为多层房屋，应选择在楼梯间或层高不同、层数不同的部位。剖面图的图名应与平面图上所标注剖切符号的编号一致，如1-1剖面图、2-2剖面图等（图2-17a）。

2. 剖面图的表达内容

剖面图主要用于表达房屋内部的构造、分层情况、各部分之间的联系及高度等，包括如下一些内容（图2-17b）：

1）墙、柱及其定位轴线位置。

2）室内底层地面、各层楼面、顶棚、屋顶（包括檐口、女儿墙、隔热层或保温层、天窗、烟囱、水池等）、门、窗、楼梯、阳台、雨篷、墙裙、踢脚板、防潮层、室外地面、散水、排水沟及其他装修等剖切到或能见到的内容。

3）室内外地面、各层楼面与楼梯平台、檐口或女儿墙顶面、高出屋面的水池顶面、烟囱顶面、楼梯间顶面、电梯间顶面等处的标高。

4）门、窗洞口（包括洞口上部和窗台）的高度，层间高度及总高度（室外地面至檐口或女儿墙顶）。

5）建筑内部的隔断、搁板、平台、墙裙及室内门、窗等的高度。

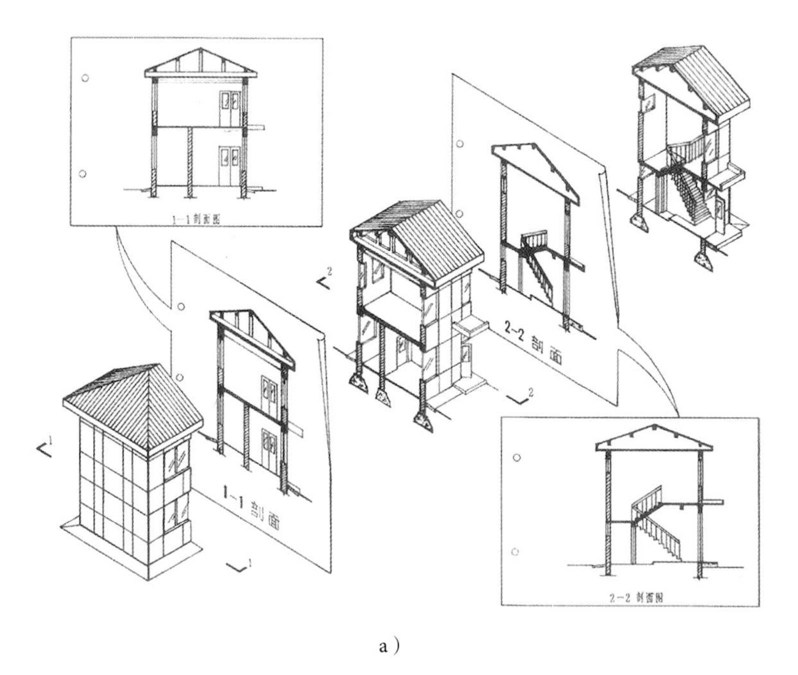

a）

竖向三道尺寸
建筑最高点标高
标高符号变通画法
吊顶构造另见详图
屋檐外挑尺寸
外墙竖向尺寸
内门竖向尺寸
雨篷可见侧面
室外地坪设计标高
纵向定位轴线
6.500
6.000
3.000
±0.000
-0.150
7 650
1 500
1 200
300
3 000
1 800
900
2 100
3 600
400
150
7
2-3
B
1/A
A

b）

图2-17　剖面图的生成及基本尺寸标注方法

6）表示楼、地面各层构造。一般可用引出线说明。引出线指向所说明的部位，并按其构造的层次顺序，逐层加以文字说明；若另画有详图或已有“构造说明一览表”时，在剖面图中可用索引符号引出说明（如果是后者，习惯上这时可不作任何标注）。

7）表示需画详图之处的索引符号。

3. 读图

在阅读剖面图时，需要读懂以下一些基本内容：

1）剖切位置、投影方向和绘图比例。

2）墙体的剖切情况。

3）地、楼、屋面的构造。

4）楼梯的形式和构造。

5）其他未剖切到的可见部分。

也就是说，阅读剖面图时，首先通过对照首层平面图，找到剖切位置及投影方向，再由剖切位置结合各层平面图，确定剖切到什么、投影后看到什么，以便弄清楚剖面图中每条线的含义 。

除此之外，剖面图中的尺寸重点表明室内外高度尺寸，应校核这些细部尺寸是否与平面图、立面图中的尺寸完全一致。内外装修做法与材料是否也同平面图、立面图一致。

4. 绘制剖面图的注意事项

在建筑工程图中用剖切符号表示剖切平面的位置及其剖切开以后的投影方向。GB/T 5001—2010《房屋建筑制图统一标准》中规定剖切符号由剖切位置线及剖视方向组成，均以粗实线绘制。在剖切符号上应用阿拉伯数字加以编号，数字应写在剖视方向一边（图2-18）。在剖面图的下方应写上带有编号的图名，如1—1剖面图、2—2剖面图，在图名下方画出图名线（粗实线）。

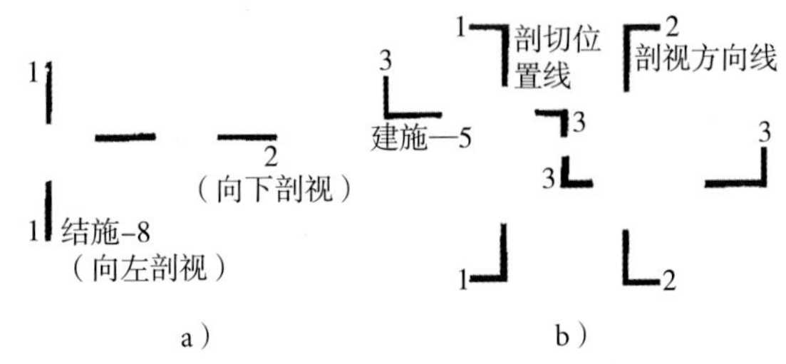

注：剖切符号用粗实线绘制，剖切位置线长6~10mm，方向线长4~6mm。

图2-18　剖切符号的画法

a）断（截）面剖切符号　b）剖面剖切符号

剖面图中被剖切到的墙、楼梯、各层楼板、休息平台等均使用粗实线画出；没剖切到但是投影时看到的部分用中实线；门窗、可见线、材料图例填充线画成细实线，室外地面线画成加粗实线。剖面图中主要标注各楼层面、休息平台、屋顶等的标高。

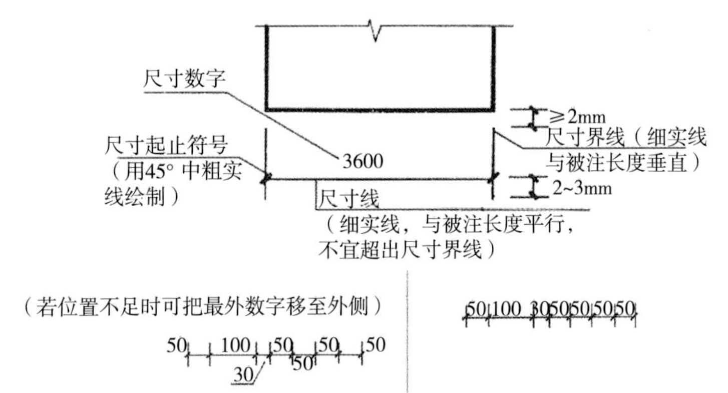

图2-19　尺寸的标注方法

2.2.4　建筑绘图中尺寸的标注方法

在绘制建筑图纸时，必须采用正确规范的尺寸标注方法（图2-19）。

1）尺寸线应用细实线绘制，与被注长度平行。

2）尺寸宜标注在图样轮廓线以外，不宜与图线、文字以及符号相交。

3）尺寸数字应根据其读数方向注写在靠近尺寸线上方的中部，如果没有足够的注写位置，数字可以引出注写。

2.2.5 建筑的其他表达方法

1. 透视图

透视图是以作画者的眼睛为中心做出的空间物体在画面上的中心投影（而非平行投影）。它具有将三维空间物体转换或便于表现到画面上的二维图像的作用，其形象生动的特点便于直观地表现建筑的外观和视觉效果。

当视点、画面和物体的相对位置不同时，物体的透视形象将呈现不同的形状，从而产生了各种形式的透视图。这些形式不同的透视图，它们的使用情况以及所采用的作图方法都不尽相同。习惯上，可按透视图上灭点的多少来分类和命名。常用的透视图有一点透视、两点透视和三点透视，它们之间的区别在于对象的三个主视方向与投影平面的平行个数（图2-20和图2-21）。

图2-20　建筑透视图（钢笔画）

图2-21　建筑透视图（电脑渲染+实景合成）

2. 模型

模型作为一种三维的建筑呈现方式，能够更直观地表现建筑的外形和其内部空间形态，是学生学习建筑的一种非常好的学习方式。通过制作模型能够更好地体会建筑师的设计意图，也能更好地表达自己的设计思想。同时，还能用模型对方案进行调整和改善（图2-22）。

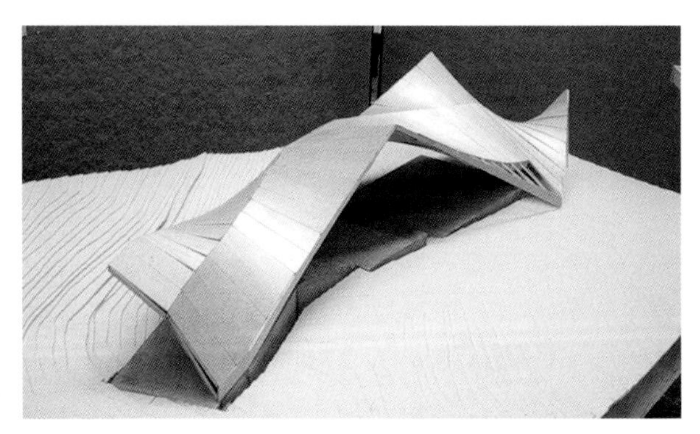

图2-22　建筑方案模型展示建筑屋顶结构做法

第3章　表现基础

3.1　建筑钢笔画基本技法

建筑手绘表现的形式与手法很多，对绘画工具和材料也有不同的要求，但无论是概念方案、草图绘制还是成品效果图，建筑钢笔画都是表达与表现的基础和最重要的环节。可以这么说，成熟、深入的钢笔画完全可以脱离色彩，独立实现建筑表现。而优秀的建筑效果图的产生都是以准确合理的钢笔画为前提的。

3.1.1　绘画工具

现在，钢笔画一般来说已经是黑白线条画的统称，其特点是纯粹为线的组合，以线的粗细、疏密、长短、虚实、曲直等来组织画面，线条无浓淡之分，画面效果黑白分明、明确肯定。它包括了绘图笔、钢笔等不同工具和细类，下面就先对这些画具进行简单的介绍（图3-1）。

图3-1　常用工具：绘图笔和弯头钢笔

1. 绘图笔

这里所说的绘图笔是一个统称，主要指针管笔、勾线笔、签字笔等黑色碳素类的墨笔。绘图笔所画线条均匀固定，作画时全靠线条组合之疏密、虚实，其依照笔头的粗细分为不同型号，常见型号为0.1~1.0。学生在实际课堂练习和建筑表现中比较常用的是“施德楼”“红环”等品牌，其中0.1、0.3、0.5等型号的一次性油性勾线绘图笔因其价格低廉、携带方便、不易水溶、可后期着色的特性而常常被选用。

在这里需要提醒的是，一次性绘图笔虽然具有以上优点，但其笔头微圆、笔触不够挺拔，所以在进行精细描绘和细节刻画的时候，传统的灌水针管笔依然不可舍弃，并具有明显的表现优势。

2. 钢笔

钢笔发源于羽毛管笔，笔触有较大的粗细变化，也有多变的笔锋。将钢笔与绘图笔进行比较就会发现：绘图笔线条均一工整，适合配合尺规作图来表现现代建筑的工业质感（图3-2）；而钢笔笔触丰富多变，手法较为自由流畅，更适合进行偏手绘风格的古典建筑表现，还有一些建筑配景的描绘，善于营造场所气氛。其中书画钢笔（也称美工钢笔、弯头钢笔），因笔法灵活、笔触丰富，呈现出的画面效果率性富有质感，特别适合进行民居写生和概念草图绘制（图3-3）。

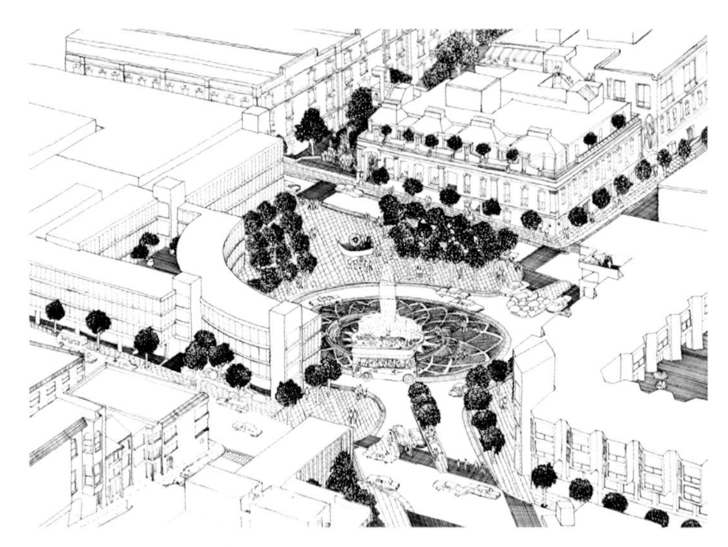

图3-2　绘图笔所绘建筑表现图（来源：学生临摹作业　作者：成晓亭）

图3-3　美工钢笔所绘建筑表现图（来源：学生临摹作业　作者：邱腾菲）

3. 纸张

在一般的非正规手绘表现中最为常用的是A4和A3型号的普通复印纸。这种纸的质地适合绘图笔和钢笔等多种工具表现，而且价格低廉，适合在长期课下练习中使用。

绘图纸是质地比较厚的绘图专用纸，是学生方案设计中常用的一种纸张，比较适合用来进行黑白钢笔画创作，后期如有需求，也可配合进行彩色铅笔、马克笔等形式的表现。在课程阶段训练所提交的作业中，均要求使用绘图纸，以达到更好的表现效果。

3.1.2 基本技法

用钢笔进行建筑表现，优点在于线条结实流畅、造型严谨准确，但同时其一旦笔误不易修改，所以作画前要有充分的准备，绘制时也要非常谨慎。

1. 排线训练——色调

排线是绘画的基本功之一，主要应用于素描表现。由于建筑钢笔画只采用单一色通过线条排列组合刻画形态，体现黑白灰关系，与素描有相似性，排线和手绘练习也就显得尤为重要（图3-4a）。

2. 线条组织——材质

通过对钢笔画线条的组织，可以达成两方面的目的：一是表现色调，二是体现质感。各种组织方式应结合具体对象的特征加以合理运用（图3-4b）。

a）

钢笔画线条练习

b）

图3-4 运用线条、点的疏密表现色调明暗，进一步塑造形体（图片来源：学生临摹作业 作者：田静雯）

一般情况下，轻柔的物体用纤细、疏朗的线组或者曲线线组来表现，刚劲的物体用挺拔、明确的直线线组来表现。

举例来说，有些物体的质感是有明确的组织规律的，如屋面、石墙及铺地，木材、大理石、水波、叶丛也都有其独特的符号化的表现方法。对于具体材料的质感与纹理表现，手法多样，不胜枚举，应在临摹学习的基础上加以总结归纳，为己所用（图3-5）。

还要注意的是，在实际建筑表现图中刻画材料质感，在表现其纹理的同时也应表现一定的色调，同种材料的色调表现方式在同一画面上应该是一致的（图3-6）。

图3-5　各种石墙材料质感钢笔表现
（图片来源：学生作业　作者：李易）

图3-6　钢笔线条在效果图中的实际应用
（图片来源：学生临摹作业　作者：陈楠）

3.2　钢笔画配景训练

为了完整真实地表现建筑、环境及其尺度，表现图上要画一些山水、树木、草地、花卉、道路、铺地、车辆、人物等，这些就是配景。配景对渲染气氛，丰富画面，突出建筑物是不可缺的。配景可以给画面增加适当的活力，并将注意力集中于画面趣味中心。

3.2.1　常用建筑配景

1. 植物

植物的形态种类极多，在建筑表现中要有选择地使用。我们学习和应用配景植物需要先对其进行大致归类，按照其生长高度和在画面中的上下位置，可以划分为“树木”“绿篱”“草地”三种基本形态。

（1）树木　树木是植物配景中首要的组成因素，也是建筑表现中最为常用的配景。自然界树木的生长形态千变万化，光影层次丰富，画法也多种多样，在建筑配景表现中则应注意进行模式化的概念表达：首先不需要刻意描绘树种细节，而要把握形态结构特征；其次在建筑绘画中，树木只作为配景，明暗不宜变化过多，避免喧宾夺主（图3-7）。

图3-7　树木的外轮廓的基本形态可概括为球或多球体的组合、圆锥、圆柱、卵圆体等

（2）绿篱　在建筑绘画中一般把除树木以外的低矮植物组群统称为绿篱，主要为灌木或花丛，在建筑钢笔画表现中不及树木占据的位置显要，多为点缀活跃画面之用。虽然绿篱的地位低于树木，却是点缀、填充、丰富画面不可或缺的配景形式，如果没有低矮部位绿篱花丛对建筑基础部分的适当遮挡和贯穿，画面就会因失去中间环节而显得生硬。

（3）草地　草地在建筑环境设计中是体现绿化程度的重要组成部分，是对树木为主的垂直绿化的水平补充，因其所占面积广大，能在建筑表现图和实景照片中形成一种重要的图底关系，可有效烘托整体环境气氛。故而，在建筑钢笔表现中，也不能忽视对草地的表现，那种认为草地可以简单留白的观念无疑是错误的。

2. 水体

水具有亲和、自然的视觉感受，对特定区域微气候的调节也发挥重要作用，随着近年来对建筑环境整体化设计的日益重视，水体在建筑和城市环境中的地位也越来越重要，应用范围愈加广泛。在建筑表现中，水体所占的分量也日益加重了，配景中出现的水体也可以概括为“水面”“跌水”“喷泉”这几种基本形态。

3. 铺装

在钢笔画配景表现中，对地面铺装的表现一般是比较概括的，在简要交代铺装的材料特征的基础上，强化地面透视效果。在绘制中要注意以下几点：

1）无论何种铺装，都要注意边界的处理，收边应合理清晰。

2）铺装不要刻画得过于细腻，宜概括表达，不要画得过满，近景部分可省略虚化。

3）特别注意近大远小、近疏远密的透视法则，铺装与建筑透视协调统一，引导视线、强化主体。

4. 人物

人物是建筑表现图中最重要的配景之一，通过对建筑周边活动人物的描绘，既可以增强画面生动感，又可以体现空间进深层次。而其中最为重要的是，人是衡量空间的尺度标准，我们可以以此来确定建筑的规模比例（图3-8）。

对配景人物进行写实表现需要一定的美术基础和速写功底，需要平时多加观察和练习。在一般的钢笔画中，则更多采取概括简化的符号化方式加以表现，这样的处理手法更为快捷、画面也具有一种独特的设计美感。

配景人物的绘制和组织均应以突出主体建筑场所性质、渲染环境气氛为基本原则，人物的动作不宜过于夸张（图3-9），其年龄、数量要根据所表现的建筑进行调配，服装

图3-8　用简练的笔触对人的轮廓进行概括表达（图片来源：学生临摹作业　作者：何小可）

图3-9　对于中远景的人可以进行图案化处理（图片来源：学生临摹作业　作者：何小可）

风格要符合设计所在的地理区域位置和整体画面季节设定，切勿出现冬衣夏穿的矛盾景象。

配景人物尽量安置在画面内容不够丰满、比较空洞的位置上，不要遮挡建筑关键部位。要根据不同的景深关系来配置人物，安排使用不同远近大小的人物群像可以有效地营造空间层次感。前后的人物关系也要符合透视规律，要特别注意视高的选取和人群头部位置的高矮关系（图3-10、图3-11）。

图3-10　视高比人高时，人物头部位于视平线下方

（图片来源：学生临摹作业　作者：瞿佩珊）

图3-11　正常视高，人物的头部基本位于同一水平线

（图片来源：学生临摹作业　作者：尹大骞）

5. 车辆

以车辆为代表的交通工具是建筑表现图中最重要的配景之一，现代生活已经不是原始自然的乌托邦，汽车、飞机、轮船等都在不同类型的建筑表现图中入画，这符合时代特征，烘托了场所氛围。同时，由于车辆是车、树、人这三大配景中唯一的工业产品，其造型规整严谨，就更考验绘制者的功力，容不得一点结构失误，稍有不慎就会成为整张图中的败笔。

1）绘制汽车首先要考虑到与建筑物的比例关系，过大或过小都会影响到建筑物的尺度断定。

2）另外，在透视关系上也应与建筑物相互协调一致，否则，将会损害整个画面的统一。

3）在顾及整体的前提下进行形体塑造，可先把车辆还原为基本几何体确定各部分具体位置和透视关系，然后再进行具体刻画，并应进行简化归纳处理（图3-12）。

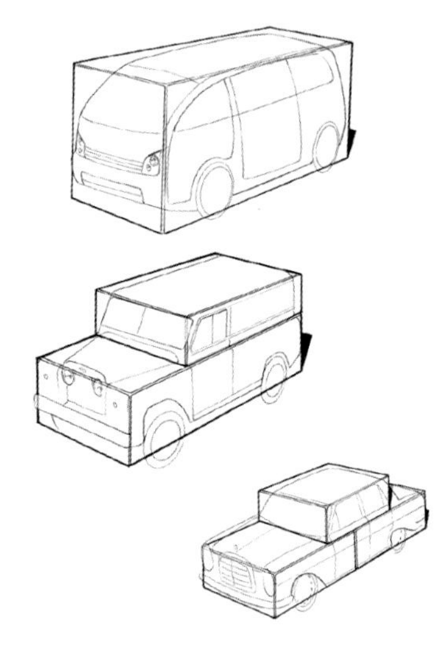

图3-12　绘制车辆应先将其还原为基本几何体，随后再适当添加细节

3.2.2　建筑配景与环境气氛

建筑环境表现是建筑画中不可忽视的部分，尤其对于现代建筑，配景绘制具有特别重要的意义。这主要是因为：首先，现代建筑一般造型简洁，单独入画显得生硬冷漠，配景表现赋予其真实性和生动感；其次，现代建筑尤其重视与环境的有机联系，优秀的建筑设计势必包含对周围环境元素的整体设计和关注，环境配景应该与建筑形体相辅相成。

配景又是建筑钢笔画表现中最自由最感性的部分，相较建筑主体部分的精准严密，在绘制配景时则可以更为舒展放松，活跃图面、渲染气氛，进而营造鲜明的个人风格。要在学习的基础上敢于创造和组合，这样才能逐步提高对画面整体把控的能力。但大胆运用并不是不假思索地随意组织表现，对于刚刚接触配景表现的学生，这里有几个值得注意的问题：

1）配景表现的目的在于配合方案、烘托主体建筑，切不可过分突出和强调，以免画蛇添足，喧宾夺主。

2）要注意组织配景的合理性，要符合地域、季节、场所等基本逻辑，在绘图中适时自我检查，不可依照惯性一味不假思索地画下去。

3）建筑配景表现是图纸表现的一部分，所营造的场景气氛应该平实正常，与方案全套图纸有所呼应、风格统一。添加配景既不是个性化的绘画作品，也不是制造故事的插画小品，这样将自己喜好的形式强行加入的做法，会严重打乱图面秩序、破坏整体效果（图3-13）。

各种配景的画法都是需要经常练习的，它们在图中虽然都以比较概括的形式出现，但依旧脱胎于现实中存在的景物，其生动性不可忽视。特别是植物和人物的形态，还需要在平时的生活中多观察、勤记录，累积素材和手头训练一并进行。

图3-13　人物、植物、装饰物等配景共同营造了完整统一的环境氛围

（图片来源：学生临摹作业　作者：崔璇）

3.3　钢笔画综合训练

任何建筑物都是依据具体的环境条件设计出来的，周围的一景一物均与之息息相关。因此在画面上，周围环境景物都必须如实加以反映。透视图的视点选择要结合建筑的功能和场所特性，也要考虑到在实际中有无实现的可能，光影明暗的处理要符合建筑物的实际方位，也要和时间与季节吻合，不可主观臆造，这样的建筑表现图才是真实耐看的，也才对推敲设计展示方案具有实际意义。

3.3.1　基本画法

虽然建筑钢笔画所使用的创作工具不同、表现风格各异，但概括来说，可以归纳为四种基本画法：

1. 白描画法

这种画法以勾画物体的轮廓及块面的转折线为主，在图面内容较为繁杂时应有意识地区分景物的前后关系，当前后不同层次的物体线条出现交叠时，可加重加粗前方物体的轮廓线，以使画面层次丰富、重点突出。通常，主体建筑轮廓线最重，形体转折线次之，表面上表现材质的纹理线最弱。白描法绘制的建筑表现图常给人淡雅宁谧的视觉感受（图3-14）。

图3-14　白描画法（图片来源：学生临摹作业 作者：曲勃润）

2. 白描配合简单材质表现

单线勾形再加上物体质感和色调的表现，色调的深浅以表现质感的线组的疏密来调节。这种画法多用于建筑物的室内表现，有一定的装饰效果，图面清晰明朗（图3-15）。

图3-15　用白描法绘制结构轮廓，对墙面、地面进行概念化的材质表现

（图片来源：学生临摹作业　作者：张婷）

3. 突出重点、强化视觉中心

采用线条勾勒轮廓配合简明色调材质表现，此种画法具有一定立体感，效果明快爽利。还可以只在画面主体建筑部分施以明暗色调，配景部分则免去色调细节、而采用白描或者剪影的手法概念化处理，以此突出重点部分、强化视觉中心。是最为常用也最为高效的表现手法（图3-16）。

图3-16　仿佛快速运动成像一般的夸张视角周围景物迅速虚化，突出表现建筑底层空间（图片来源：学生临摹作业　作者：陈腾）

4. 用光影质感塑造形体

用色调与光影塑造形体为主的画法，侧重于面的表现，不强调构成形的轮廓线。这种画法具有很强的艺术感和表现力，绘制深入的话则空间层次丰富，但对创作要求较高，掌握起来有一定难度（图3-17）。

图3-17　忽略对边线的勾勒，以块面之间的材料质感和明暗色调塑造形体。这种技法虽见效较慢，但若能深入描绘，会形成非常细腻丰富的图面效果（图片来源：学生临摹作业　作者：许佳岚）

3.3.2　景深与构图

一张完整的建筑钢笔画包含了许多方面的内容，而画面空间层次与构图方案才是真正搭建优秀作品的前提与基础，这需要对画面布局、场景气氛、空间效果等众多关系以及表现形式进行统合考虑、整体构思。

1. 景深层次

景深层次是视觉特性的体现，是构图的前奏，应该采用一种相对客观、现实的场景构思形式对其进行取景和处理，要以尊重表现方案设计为前提，不要人为添加过多的主观调配。要有具体情景的代入感，使观者仿佛置身其中，这才是取景构思的诉求，主要依靠的是立体形象思维的能力和化繁为简的概括能力。

1）近景：距视点最近的一个表现区域，内容多为植物和人物等配景。近景的作用主要是增强空间进深效果，也可限定画面范围，起到框景的作用。

2）中景：是画面的核心区域，通常是表现的主体内容。此区域与视点距离适中，透视变形小，对其进行的内容表现应该是客观准确的，要直接体现设计的特征。

3）远景：主要作用是进一步加深景深效果，同时对中景周围的空余空间进行填充封闭，使画面进一步趋于完整。远景在三个景深层次中所占的比例最小、距离最远，一般采用虚化、概括的方式进行表现（图3-18）。

图3-18　近景、中景、远景的组成使画面具有一定的空间深度感

（图片来源：学生临摹作业　作者：田静雯）

2. 构图形式

建筑方案虽然千变万化，但在手绘表现构图上还是有一定规律可循的，主要可以归结为以下三种常见模式：

1）向心构图：这种构图形式主体内容非常明确，占据画面中心位置，周围配景以围合方式出现，起到烘托整体画面气氛、强化视觉中心的作用。这种构图方式要求远、中、近三个景深层次非常明确，其应用对象多为单体建筑表现。

2）透视构图：也称分散构图，这种构图没有绝对的模式，因为它没有需要表现的特定主体，强调的是营造场所气氛，主要特征是进深效果明显，强调景深体现，层次明确丰富。在其中发挥控制作用的除了透视效果，还有地面铺装和建筑分割线，这些汇聚于灭点的成组线条直接体现透视进深，为画面创造了一种强烈的秩序感。

3）平行构图：适用于主题内容呈水平延展的建筑表现，这种构图形式透视感消失比较缓慢，景深体现不明显，整体感觉有些类似于建筑立面图表现，画面风格安稳和缓。

这些构图的常用模式应用范围广泛，在实际运用中可以适当变通、灵活掌握。

3.3.3 学习方法

对建筑师来说，建筑画是表达设计构思的一种手段而绝非目的，建筑绘画只是把设计方案提前以图纸形式呈现出来。其归根结底是建筑设计的外延和补充，体现设计感和工程味，不可与真正的绘画创作相混淆。要尽可能快捷有效地掌握建筑钢笔画表现技巧，除了对优秀作品多加临摹和练习之外，更重要的是学用结合，以用促学，互为增长，具体的学习方式有以下几点：

1. 由简到繁，由易至难

要由小及大，由细部到整体，有计划有步骤地深入。一开始可以从建筑配景入手，慢慢过渡到小建筑临绘，最后完成一幅完整建筑画的创作。临摹的过程也是一个思考的过程，不要简单描红，要分析作品的表达手法以及为何采用这样的手法，还有没有其他更好的方式进行表现。在临绘有了一定熟练度之后，可以尝试套用已经学习到的技法进行照片改画和场景速写，提高迅速记录和表达形象的能力。

2. 随时自查，发现不足

从练习和速写中寻找到自己的创作难点和不足之处，有针对性地寻找相关优秀范例进行研究学习。一般可以通过“写生——临摹——写生——临摹”，也就是“问题——解决——问题——解决”的方式来逐步加深巩固学习成果。

3. 从学到用，以用促学

在绘制一幅正式的建筑画之前，寻找一张内容条件相似的优秀范例，从构图布局、配景组织到细部刻画均可着意效仿，吃透它的处理手法。如此反复多次，对不同类型的建筑画法加以研习，就可基本领会建筑钢笔画的表现方法。

第4章　设计解析

4.1　名师作品模型复原

4.1.1　模型复原的目的和意义

建筑作为一种结合使用功能、结构技术和艺术审美于一体的艺术形式，对于名家作品的欣赏和学习仅限于照片和图纸是不够的。在不能亲临现场体验和观察的前提下，制作优秀建筑的模型是一种有效的学习手段。

在制作模型的过程中，能够更好地解读图纸；在二维的图纸转换为三维模型的同时，能够更好地训练自己的空间思维能力；而当模型做好，去观察模型的时候，会对这些优秀的建筑作品有更直观更深入的理解。所有这些，都会让学习者更早地掌握建筑图纸的阅读方法，更好地理解优秀建筑作品的内涵，更快地进入到建筑专业学习的情境中去。

4.1.2　模型复原的要求

按照一定比例制作一个优秀建筑的复制模型，并且根据所复制的建筑特点，在适当的位置设计剖开方式，使模型能够打开，便于观察其内部。

4.1.3　模型复原的方法和步骤

1. 阅读图纸

首先，教师提供经过精心选择的建筑作品的图纸。这些图纸包括建筑的平面图、立面图、剖面图、透视图、细部图和各角度照片。学生需要仔细阅读图纸，找到建筑各个部分在不同图纸上的对应关系，并结合照片进行审视。也就是说，在进行模型制作之前，就要在脑海中建立起建筑形态、空间的初步概念，为下一步模型制作做好准备。

2. 设计模型

根据对建筑的理解，设计模型被剖开的位置和打开方式。例如，建筑内部空间高度变化多的建筑适合垂直剖开，而空间尺度变化丰富的建筑可能更适合水平剖开。除此之外，还需要根据被复制的建筑大小来确定模型采用的比例。为建筑中的玻璃窗、特殊的外墙处理等细节选择模型材料和表现方法，使这些建筑细节能够被较好地还原。

3. 制作模型

准备好制作模型所需的卡纸、裁纸刀、胶水和一些必要的表现不同材质的材料后，我们就可以根据图纸给定的尺寸，分工合作，用一定的比例将建筑的各个部分用卡纸裁好，然后黏合。

4.2 名师建筑作品解析

建筑评价看似很容易，似乎谁都可以凭直观感觉对一座建筑进行评价；也经常可以听到某建筑被人评价为“好看”“有档次”“丑”之类，但对建筑进行解析真的很容易吗?

4.2.1 建筑解析的方法

在对建筑进行解析之前，需要了解建筑是怎么设计出来并建造成的。它经历了建筑甲方——任务书——设计竞赛——实施方案——施工——完成等一系列复杂的、多工种合作的过程。此外，建筑需要满足甲方要求、城市规划要求、消防要求、功能要求、结构要求等；还要符合预算、造型美观、环保高效，并在这些限制条件下体现建筑师的立意。我们看到的建筑都是在上述这些要求中找到了平衡点才得以建成。

所以评价一座建筑，远远不是只看外表那么简单。对于建筑初步的学习者而言，可以从立意、环境（自然、人文、城市）、造型、空间（空间尺度、交通流线）、结构、材料、色彩、技术等角度对建筑进行解析。

4.2.2 安藤忠雄名作实例解析

安藤忠雄是日本著名建筑师，1941年出生于日本大阪，1969年创立自己的事务所，是当今最具影响力的世界建筑大师之一。安藤忠雄在成为建筑师前曾当过职业拳手，其后在世界各地旅行并自学建筑，在没有经过建筑学的正统训练的情况下成为世界顶级的建筑师，成才之路颇为传奇。他的作品涵盖博物馆、美术馆、娱乐设施、宗教设施、办公室到私人宅邸等领域，其中，安藤从业早期的小型建筑，特别是其一系列宗教建筑有特有的魅力，简洁的外形和空间处理中蕴含着巨大的建筑意味，特别适合初学建筑学的同学学习。1995年，安藤忠雄获得建筑界最高荣誉普利兹克奖，代表他跻身世界一流建筑师的行业地位（图4-1）。

图4-1　安藤忠雄

安藤忠雄作品风格：

1）擅长运用光线和简洁的几何形体构成韵味丰富的建筑空间。

2）讲究建筑与自然的和谐。

3）精于气氛的营造。

4）以素混凝土作为主要建筑材料。

5）建筑设计手法是现代的，但是建筑内涵则体现了日本传统。

下面，就以安藤早期的一系列小型宗教建筑为例进行解析。

1. 光之教堂（1987~1989）

光之教堂是安藤忠雄“教堂三部曲”（风之教堂、水之教堂、光之教堂）中最为著名的一座（图4-2）。

（1）建筑周边环境和建筑概况　光之教堂位于大阪郊茨木市一片住宅区的一角，是一个面积很小的教堂，大约113m²，仅能容纳约100人。

这座小建筑的预算极其紧张，却让安藤创造出一个世界知名的现代教堂。

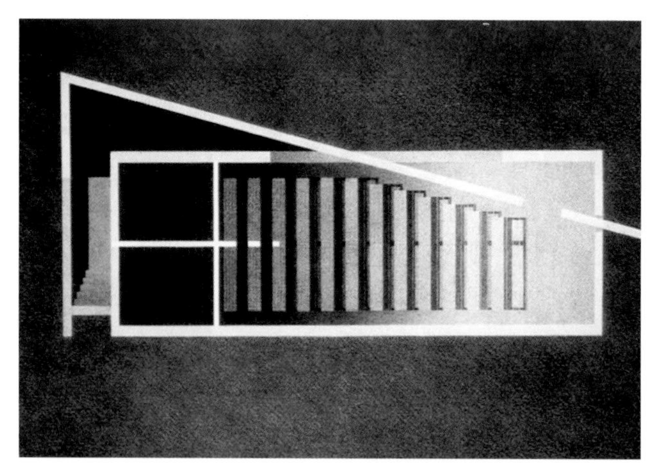

图4-2　光之教堂平面图

（2）建筑立意　安藤在讨论光之教堂的设计初衷时说：“强烈的光束穿透黑暗，唤起崇高的感觉。窗户并不是用作视觉上的愉悦，纯粹是为了光线的穿越。经过严格构造的洞口准确地抓住了光的运动。就像创作雕塑，空间被穿越黑暗的光雕刻着。”于是，这样一座预算有限的小建筑，在安藤“雕刻光线”的建筑立意下，拥有了令人震撼的空间效果。坚实厚硬的清水混凝土绝对的围合，创造出一片黑暗空间，而精心设计的十字架形窗直对阳光，这就是著名的“光之十字”，给人以神圣和震撼的感觉。

图4-3　光之教堂内景

建筑的布置是根据用地内原有教堂的位置以及太阳方位来决定的，礼拜堂正面的混凝土墙壁上，留出十字形切口，并使它面向阳光照射的方向，呈现出光的十字架。建筑内部尽可能减少开口，限定在对自然要素“光”的表现上（图4-3）。

对安藤而言，宗教建筑中神与人的关系是一种人造自然或建筑化的自然。他认为：当绿化、水、光和风根据人的意念从原生的自然中抽象出来，它们即趋向了神性。光之教堂表现的是光这种自然元素的建筑化和抽象化，空间几乎完全被坚实的混凝土墙所围合，使建筑内部昏暗，更加突出光的十字对空间的控制，使建筑的宗教意味得以升华。

2. 水之教堂（1985~1988）

（1）建筑周边环境　水之教堂位于北海道夕张山脉东北部群山环抱之中的旅游区内的一块平地上，是一个专门用于举办结婚典礼的教堂（图4-4）。

图4-4　水之教堂

（2）建筑立意和平面布局　为了营造气氛，安藤忠雄设计了一个90m × 45m的人工水池，并从周围的一条河中引来了水。水池的深度是经过精心设计的，以使水面能微妙地表现出风的存在，甚至一阵小风都能兴起涟漪。

（3）流线设计　水之教堂的主体是两个分别为10m见方和15m见方的正方体，它们上下叠合，面向一个90m × 45m的人工湖。安藤为了增加这座小建筑的空间层次，在流线设计上采用了欲扬先抑的手法：环绕建筑的是一道“L”形的独立的混凝土墙，人们在这道长长的墙的外面行走是看不见水池的，只有在墙尽头的开口处转过180°，参观者才第一次看到水面（图4-5）。

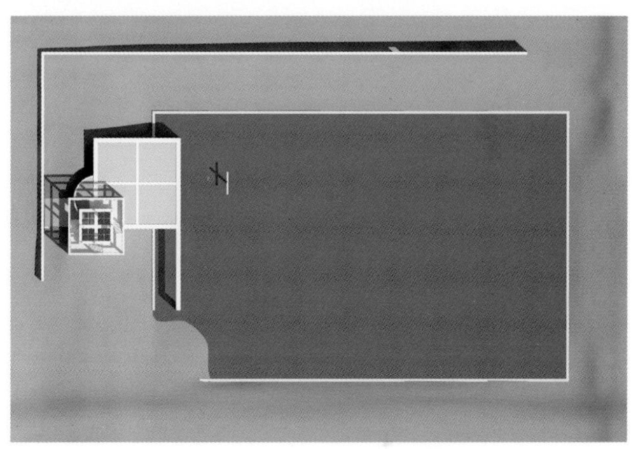

图4-5　水之教堂总平面图

人们进入教堂后，水池在眼前展开，水中间立着一个十字架，简洁而神圣。教堂面向水池的玻璃面可以整个开启，从而使人们可以直接与自然接触，周边的自然景色成为建筑的一部分。

3. 六甲山教堂（又名“风之教堂”）

该建筑位于六甲山顶，由一个教堂、一座钟塔和一组连廊构成。教堂也是一个小型建筑，规模约113m²，能容纳约100人，竣工时间为1989年（图4-6）。

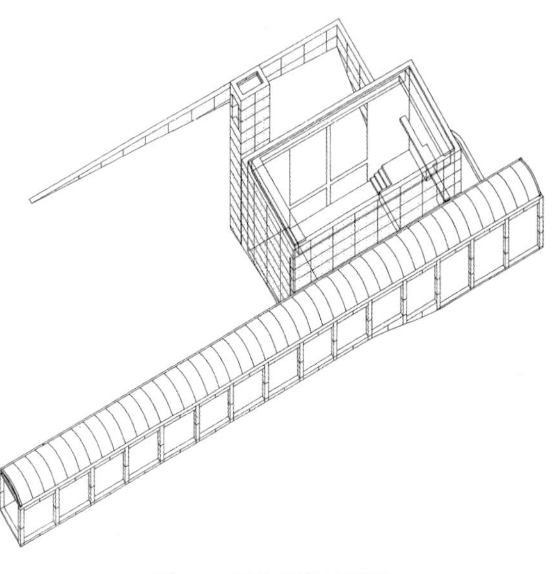

图4-6　风之教堂轴测图

（1）建筑周边环境　教堂位于山顶，从教堂内可以俯瞰大阪湾的大海景观。出于对地形的考虑，教堂呈“凹”字形，包括正厅、钟塔、“风之长廊”以及限定用地的围墙。

（2）建筑平面布局　从基地平面图来看，两个呈“凹”字的部分首尾相接。一是教堂主体，另一个是一个长40m × 2.7m的廊道，顶棚是曲面的磨砂玻璃和 “H”形联系梁组合构成的1/6圆拱顶，两端开敞，海风从中间吹过，“风之长廊”和“风之教堂”因此得名。

（3）日本传统建筑意味　风之长廊采用磨砂玻璃，这种材料和混凝土柱子的尺寸与比例其实是在呼应日本传统建筑中纸幕墙和木构建筑的质感（图4-7）。

（4）流线设计　通过连廊右转90°，便进入教堂正厅。主体部分包含2个6.5m直径的概念球体，构成了安藤心中的“纯粹空间”。再转90° 便能直面圣坛——形成一个因为受地形、植被限制导致的180° 转向的教堂入口。入口运动路线的曲折，与长廊直截了当的简洁表达形成鲜明反差，丰富了空间形式。

图4-7　风之教堂内部

（5）室内设计　教堂空间最值得注意的是光线的表达方法。如果与光之教堂中的“光十字”比较，也许可以将风之教堂内的十字架称为“影之十字”（见图4-7）。它更柔和，更肃静。

安藤忠雄的这一系列教堂建筑都是纯粹的现代主义风格，都是预算不高的小型建筑。但是这些建筑的空间意味和宗教气氛让每一个进入其内部的人都感受到心灵的震撼。

第5章　设计基础

5.1　功能/尺度研究

建筑是为人服务的，建筑空间应满足人的使用要求。如何来确定建筑空间的合理大小，并使空间对人的活动产生积极的影响。这就需要了解人体自身的一些基本数据，人的各种功能活动所需要占用的基本空间，以及空间大小对人产生的不同心理影响，才能够在建筑设计中把握合理的空间尺度关系，在提供有效的功能使用空间同时，创造出适宜舒适的空间体验。

5.1.1　尺度的概念

尺度是在不同空间范围内，建筑的整体及各构成要素使人产生的感觉，是建筑物的整体或局部给人的大小印象与其真实大小之间的关系问题。

如图5-1所示，通过人与建筑物门、窗等构件要素的尺度关系可以感知建筑的真实大小。

图5-1　通过人体尺度感知建筑

1. 尺度与尺寸

尺寸是度量单位，如：km、m、cm等对建筑物或要素的度量，是在量上反映建筑及各构成要素的大小。

尺度涉及真实大小和尺寸，但不能把尺寸的大小和尺度的概念混为一谈。尺度一般不是指建筑物或要素的真实尺寸，而是表达一种关系及其给人的感觉。是指要素给人感觉上的大小印象和其真实大小之间的关系：如果建筑要素的真实大小与人的印象大小相一致，说明建筑的尺度真实；反之，说明建筑失掉了应有的尺度感。

2. 建筑尺度的衡量标准

人的自身是建筑尺度的基本参照。根据人体尺度设计的家具以及一些建筑构件，是建筑中相对不变的因素，可以作为衡量建筑尺度的参照物。熟悉尺度的原理，可以很好地指导建筑设计，使建筑物呈现出恰当的或预期的某种尺寸 。

5.1.2 人体自身数据

已知最古老的人体尺寸比例标准（约公元前3000年）是在埃及古城孟菲斯（Memphis）的金字塔的一个墓穴中发现的。自那以后 ，科学家和艺术家致力于人体尺寸比例的研究。文艺复兴时期，达·芬奇根据罗马建筑工程师维特鲁威的人形标准，创作了著名的人体素描图（图5-2）。画中描绘了一男子，被置于正方形中，表示人伸开的手臂的宽度等于他的身高；而如果双腿跨开，双臂伸出并抬高，直到中指的指尖与头部最高处位于同一水平线上，画中人则置于一个圆形之内，而伸展开的四肢中心就是肚脐。

现代著名的建筑师勒 · 柯布西耶把比例和人体尺度结合在一起，并提出一种独特的“模度”体系。他认为：模度（Modulor）是从人体尺寸和数学中产生的一个度量工具。举起手的人给出了占据空间的关键点：足、肚脐、头，举起的手的指尖。它们之间的间隔比值恰好接近或等于黄金比率。柯布西耶基于人体及其四肢的比例、尺度来建立衡量单位，创造衡量建筑或环境的模数单元，使建筑或环境合乎人的比例、尺度，与人相协调。

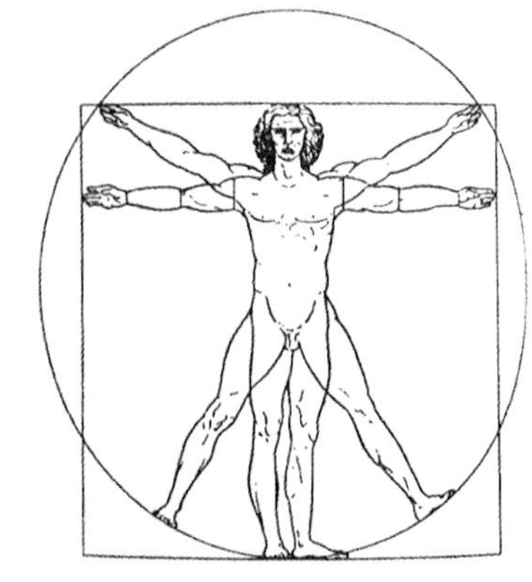

图5-2　人体素描图

1. 身高

不同国家、不同地区的人体的平均尺度是不同的。我国按中等人体地区调查平均身高，成年男子身高为1670mm，成年女子为1560mm。

2. 人体构造尺寸

是指人体处于固定的标准状态下测量的各种尺寸。可以测量许多不同的标准状态和不同部位。如手臂长度、腿长度、座高等。它对与人体直接关系密切的物体有较大关系，如家具、服装和手动工具等。主要为人体各种装具设备提供数据。（图5-3、表5-1）

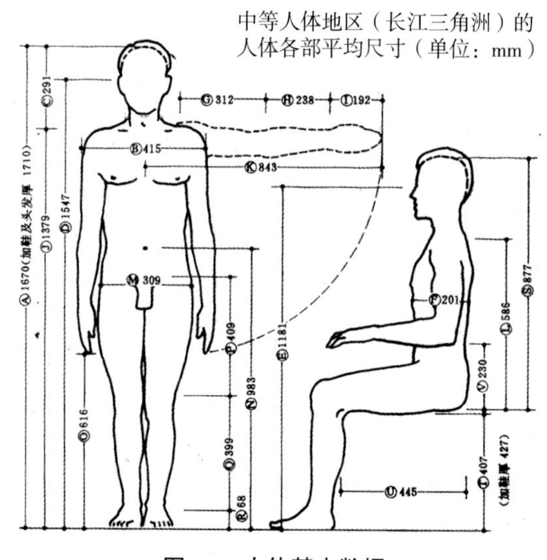

图5-3　人体基本数据

表5-1　人体各部尺寸与身高的比例

部位	百分比	
	男	女
两臂展开长度与身高之比	102.0	101.0
肩峰至头顶高与身高之比	17.6	17.9
上肢长度与身高之比	44.2	44.4
下肢长度与身高之比	52.3	52.0
上臂长度与身高之比	18.9	18.8
前臂长度与身高之比	14.3	14.1
大腿长度与身高之比	24.6	24.2
小腿长度与身高之比	23.5	23.4
坐高与身高之比	52.8	52.8

3. 人体的功能尺寸

人体的功能尺寸是指动态的人体尺寸，是人在进行某种功能活动时肢体所能达到的空间范围，它是在动态的人体状态下测得的。其是由关节的活动、转动所产生的角度与肢体的长度协调产生的范围尺寸，它对于解决许多带有空间范围、位置的问题很有用。

（1）人体基本动作尺寸　人体的动作很多，进行设计时需要了解人体的一些常用的基本动作尺寸作为设计的依据。这里的人体动作尺寸是实测的平均数。直立，向两侧伸开手臂，向上抬高手臂等，坐、平躺等基本动作尺寸都可以作为设计家具、设计建筑空间的基本依据。

（2）人体常见活动尺寸　这是指人体各种活动所占的基本空间尺寸，如坐着开会、拿取东西、办公、弹钢琴、擦地、穿衣、厨房操作和其他动作等，这些常用尺寸需要设计者熟练掌握，在设计中充分考虑，以满足使用要求。

4. 人体的感觉尺寸

了解人体一些基本的感觉距离，有助于设计者在设计空间时考虑人的相关生理、心理需求，为不同的功能活动提供不同尺度的合理空间。

（1）嗅觉距离　通常1m以内，人可以闻见衣服和头发散发的较弱的气味；2~3m的距离可以闻见香水或别的较浓的气味；3m以外，则会闻见很浓烈的气味。依据这些基本数据，设计者在设计交往空间时，要考虑家具布置要适当留有距离，避免产生尴尬。

（2）听觉距离　通常7m以内，人们可进行一般交谈；30m以内能够听清楚讲演；超过35m后，只能听见叫喊，但很难听清楚语言。因此在会议、接待空间时，超过30m的会议空间，要使用扬声器。

（3）人际距离　人际距离一般从私密到公共可以分为以下几种：

亲密距离：0~0.45m，适用于很亲密的朋友、亲人等表达温柔、爱抚等感情；有时愤怒的争吵等表达激烈的感情也适用于此距离。

个人距离：0.45~1.3m，一般相对比较私密，如亲近朋友谈话、家庭、餐桌距离就属于此种距离，设计私密空间时可采用此距离。

社会距离：1.3~3.75m，如邻居、同事间的交谈距离，适用于洽谈室、会客室、起居室等空间的设计。

公共距离：大于3.75m，一般常用于单向交流的集会、演讲，如严肃的接待室、大型会议室。

5.1.3　人体工程学与家具设计

人体工程学是第二次世界大战以后发展起来的一门新学科。人体工程学并不是单一的学科，是研究“人—机—环境”系统中人、机、环境三大要素之间的关系，为解决该系统中人的效能、健康问题提供理论与方法的科学。它涉及人体的尺度、生理、心理需求，对物理环境的感受等，和室内空间环境有着密切的关系。人体工程学在室内环境设计中应用主要是用来确定人在室内活动所需要的空间范围，也是确定家具、设施的形体、尺度及其使用范围的基础依据。

家具的主要功能是实用，是人为了自己的方便而创造的，家具应当舒适、方便、安全、美观，满足人们生理特征的要求。家具的设计应以人体工程学为依据，使其符合人体基本尺寸和从事各种活动范围所需的尺寸。合理尺寸的家具有助于感觉建筑空间的尺度，设计者应了解日常生活中常见的家具如桌椅、床柜等不同规格的基本尺寸，设计时可以有效地摆放家具，合理利用空间。

1. 常用家具的基本尺寸

日常居住建筑中经常使用的家具有椅子、桌子和床等几类，根据人体尺度需求各类家具都会有一些基本的适宜尺寸，应熟练掌握，也是设计室内空间的基础。例如，宾馆客房的基本尺寸需要根据房间内床、桌椅、沙发、柜架的基本尺寸，结合适宜的交通空间来确定。以下几类家具的具体尺寸可参考相关设计资料。（图5-4）：

1）椅子、沙发、凳子、坐凳、座椅、单人沙发、三人沙发等。

2）桌子：书桌、餐桌、办公桌等。

3）床：单人床、双人床、上下床等。

4）柜架：衣柜、书架、储物柜等。

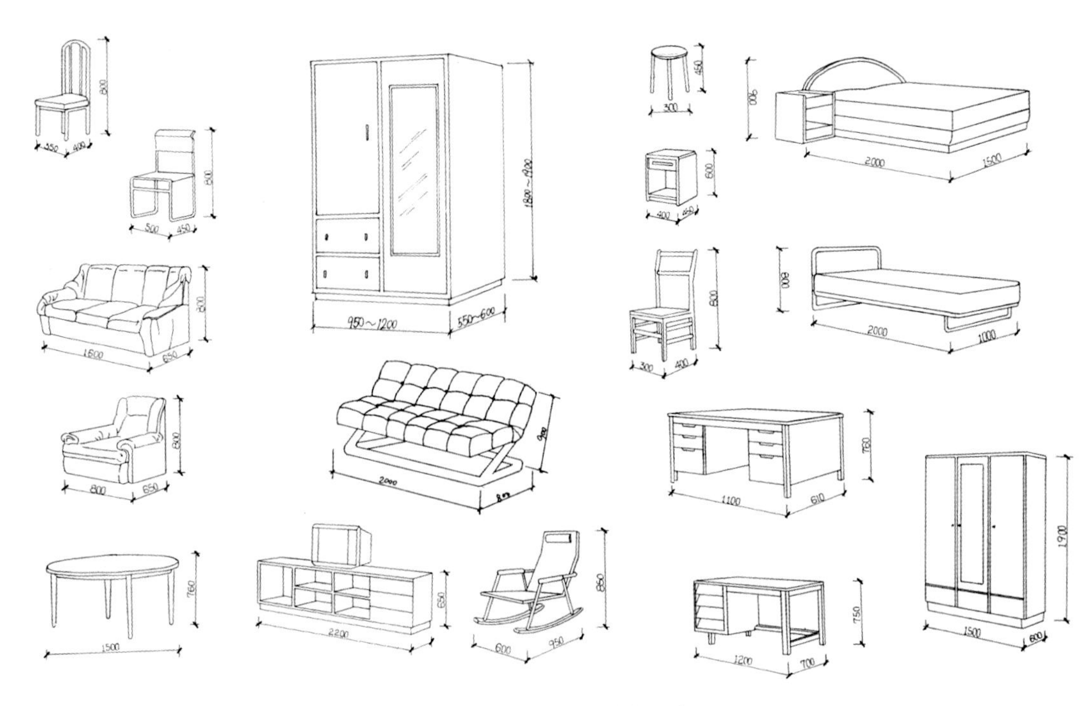

图5-4　常用家具基本尺寸

2. 合理的家具布置有助于形成适宜的室内空间尺度

（1）人体所需的空间　在建筑与室内设计中，人体所需的空间不仅仅是指人体各种动作所需占用的空间，还应该考虑空间对人心理的影响。适宜的空间尺度在满足人的动作空间同时能够提供给人舒适的心理感受（图5-5）。在相同空间中不同的布置家具方式对空间的利用程度不同，对人造成的心理感受也不同。如图5-6所示，左图室内空间布置狭长单一；中图室内空间布置有效区分睡眠学习区域，增加围合感；右图室内空间设置入口处绿化对景，并以此分隔休息、交流区域，能够提供更为舒适的心理感受。

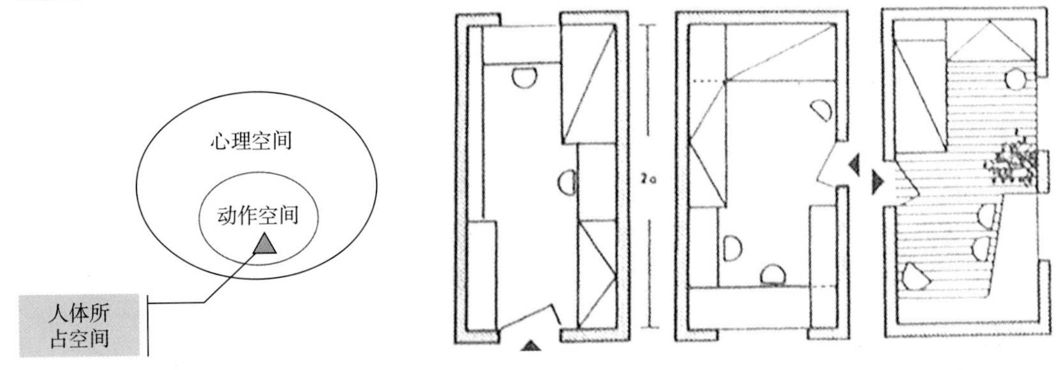

图5-5　人体所占空间

图5-6　不同家具布置方式具有不同的空间效果

（2）室内功能分区　在进行室内空间设计时应首先依据人的使用流线及功能需求进行功能分区，并留出室内交通空间。例如，在宿舍设计中应认真分析宿舍使用者的功能需求，如睡眠、学习、交流、娱乐、储藏等功能，并根据活动的公共-私密属性进行合理的功能分区。

（3）家具界定空间　在宿舍或其他面积不是很宽裕的空间里，可考虑利用家具界定室内功能分区及交通流线，合理的家具摆放方式在满足使用功能的同时又能够有效地节约空间。

（4）适宜的室内家具尺寸　根据室内空间的大小选择合理的家具尺寸，创造宜人的空间尺度。如过大的空间匹配较小尺寸的家具会使空间显得过于空旷，而较小的空间配以较大尺寸的家具又会使空间显得过于拥挤，都不能带来良好的心理感受，从而失去了适宜的尺度。

5.1.4　建筑构件的合理尺寸要求

处理好建筑的尺度对于表达出建筑的思想，表现出建筑的性格特征、建筑形体和体量，创造宜人的环境、适宜的空间是重要的。

建筑中的栏杆、扶手、踏步、坐凳等，由于功能要求基本保持恒定不变的大小和高度。利用这些符合人体尺度的建筑构件和建筑物的整体或局部作比较，有助于获得正确的尺度感。

1. 门

门的功能是沟通内外联系，根据使用性质可以分为一般供人出入的门和其他特殊使用要求的门。供人出入的门应以人的高度或人流的通过能力为依据确定大小，门扇一般高为2~2.5m。供车出入或其他特殊使用要求的门，则应视车的尺寸和具体使用要求来确定其大小和形式。

不同建筑形式中在满足基本功能的前提下也会有不同尺寸和大小的门。有的门出于其他因素考虑设计得很高或很小，这些都会给辨认尺度带来困难（图5-7）。

图5-7　同一比例尺不同形式的门

2. 栏杆、踏步、窗台

建筑的尺度处理包含的要素很多。栏杆、踏步、窗台等为了适应功能的要求，其高度、大小和尺寸基本上是不变的，利用这些不变的人们熟悉的要素与一些可变的要素作比较有利于正确判断建筑物的尺度。在各种要素中，窗台或栏杆对于显示建筑物的尺度所起的作用特别重要，这是因为一般的窗台或栏杆都具有比较确定的高度（90cm左右），它如一把尺，通过它可以“量”出整体的大小。

3. 其他因素

通常住宅的层高为2.8m，这个尺度能满足人们生活的各种需要，而且为人们所熟悉和接受。高层建筑通常采用层高、开间尺寸、窗户、阳台等，这些为人们所熟知的尺寸，使人们观察该建筑时很容易把握该部分的尺度大小。

4. 特殊尺度

另有一些建筑的空间尺度主要是由于精神方面的要求决定的。对于这些特殊类型的建筑需要用特殊的尺度表达特殊的精神要求。如哥特式教堂、金字塔这类雄伟粗犷、庄严肃穆的建筑作品，使人们的心理受到了极大的震撼（图5-8）。

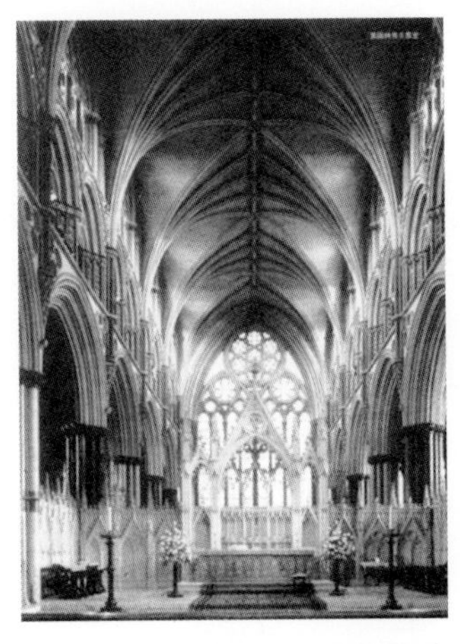

图5-8　特殊尺度表达特殊的精神要求

尺度是建筑的一个重要特性，它能对人们的心理产生重要的影响，从而影响建筑的艺术表现。因此，恰当地处理好建筑的尺度，使之符合人们的心理需求，并表现出建筑的艺术，这对于一个建筑师是非常重要的。

5.1.5　无障碍尺度研究

随着社会老龄化的加剧以及社会对弱势群体的关注（残障人士、高龄人士、儿童等），无障碍人体尺度的研究开始越来越广泛。老龄化住宅模式研究、无障碍环境设计研究也成为学科关注的热点问题。在了解正常人体尺度的相关内容后，学习掌握正常人体尺度之后，可以进行针对特殊人群（高龄人士、残障人士）的无障碍人体尺度拓展研究。

1. 人体尺寸的差异

由于很多复杂因素都在影响着人体尺寸，所以个人与个人之间，群体与群体之间，在人体尺寸上存在很多差异（图5-9、图5-10，根据日本纳得工坊资料整理）。

（1）年龄差异　体形随着年龄变化最为明显的时期是青少年期。人体尺寸的增长过程，妇女在18岁结束，男子在20岁结束，男子到30岁才最终停止生长。此后，人体尺寸随年龄的增加而缩减，而体重、宽度及围长的尺寸却随年龄的增长而增加。

关于儿童的人体尺寸研究相对较少，而这些资料对于设计儿童用具、幼儿园和学校是非常重要的。儿童意外伤亡与设计不当有很大的关系，考虑儿童的人体尺度是保障安全和舒适的基本依据。

人们在20岁左右，身体发育完全，各项机能达到顶峰，但同时人体的衰老开始了。随着身体机能的低下，生活居住能力的衰退，日常生活中会产生各种障碍。在住居生活中，我们要对年龄的增长，生病的增多等造成居住能力的变化做出相应的考虑和准备。

身体机能及运动机能的变化
———— 男性
-------- 女性

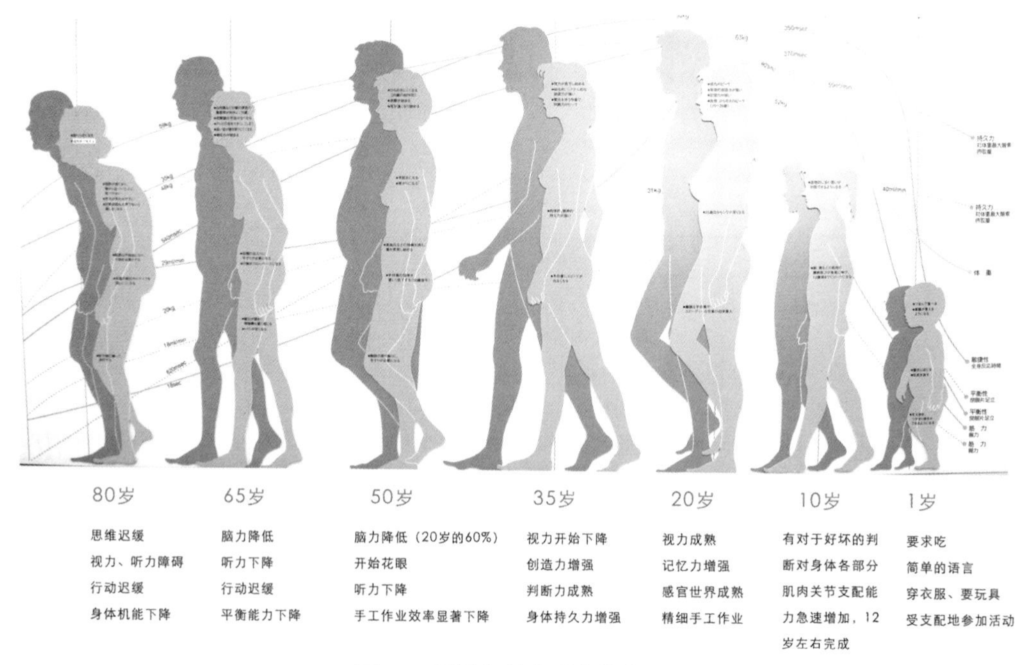

图5-9　不同年龄人群身体变化特征

一般来说，我们经常使用的相关设计都以正常健康人的身体尺度为依据，但即使在同一年龄段，每个人的高低胖瘦、视力及听力健全与否也各不相同，所以从每个人的角度出发，提供舒适、安全的生活空间是我们一直努力追求的。

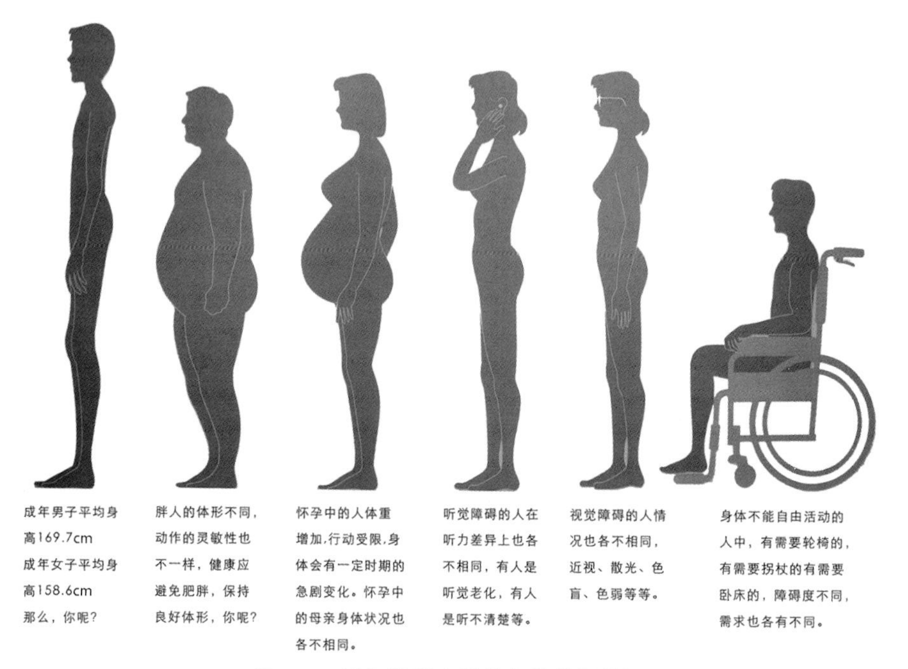

图5-10　同年龄段人群的身体差异特征

另一方面针对老年人的尺寸数据资料也相对较少，由于人类社会生活条件的改善，人的寿命增加，现在世界上进入人口老龄化的国家越来越多，所以设计中涉及老年人的各种问题已经引起设计者的重视。

（2）男女差异　3岁~10岁这一年龄阶段男女的差别极小，同一数值对两性均适用，两性身体尺寸的明显差别从10岁开始。妇女与身高相同的男子相比，身体比例是不同的。

（3）残疾人的差异　关于残疾人的设计问题有专门的学科进行研究，称为无障碍设计。在国外已经形成相当系统的体系。

2. 无障碍人体尺度拓展研究

通过人体工学实验室亲身模拟体验，课下调研相关特殊人群活动空间，发现社会现存问题，研究学习国内外先进经验，无障碍人体尺度拓展研究可以关注以下研究内容：特殊人群（残障人士、高龄人士）的人体尺度、行为模式、功能需求，研究特殊人群的起居、卧室、厨卫等生活空间以及适宜的室外活动空间。以此为基础可以进行适宜特殊人群的室内外环境初步设计研究。

5.2 形态/二维—三维转换研究

5.2.1 形式、构成与设计基础

设计的领域涉及人类一切有目的的活动，它将人们的某种观念或者思想意图转换为视觉化的形体和环境，即用一定的物质材料塑造直观形象，从这个角度看，建筑和绘画、雕塑、工艺等均属于视觉艺术，视觉形式是视觉艺术得以表现的媒介形式。随着时代的发展和技术的进步，还出现了很多四维甚至是多维的动态视觉艺术，如电影、动画等。尽管视觉艺术的形式十分复杂，形式构成中受到诸如环境、技术、文化等众多因素的影响，但是它从根本上不能与人的视觉和视觉思维相脱离，因此，我们在研究视觉形式时，可以将形式之外的因素剥离，不考虑社会、历史、文化对形式的影响，此时所谓的“纯形式”将显现出来，帮助我们看清形式本身的本质和规律，从而为真正的形式设计奠定基础。

以建筑为例，18世纪的法国启蒙主义建筑师陆吉尔（Laugier）对建筑的视觉形式问题进行了最初的思考。他将森林中的茅棚——由四根树干支起树叶做成的屋顶视为建筑生成的基本原型，并据此认为其后发展出来的各种建筑均是该原型在特定场景下的不同表现形式。在这一抽象中，树干和树叶分别作为结构和材料的必要条件，表现了空间和形体的物质属性，而构件在水平和竖直方向上最基本的限定，则规定了这一建筑原型的基本空间结构和形体。由此可以看出：形体和空间是建筑形式构成的最基本要素，不管它的名称是门还是窗，是空中花园还是步行街，都可以用形体和空间的整体或者是某一或几个组成部分来进行描述。因此，建筑的视觉形式是以形体和空间为基本单元及组织结构，而这里所说的形体和空间的基本单元可以抽象为不同的类型：点、线、面、体

积、空间、材料、肌理、色彩、光影、基准、等级、比例、重复、变化、对称等，而上述这些正是所有视觉艺术种类所共同具有的不可或缺的基本因素。

形状、体积、空间、色彩、光影、肌理、构图、表达方法、美感、直觉力等是各种视觉设计领域中共同存在的基础性的重要问题，以平面构成、立体构成、色彩构成、空间构成为主要内容的视觉形式训练，可以引导学生对于设计领域共同存在的重要问题进行学习和实践，为将来的开放式的综合了社会、文化、历史因素在内的建筑专业设计做好准备。

1. 形式和构成

（1）形式　形式一词源于希腊文“可见的形式”和“适合概念的形式”两个单词，在《大英百科全书》中，形式被解释为“某一对象的外在形状、外观或构造；与其相对的是构成事物的内容。历史上对于形式内涵的研究纷繁复杂，大致可以分为物质的、物理学意义上的形式和精神的、心理学意义上的形式两种，前者如“形式是各个部分的比例和安排”，后者如“先验的形式”“形式是意象，具有生命的意义”。

视觉形式包含两个层面：一是表层的物质媒介层面，包括点、线、面、体、色彩、肌理、光影、空间等；二是深层的内在的空间组织关系层面，包括空间构成关系、平衡、对比、韵律、对称、方向、距离等。这里所说的形式包含的要素是上面两个层面的总和。

（2）构成　“构成”的一般概念，是指事物的组成、结合与组合。“构”有组成、组合、结合、造成、缔造之意；“成”有形成、完成、成为之意。因此，构成是一个广义的词，泛指事物、物象的不同要素组织合成，如政府组织机构的构成，服装面料成分的构成，物质构成的分子等，当然也包含了艺术、建筑与设计中的成分组织与要素秩序建构之意。

构成是一种观念，它是从自然对象中寻求最根本的结构，并利用这些结构规律进行创造的一种观念。构成是设计物生成的一种重要手段及样式，它作为一种造型方法，作为元素的组成方式，是设计的一种本质的表现，它具有一种方法论的意义，因此它可以作为设计基础的一个内容和方面。

2. 形态构成训练的目的和内容

构成并非设计，仅是对设计所包括的或是从设计中抽出那些纯粹的造型来加以研究，设计专业的学习可以分为几个阶段，设计基础——基础设计——专业设计。形态构成训练是为进入专业设计做准备与打基础。

（1）构成是设计的基础　设计是创造，而构成则是创造性的基本训练。作为创造性的基本训练，只有放松物质功能、社会性等的约束，才能展开想象的翅膀，创造出无数出乎意料的新形态。反过来这些新形态、新现象会直接改善设计的面貌。

（2）形态构成训练的内容　形态是形式要素之一，是形式研究的基础，形态构成所研究的对象是形态的创造规律。具体来说就是形态造型的物理规律和知觉形态的心理规律。它以形态、材料、空间、色彩等为素材，按照视觉效果、力学或知觉原理进行组合，强调元素组织的结构所生成的秩序与趣味，各种元素经过重新组合后产生新的视觉意义。

形态构成训练致力于培养形态的创造能力，一方面是对形态的意识与体验，作为一种样式，它可以是从基础几何秩序到演绎推理出来的复杂秩序；另一方面是对形态创造和组合的所有可能性的尝试，作为一种方法，分析寻找各种不同的“构”：“结构”“建构”“散构”“重构”“解构”等。具体而言，形态构成训练的内容包括以下三个方面：

1）观察力训练：培养对视觉形式审美的、构造的、知觉的直观判断能力。

2）设计思维训练：研究构成要素及组合，发展有计划的独创力，培养艺术性思维和科学性思维。

3）表达方式训练：养成各种熟练的设计表现技巧。

5.2.2 形态构成的要素

1. 形态分类

形态构成研究的是设计的基本规律，那么设计所指的形态是什么呢？世界上所有的形态分类，如图5-11所示。

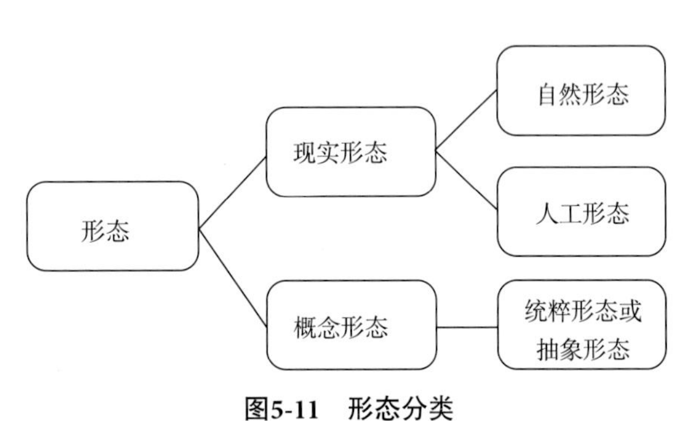

图5-11 形态分类

自然形态是自律生成的，不涉及材料和制作等问题，人工形态则是他律生成，其形成的动机和过程均与自然形态不同，并存在着材料、制作成型等技术问题，但其也是由自然形态的生成过程提炼而来（图5-12、图5-13）。

纯粹形态或抽象形态属于概念形态，它虽然对立于现实形态，同时又是所有形态的基础，从某种角度看，抽象形态是将现实形态去除如材料、功能等各种属性之后剩下的形式，可以称之为基本形态——是大多数形态中所共同存在的单位或形态要素，通过对这些基本形态要素的各种操作——或聚集或分割，并通过扩大、缩小、变形等手段，可以创造出丰富的崭新形态，并进一步进行新的组合。因此，可以说抽象形态是现实形态的构成要素和初步表现（图5-14）。

图5-12 自然形态

图5-13 人工形态

图5-14 抽象形态

2. 形态知觉

人们对世界的认识是从感觉开始的——视觉、听觉、味觉、嗅觉、触觉。躯体等主要的感觉器官对外界环境的各种刺激信息传递到大脑神经系统的过程称为感觉。当人们知觉世界时，大脑在积极地进行着选择和组织，将感觉信息整合成为关于世界的一幅幅图片或一个个模型。

格式塔心理学家认为：知觉是具有理解力的，即知觉本身具有能动性，能积极地搜索、选择、组织、识别物体。人们在把感觉到的信息组织为有意义的模式的过程中会使用一些共同的知觉组织原则。

3. 知觉组织过程中的一般规律

（1）恒常性　个体的知觉具有恒常性，即客观事物本身不发生变化，但由于外界条件的变化，客观事物所产生的感觉刺激会在一定限度内发生变化，但是最终个体对客观事物的知觉并不会因感觉刺激的变化而改变。恒常性的产生与个体的知识和常识相关，视知觉会自动通过将外界的刺激信息与大脑中的记忆组块加以比较来进行识别和判断，形成最终知觉结果。视、嗅、触、听等各种感觉器官均具有恒常性。

视觉恒常性包括大小恒常、形状恒常、方向恒常等形体上的恒常以及明度恒常和色彩恒常（图5-15）。

图5-15　知觉恒常性中的形状恒常和大小恒常

（2）整体优于部分（图5-16）

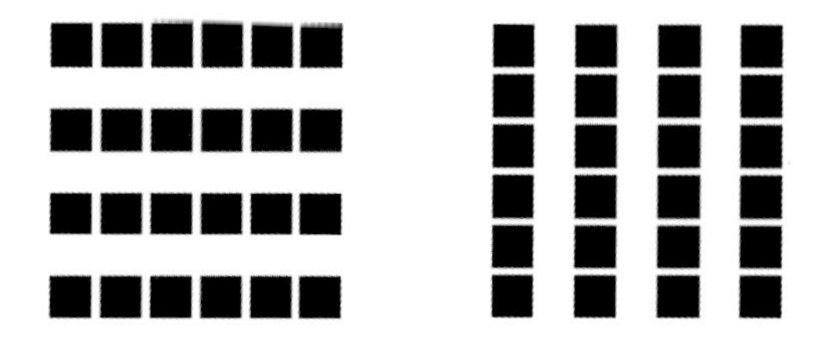
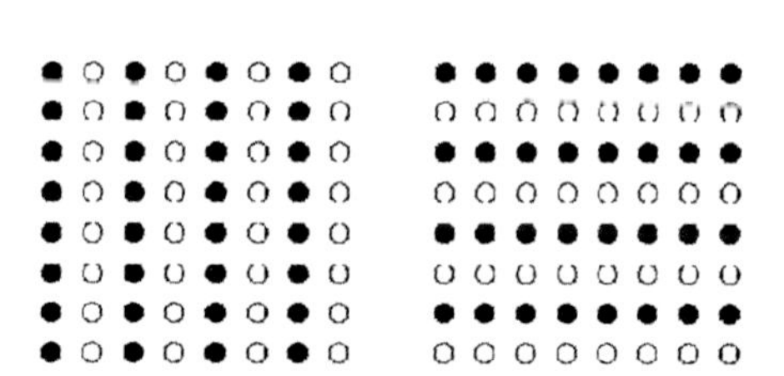
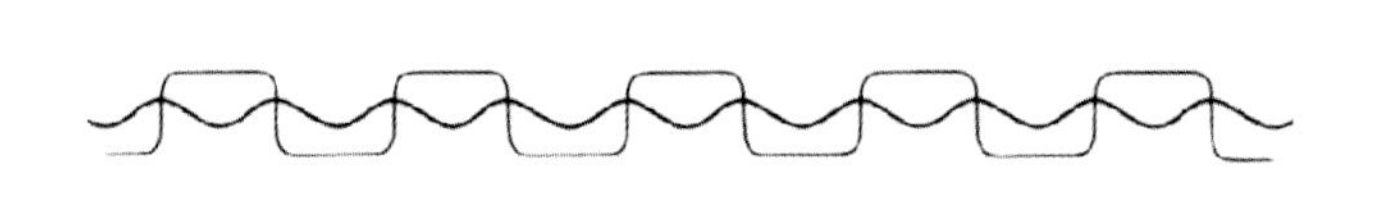
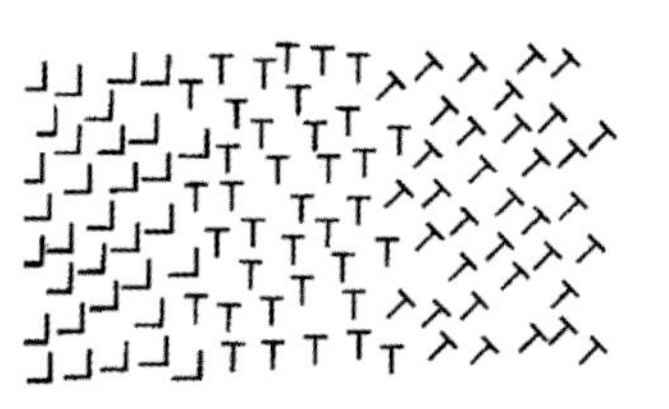

图5-16　知觉的组织原则：接近律、相似律、共同命运原则

接近律：在其他条件相同时，最近（最接近的）元素会被组织到一起。

相似律：在其他条件相同时，最相似的元素组织在一起。

共同命运原则：在其他条件相同时，朝同一方向运动和具有相同速度的元素会被组织在一起。

（3）图形-背景　图形是位于最前部的类似客体的区域，是相对明确的，是视觉感知下的形。背景被看成是用来突出图形的幕布，也称为底，是图形之外的部分，底是隐性的，是视觉感知下的空，具有后退感。图形和背景之间的关系也称为图底关系。具备下列条件的形态通常会成为图形凸显于背景之上（图5-17）：

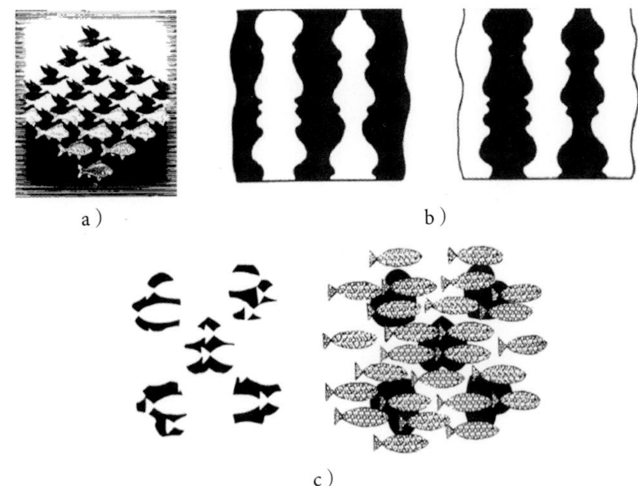

图5-17　图形和背景：图—底

1）轮廓的封闭性：被封闭的形容易被看作图形。

2）面积因素：相同条件下，面积小的部分容易成为图形。

3）位置因素：面积相差不大时，凸出部容易成为图形。

4）对称性：对称性越强的部分越容易成为图形。

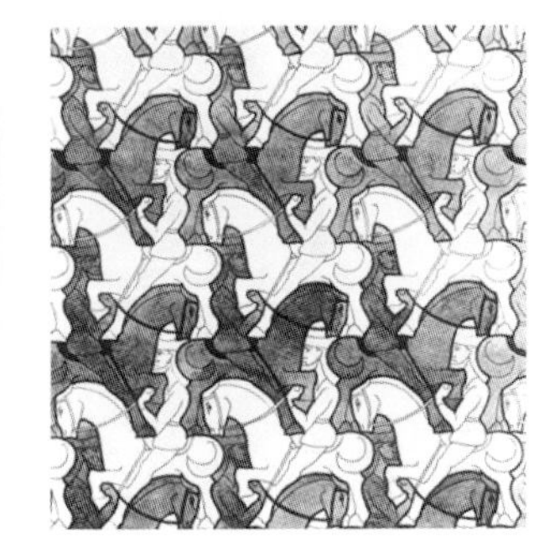

图5-18　图形和背景：两可图形

5）明暗、色彩对比度强的部分容易成为图形。

当图形和背景在上述方面都非常相似的时候，会出现一种不稳定的视觉图形：两可图形，此时人们看到的图形随时可能发生变化（图5-18）。

（4）封闭性和错觉轮廓（图5-19）　封闭性是另一个非常强的组织过程，它会让人

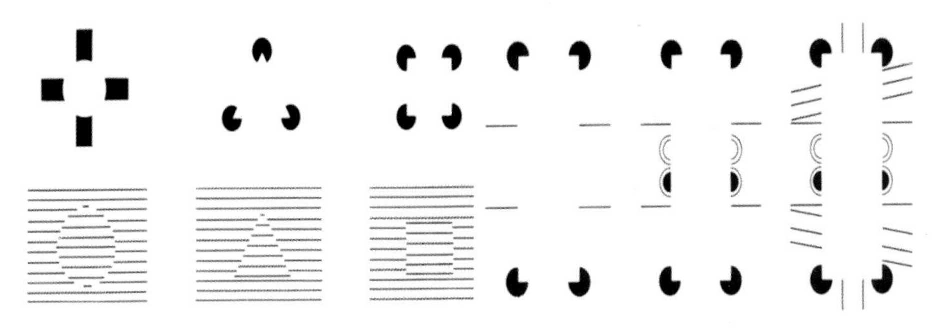

图5-19　封闭性和错觉轮廓

将不完整的图形看成完整。尽管刺激仅仅提供角度，但是知觉系统提供了它们之间的边界，使之成为一个完整的图形。封闭性过程表明人具有把刺激知觉处理成完整的、平衡的和对称的倾向，即使存在空隙、不平衡和不对称时依旧如此。

同时，在知觉中将一个图形看成是位于背景前面的趋势非常强烈，实际上，甚至当人知觉到的图形其实是不存在的时候，刺激也会产生这种效应，这被称为错觉轮廓。

（5）深度知觉　人类视觉系统所依赖的视网膜成像只有两个空间维度——垂直和水平，但是人们每天所感知的却都是三维空间中的物体，这就需要关于深度和方向的知觉。深度知觉的产生一方面是因为人的双眼提供了视差和视轴辐合这样的生理基础，另一方面人们知觉的对象为感知提供了深度线索。因此，设计师可以利用图像中的元素，增加或减少设计图形的深度。深度知觉的线索包括（图5-20）：

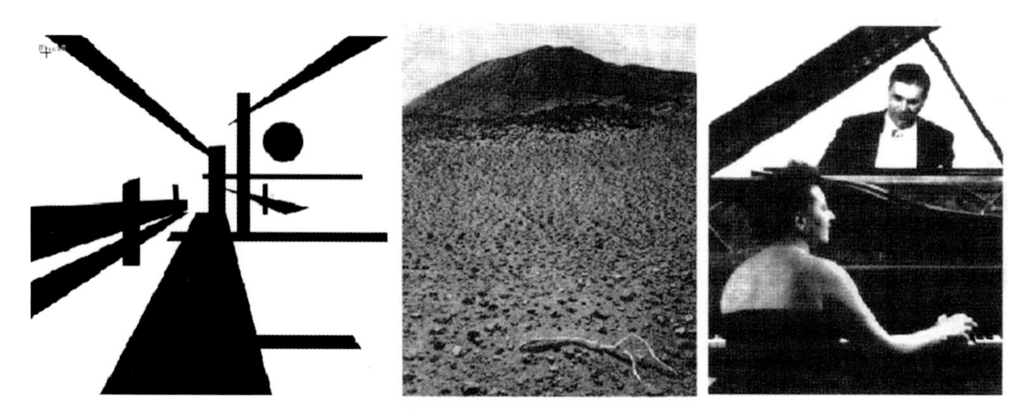

图5-20　深度线索：相对大小、纹理梯度、插入或遮挡

相对大小：如果我们认为排列的是相同的物体，那么我们会把更小的解释为更远。

纹理梯度：随着表面深度的增加，纹理的密度会变大，或者说组成纹理的单元随着距离的增加变得越来越小。

插入或遮挡：插入赋予人们关于被遮挡的物体要比遮挡物更远的深度信息。遮挡表面也会阻挡光线，造成作为附加深度信息的阴影。

线条透视：当平行线向远处延伸时，它们在视网膜上的投影会变成一个点。

（6）错觉（图5-21）　错觉指出了知觉和真实之间的差别，人们能够通过控制错觉来获得期望的效果。设计师可

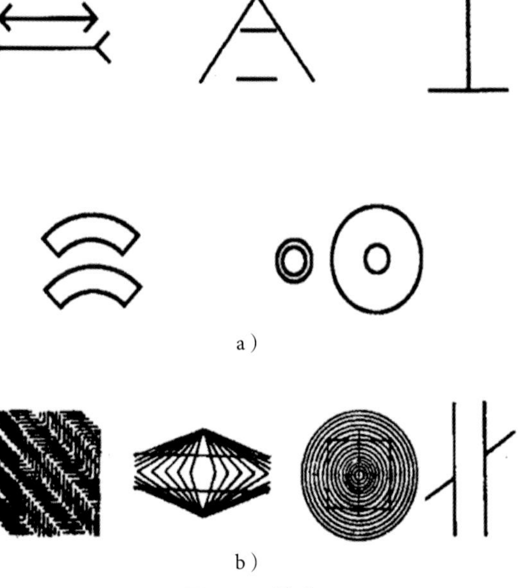

图5-21　错觉

a）大小错觉　b）形状和方向错觉

以利用知觉错觉来创造空间中比其自身看起来更大或更小的物体。如一个较小的居室，如果墙壁涂上浅颜色，在房间中央（而非靠墙）使用相对较低的沙发、椅子和桌子，房间看起来会更宽敞。电影院和剧场中的布景和光线方向也可以有意设计产生错觉以满足电影和舞台所需要的效果。航天飞机的设计者也会利用这样的错觉原理，以期在有限的空间中为宇航员营造尽可能舒适的生活环境。埃舍尔的艺术创作利用的正是这种错觉现象，图5-22就是以彭罗斯三角为原型的绘画。

图5-22 “RELATIVITY” 埃舍尔

帕提农神庙（图5-23）则在设计中采用了多种手法对视错觉进行矫正。首先，正面的八根石柱，只有中间两根完全垂直，其他六根都向内倾斜，从而避免在高处两侧石柱会被沉重的石楣压得显得向外分开。第二，神庙基石不是水平的，而是向上略凸形成弧线，以弥补在上方的石楣和石柱的压迫下略显凹入的错觉。第三，所有石柱均做收分处理，上小下大，以弥补长平行线带来的中部凹入的错觉。第四，所有石柱并非一样粗细，两边较粗，中间较细，这是因为根据明度视觉，明亮背景中的图形会显得较细，黑色背景中的图形则会显得较粗，而神庙两侧背景为天空，中间背景为殿堂，将石柱设计为两边粗中间细，以平衡不同明度的背景所带来的错觉。另外，神庙各部分装饰的大小也不相同，通常越高则越大，根据观者的视线仰角大小而均匀变化。

图5-23 帕提农神庙

4. 物质媒介要素和构成关系要素

可以从两个层面对形态构成的要素进行分析，即物质媒介层面的表层形式和构成关系层面的深层形式：

（1）物质媒介要素——表层形式 海德格尔认为，在所有的艺术作品中都存在“物因素”，如建筑中的石材、木雕中的木材、绘画中的色彩、语言中的话音以及音乐中的声响等。艺术中物的因素是它赖以存在的基础，艺术品以这些“物因素”为媒介产生了表层的形式，在形态构成中，这些“物因素”包括形状（点、线和面）、体积、空间、色彩、肌理、材质、光影等，被称之为形态构成要素的表层形式——物质媒介要素。

（2）构成关系要素——深层形式 仅仅有物质媒介要素是无法构成真正“有意味

的形式”的，孤立的线条、体块或色彩并不能引发人们复杂的情感体验和审美心理，而是这些物质要素之间的组织和安排，形成了形式结构，产生或压抑、或明朗、或挺拔、或奔放的情感体验。这种由物质要素层面的表层形式向构成关系要素的深层形式的过渡，是一个动态的过程，促成转变的就是“力”，可将之称为空间的力，包括方向、距离、平衡、对比、韵律、对称、协调等一系列要素和原则。

5.2.3 形态观察与研究

在形态构成的学习中，敏锐的观察身边的现实形态，对其进行从形态到内涵、从外在面貌到内在结构，以及社会的、经济的、政治的、文化的、宗教的、实用的、审美的、理性的和感性的等方面的深入研究，是寻求形态构成普遍原理的必经途径。设计者应该将设计基础能力和创造力的培养建立在对生活的独特感受、对事物的逻辑分析能力以及对艺术语言自身独到的见解基础之上，主观经验和客观认知在形态构成的学习中占据着基础和重要地位。

在现实中，人们对形态的印象主要来源于现实形态。而当面对同一事物时，不同的观察主体、不同的观察角度，会看到不同的内容：在一片森林面前，哲学家看出了事物发展、运动、变化的一般规律；植物学家会注意这些树木的品类、习性、内部结构以及生长、发育条件；从事木材经营的人能计算出这片森林的经济价值；一个画家则着眼于树木的形态、色彩以及这片森林中树与树的空间关系。作为一个形态研究者，要开放思维，调动所有的感觉和知觉器官，寻找尽可能多的角度去发现、联想、感知和体验，然后对观察到的结果进行分析、归纳和演绎，积累抽象形态语素以及组织和安排形态的构成关系法则。

1. 形态观察和研究的方法

（1）发现新的形　从不同的角度观察，看断面，扩大与缩小（显微镜、航空照片赋予不同寻常的视点），捕捉构造的规律性，作为动的形态或变化成长的形态去观察（图5-24）。

图5-24　显微镜下的结晶体和太空中看到的北京夜景

（2）变形　对现实形态进行机械变形或限定条件下的变形。

（3）抽象化　对事物本质的抽象表现，将形态所具备的生命活力用点、线、面等的运动组合来表现。

1）形态外形特征的抽象（图5-25）。

2）形态结构特征的抽象——骨架、内在结构（图5-26）。

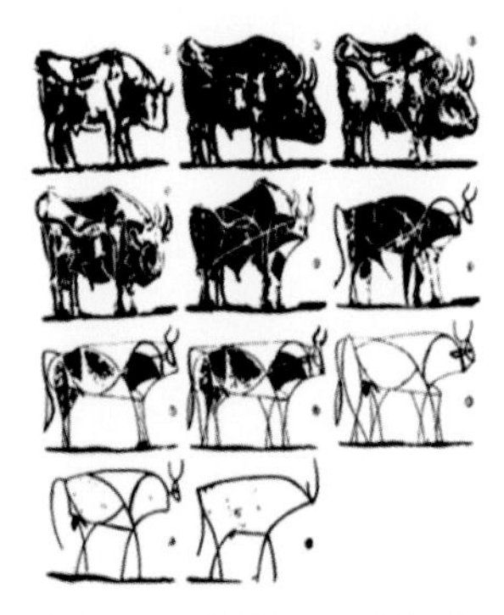

图5-25　公牛图　毕加索

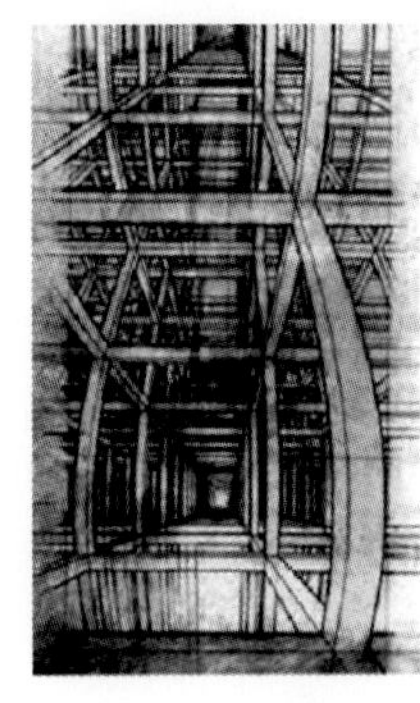

图5-26　形态的结构

建筑中的曲梁结构显示出从动物骨骼与生命内在结构中借用的形态组合。

3）形态运动规律的抽象——关节点、运动线、气势、动态的抽象。

如图5-27所示为舞蹈训练场面，不同的视角可以将该场面分别抽象为线和面的构成。对于一个客观观察对象或事物，所选取的表达方式——点、线或面、体则取决于不同的观察主体以及不同的观察角度，应该是在把握事物的整体，探究生长变化的全过程的基础上，寻找多种、综合的表现。

4）比例的抽象。图5-28是从蜻蜓的比例抽象出来的比例格子。

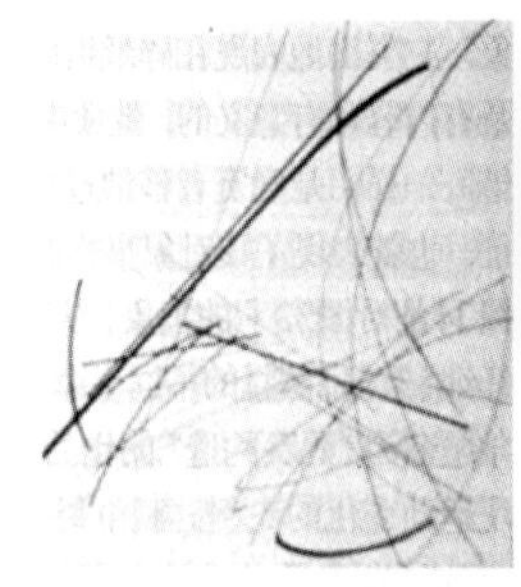

图5-27　形态运动的抽象

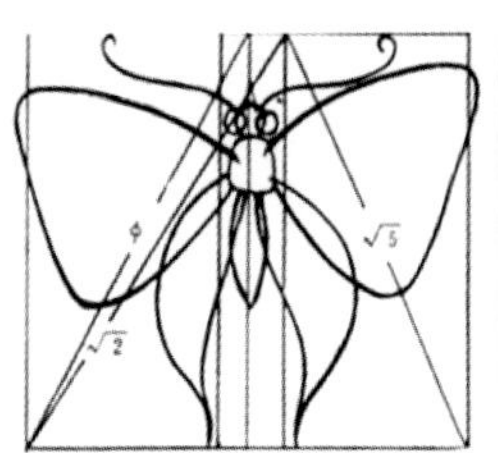

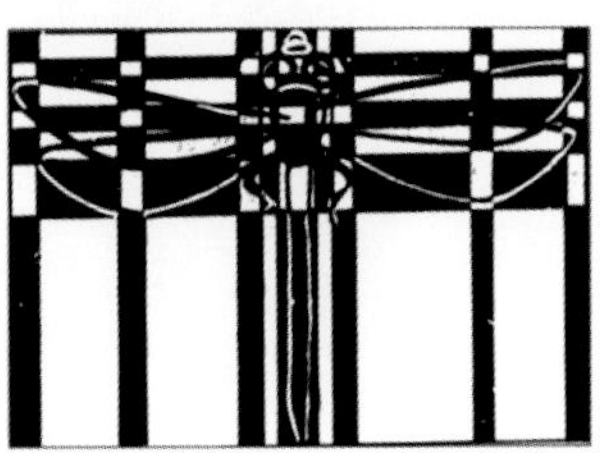

图5-28　蜻蜓比例的抽象表达

课堂练习题目：

1. 形态与结构：画植物、果实、人工形态速写，角度尽可能多，注意观察其形态（整体形态、内部形态、单元形态）、结构（包括骨骼结构如人、动物、植物、果实等，团块结构如瓶罐，榫接结构如机械物品）、动态性并表现出来。

2. 通感练习：将对文字的感受转换为视觉形象、听不同音乐将声音进行视觉转换表达等。

3. 形态解析：结构素描，将自然形态和人工形态进行简化，发现其抽象的基本形态要素。

4. 选一幅名画归纳成基本形态，并分析其动态性和心理效应与主题的关系。

2. 形态构成的表层形式：物质媒介要素

如前文所述，形态构成的物质媒介要素包括形状（点、线和面）、体积、空间、色彩、肌理、材质、光影等，本书仅选取形状（点、线和面）、体积、空间来进行分析。形态是分维度的，因此存在二维的点、线、面、体、空间（二维的体和空间由深度知觉引发）和三维的点、线、面、体、空间的差别。点、线、面、体作为形态构成的基本物质媒介要素，它们之间不是孤立的，而是紧密联系、不可分割的。一般来说，图形是二维的、平面的，是立体或空间形态在视平面上的投影，二维平面是三维立体或空间限定的基础。因此对二维图形、三维形体以及二维—三维的转换研究是形态构成基础训练的重要内容。

（1）二维图形

1）二维的点：几何学里，线与线相交的交点是点的位置。点不具有大小，只具有位置，但是在设计造型中，点如果没有形，便无法作为视觉表现要素，因此设计中的点具有大小、面积、方向性和形状，它可以是规则的几何形或是不规则形，但是当点的面积大到一定程度时，会有面的感觉（图5-29）。

2）二维的线：几何学里，线是一个看不见的实体，它是点在移动中留下的轨迹，可以说线是由运动产生的，因而在所有形态物质要素中，线是最具有表现力的要素。在设计中，为满足视觉需要，线具备长度和宽度变化以及丰富多变的形态，可以分为直线和曲线（图5-30、图5-31、图5-32）。

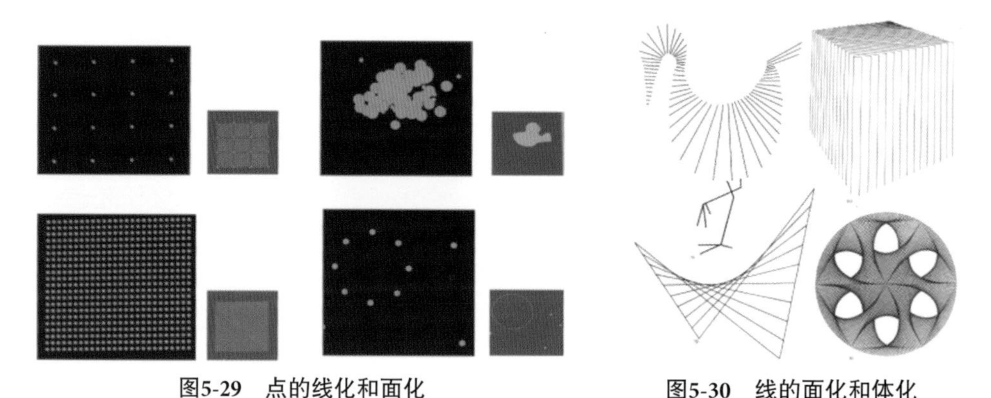

图5-29　点的线化和面化　　**图5-30　线的面化和体化**

图5-31　线的变化：粗细、深浅、间隔

图5-32　直线和曲线

3）二维的面：几何学里，面是线的轨迹。前文中已经讲过，点或线的扩张或者排列可以形成面，因此面包含了点与线的因素，可以分为几何形与有机形，丰富而多变，可在大小、形状、虚实、层次方面进行变化（图5-33、图5-34）。

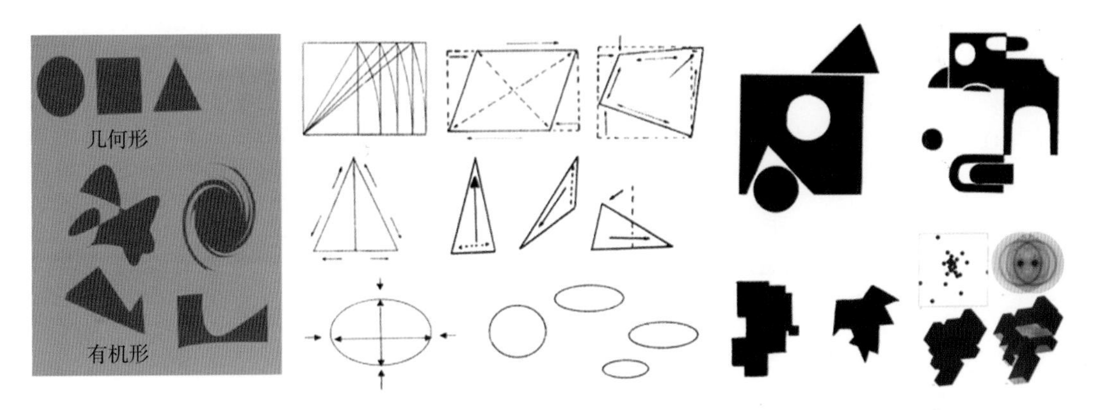

图5-33　面的种类、基本平面及其变形

图5-34　减缺移动和组合再生

4）二维图形中的体和空间：设计中总是用二维平面来表现和描绘三维的现实实体和空间，平面表现立体的方式一般以透视法表示立体空间概念，基本原理来自于前文形态知觉中深度知觉的概念，在二维图形中有意识地运用形的大小变化、线条的长短和粗细变化、形与形之间的疏密变化及遮挡关系来表现立体感和空间感（图5-35）。

（2）三维形体　二维图形的创造主要依靠轮廓，一个确定的轮廓就可以表现一个肯定的平面图形。但是，同样一个平面上的轮廓，却不能表示一个肯定的三维形体。

图5-35　二维中的立体感

1）三维的点、线、面（图5-36）。

三维的点：三维点跟二维点相比不仅有位置、方向和形状，而且有长度、宽度和厚度。三维中的点会因为点的大小、点的亮度和点之间的距离不同而产生多样性的变化，一方面具有很强的视觉引导和集聚的作用，另一方面可以用来表现强调和节奏，同时能产生空间深远感，加强空间变化。

三维的线：三维空间中只要物体的长、宽、高中有一个尺寸明显大于其他尺寸，并且与周围其他视觉要素比较，能充分显示出线的特征的都可以视为线。或者可以将三维中的线理解为相对细长的形体。线材本身并不具备占有空间或者表现形体的特性，但是，通过它们的弯折、集聚、组合，就会表现出面的特性；通过它们所组成的各种面再次组合，就会形成三维立体形态。

三维的面：三维中的面有着强烈的方向感、轻薄感和延伸性，它可以在长、宽、高三个维度进行复杂运动——剪形、折叠、弯曲、延展和组合，起到分割空间的作用。

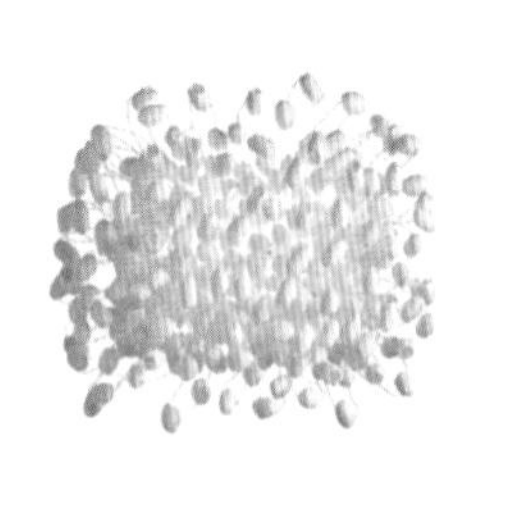

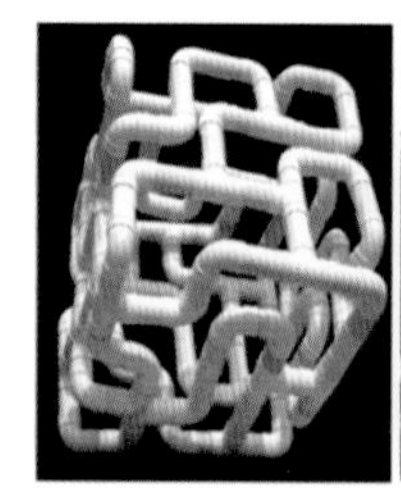

图5-36　三维中的点、线、面

2）形体。形体是占据三个维度，有重量、体积的形态在空间中所构成的完全封闭的立体，能够产生强烈的空间感，相对于点立体、线立体和面立体更具重量感和充实感。

形体分类：根据其轮廓线的不同可以将形体分为规则几何形体或者不规则形体，几何形体给人视觉感受是稳重和秩序，有机形体和不规则形体则给人亲切自然的感觉。

基本形体：几何学上对形体的定义是面移动的轨迹，基本形体包括球体、立方体、圆柱体、圆锥体、方柱体和方锥体等（图5-37和图5-38）。

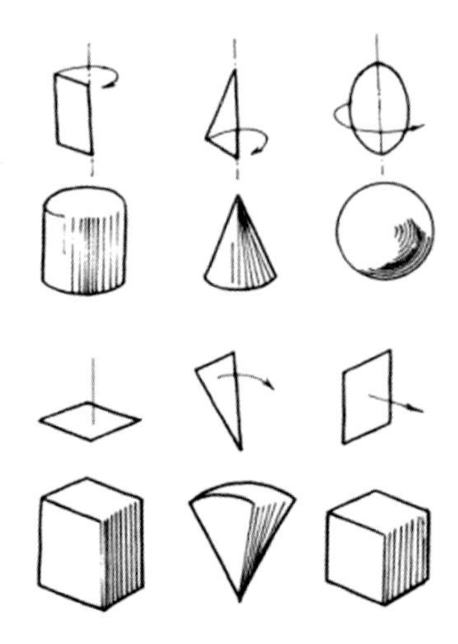

图5-37　三维基本形体

图5-38　盖里的温斯顿旅馆

几何形体的形象——形体的主导轴向：几何形体在长、宽、高三个维度上的不同尺寸决定了该形体给人的视觉感受，这是它本身的固有比例，三个维度方向的轴线中，其中一个显著大于其他两个，那么这个轴向就是该形体的主导轴向。当一个形体跟另外一个形体放在一起时，二者之间的比例称之为相对比例，如瘦高和矮胖（图5-39）。

图5-39 形体的形象

3）空间。

由面所限定的三维空间，是可感知的有形的，可称之为空间形态。空间形态虽然借助于实体，却与立体形态不同。首先，对于立体形态的知觉发生在知觉对象外轮廓和外表面，而对于空间形态的知觉则发生在形体和形体之间，对象为空间的内部。其次，立体形态所表现的是实际存在的物体的知觉，而空间形态的知觉则需要知觉者的运动才能完成，即只有将空间形态游历一遍，才能领略空间形态的完整意义。因此，可以说空间是可以进入内部的立体形态，当观察者在其外部时，知觉到的是虚实结合的立体形态，当观察者走入空间内部时，才开始体验空间的过程（图5-40）。

图5-40 空间

（3）二维—三维的转换　二维平面形态的创造主要依靠轮廓线，一个确定的轮廓线即可表现一个确定的平面形态，三维形体则不然，一个平面上的轮廓只是立体形态的平面投影，它所对应的三维形体并不是确定的和唯一的，不能表示一个肯定的立体形态。例如，平面上的一个圆，其立体形态可以是球、圆柱、圆锥、陀螺等（图5-41、图5-42、图5-43）。

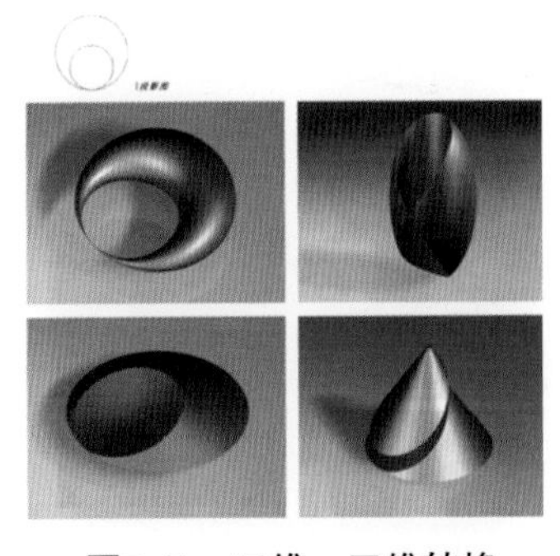

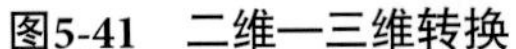

图5-41 二维—三维转换

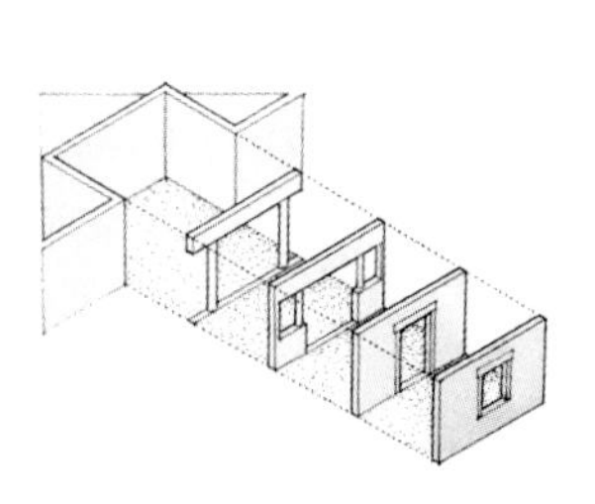

图5-42 二维—三维转换

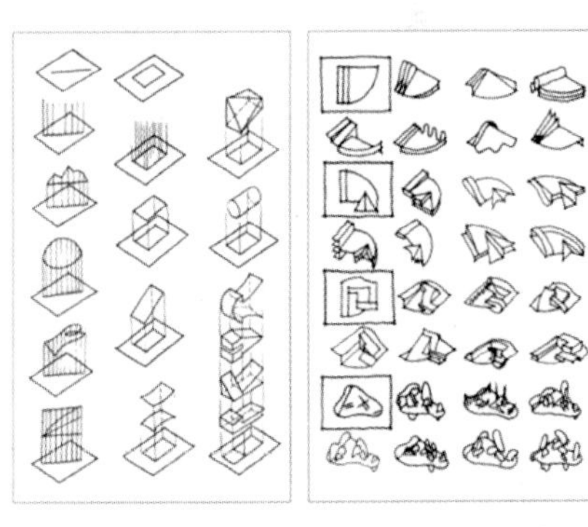

图5-43 由二维平面想象三维形态

任何一个三维形体，面对一个参考平面，在平行光线照射下，都会投影出一个平面图形，这个平面图形的形状和大小是根据该三维形体的特性以及形体各部分以及与其对应表面所处的位置关系而决定的。只要给定一个平面图形就可以想象出各种立体或空间形态，它所能表达的形态可以是千变万化的（图5-44）。

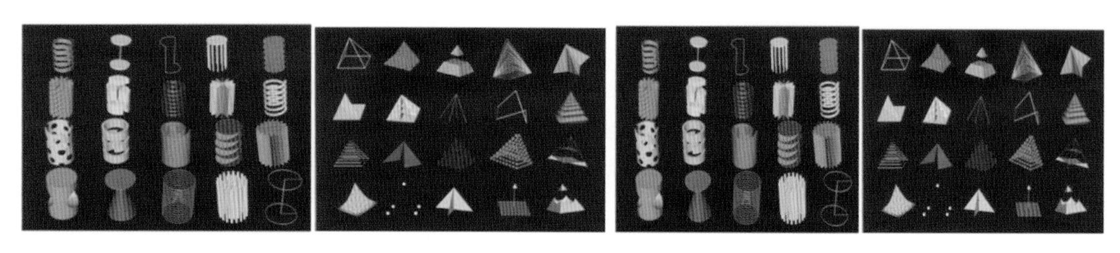

图5-44　二维—三维转换的多样性

可见，平面图形有固定的轮廓，而立体形态则不然，它会随着观察角度的变化而变化，除了轮廓之外还必须考虑到厚度和进深。从某个角度观察形体时，形体的侧面虽然在视线不能达到的地方，但是在进深方向上依然存在着丰富的变化。只要给定一个投影平面，并确定其投影方向，就可以还原出无数个符合该投影平面的立体和空间形态。而同一个投影平面，如果改变其投影的方向，则又可以重新生成无数个完全不同的立体和空间形态。这种二维—三维的转换是设计思维中一个非常重要的思想和方法。在观察、构思立体形态时，一定要“立体地”去把握。

5.2.4　形态构成

1. 二维图形的构成

可以分为自由构成和逻辑构成，自由构成以审美直觉、个人经验、灵感、想象为载体对物质形态要素进行组合和表现，而逻辑构成则是以物理、几何原理对物质形态要素进行分析、综合并表达的构成手法。

（1）二维图形的自由构成

1）点、线、面的自由构成（图5-45）。

点的视觉特性及自由构成：单一的点有集中或凝固视线的作用；两个以上的点存在时，由于眼球的运动会在视觉上产生运动的感觉；点的连续会产生节奏、方向和韵律；大小不同的点由于深度视觉的作用将产生空间感；不同背景下同样的点会产生面积大小的视觉变化。根据这些视觉特性，点自由构成的方式有点的线化和点的面化。点和点之间的相互关系包括分离、接触、重叠。

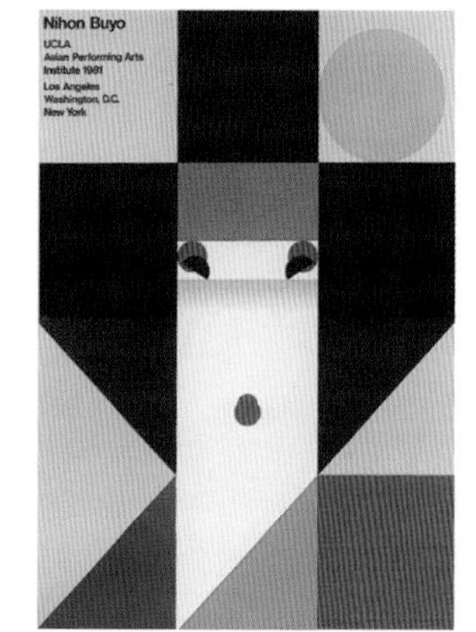

图5-45　点、线、面的自由构成

线的视觉特性及自由构成：垂直线具有直接、严肃、坚强、上升下降感；水平线有稳定、静止、平衡之感；斜线有积极、飞跃的动势；曲线则优雅而动感。线的自由构成以创造情态为目标，强调线的运动变化，如果有线的群集，一定要包含线段的重复，尤其是斜线，其倾斜角度应尽可能统一，以加强整体变化的节奏。线和线的相互关系包括不连接、连接、交叉。

面的视觉特性及自由构成：面分为几何形和不规则形。这里针对几何形进行讨论。几何形中最基本的是圆形、方形、三角形。面的主要视觉特点是围合感和充实感。面和面之间的相互关系包括不连接、接触（点接触和线接触）、重叠（透叠、差叠、减缺、层叠等）。面与面之间的间隙、围合或由面与面之间的透叠会产生出新形，构成时要注意这些新形与原有形之间的关系，以便从形的数量、主从、大小等方面来考虑整个二维图形的均衡、节奏和调和（图5-46）。

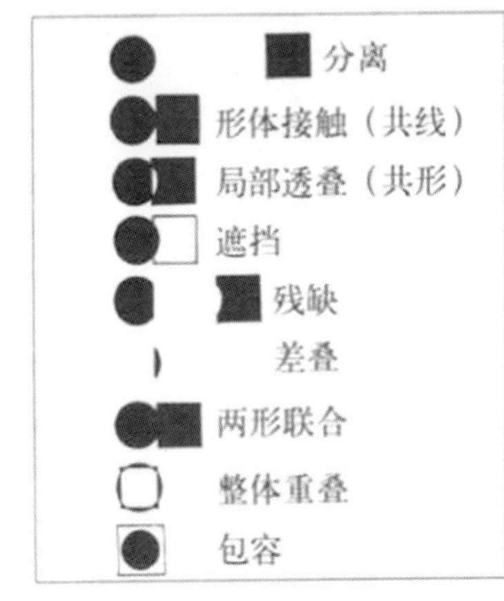

图5-46 面和面之间的关系

在进行面的自由构成时可以参考如下经验：创造动感，寻求图形整体的动态平衡；创造扩张性，寻求动态不稳定的视觉体验；构图时对形作连续的大小变化，寻求活泼动感的构图；面积小的图形更容易成为视觉焦点；三角形具有方向性，能创造凹凸感和锐利感；斜线是有动力的构形，可以用圆形给予阻碍。

2）偶然形构成

偶然形是自然形成的不可重复的形态，可以通过人为操作工具作用于材料的方法获得偶然形，并有意识地选择和组织这些偶然形，获得丰富多彩的二维平面图形。例如，光迹摄影、贴印法和无笔画等（图5-47）。

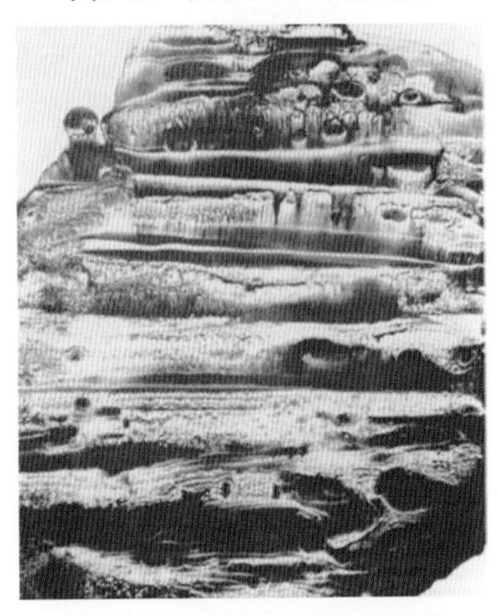
图5-47 通过墨流获得的偶然形

（2）二维图形的逻辑构成 向心的构成和离心的构成

1）向心的构成：在限定面积之内进行构成操作，逐渐完成充实的画面的构成方法，包括分割、比例和骨架构成。

a. 分割——等量分割、等比分割、自由分割。主要是指在有限平面内的分割空间，关注的是整体和部分之间的关系。分割的依据是数量关系，这种数量关系可以使物质形态要素的组合呈现明显的规律性，进而带来美感和艺术表现力。分割构成一般采用垂直线和水平线，如果加入斜线，一方面可以产生形态变化，更可以创造出动感。同时还可以改变分割线本身的宽度或形状，形成更加丰富的视觉效果。

等量分割以边长和面积的1/2、1/3等作为分割依据，分割后得到的形在形状上可能会有所不同，但是面积相同。分割后可以消除一部分分割线，以求形体的融合或合并，由此会产生面积大小不同的成整数比的形，这种单纯的数量关系赋予图形规则和韵律（图5-48）。

图5-48 等量分割

等比分割是将二维平面构成中常用的四边形边长和面积按照一定的比例进行分割，最常见的是黄金分割（0.618）、根号矩形（图5-49）。

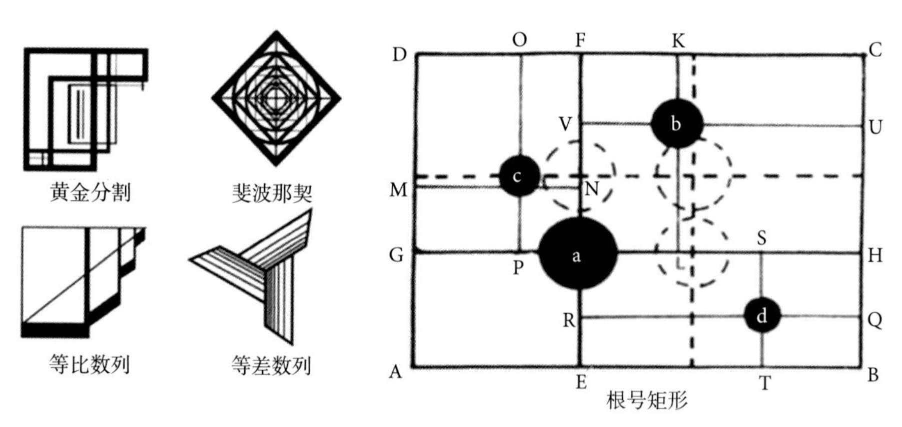

图5-49　等比分割

自由分割即不设规则以直线、弧线或自由曲线将画面进行分割，自始至终不受任何约束，方向、长度、大小、长度等每个要素都要在可能的范围内变化，这种自由要让人感受到精炼敏锐的美感，蒙德里安的作品便属于此类范畴（图5-50）。

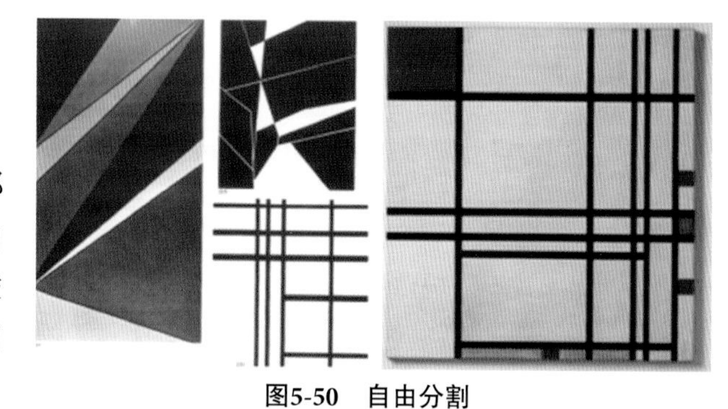

图5-50　自由分割

b. 比例是形式美感认识中人们最早领悟的一种事物整体与局部，以及局部与局部之间的抽象关系，它反映的是一种比较和关系的概念，即想确定一个因素的确切位置必须与其他因素进行比较才有可能。同时，比例也是一个模数的概念，也就是说，比例代表的是一个确定的常数，通过这个常数人们可以随时找出事物的规则来。艺术史家潘诺夫斯基在《视觉艺术的含义》一书中讨论了从埃及到文艺复兴时期，艺术创作和比例模数应用之间的关系。例如，常用的全身长度等于9个面部长度的形式法则最早出现于拜占庭，之后又经过了历次修正一直沿用到现在。历史上最著名的比例就是黄金分割律（0.618），它的发现是通过观察和分析大葵花花盘的形状——从中心向外辐射的同序相交的螺旋曲线所得出的，可见，生命物质经过生长过程的雕塑已经形成了一定的形式，因此在设计和创造过程中使用它时，一定程度上也显示了生命的过程。许多历史上的艺术作品中都可以找到黄金分割，如米罗岛的维纳斯，也可以解释帕提农神庙或君士坦丁拱券一类建筑的空间布局（图5-51）。符合黄金分割的视觉形式更容易为人所接受，这一点也在现代心理学研究中获得了相关实验支持，如人们对艺术形式黄金比例的选择和健康人的脑电波振荡之间存在一种契合的可能性。或者可以这样说，黄金分割率已经成为康德所说的我们头脑中存在的先验的图式。

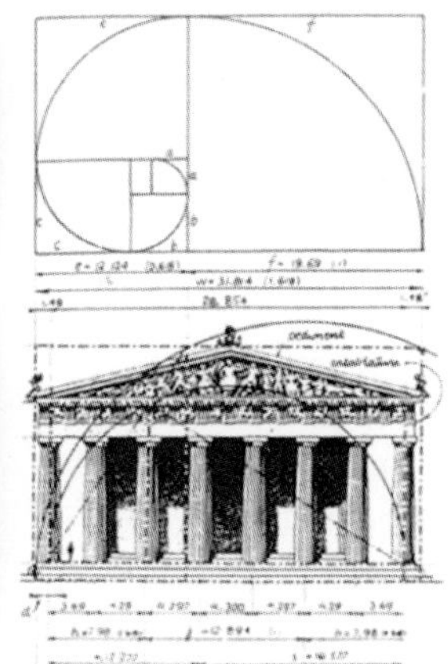

图5-51　黄金分割率

课堂练习题目：

1. 在一张纸上，使用工具画出正方形、黄金矩形、$\sqrt{2}$矩形、$\sqrt{4}$矩形，并对其进行各种等量分割和等比分割。

2. 不使用工具，在纸上直接徒手画出上述正方形、黄金矩形、$\sqrt{2}$矩形、$\sqrt{4}$矩形以及其内部各种分割形式，例如二等分、三等分、等比、等差等及其组合可能。

c. 骨架构成——骨架、基本形、骨架和基本形的组合。

骨架是对基本形进行有秩序感的构成的依据，它可以构成不同的形状和不同的视觉感受（图5-52）。骨架可以分为重复骨架、渐变骨架和发射骨架。本质上，骨架的划分和前文提到的等量分割和等比分割方法是相同的，只不过这里的骨架划分只是构成操作中的一部分，它需要和填加入骨架中的基本形一起共同形成最终的二维平面图形。

重复骨架，就是将有限画面空间进行等形分割，即划分为形状大小相等的单位。其形式可以分为条纹（垂直、水平和倾斜）和网格（直角相交和斜交）。

渐变骨架，是指将骨架做规则的循序渐进的变动，如疏密变化、阴阳变化、曲直变化等，这种变化能够引发视觉的特殊效果，如空间运动感。渐变骨架的形式也可以划分为两种：条纹（垂直、水平和倾斜）和网格（直角相交和斜交）。

发射骨架，实际上是一种特殊的重复骨架或渐变骨架，可以分为辐射和同心扩展，必须具备一个发射源。

基本形是指填加到骨架中的形，可以是任何形状，可以抽象的基本形为例来研究其与骨架之间的组合，这类基本形包括：圆、四边形、三角形、直线、曲线，即点线面的具体化。

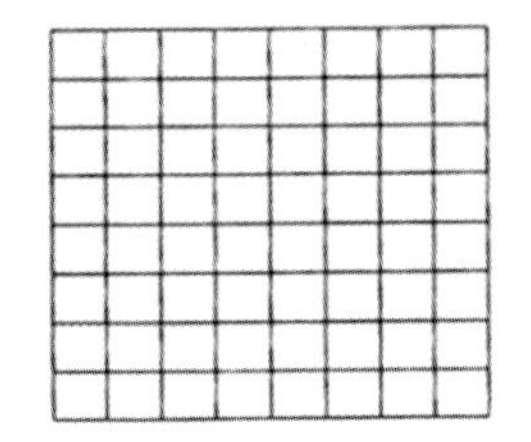

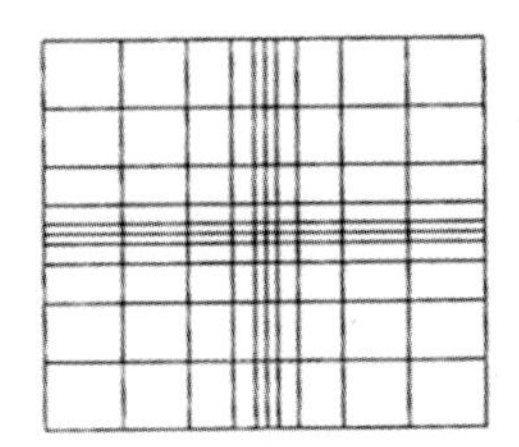

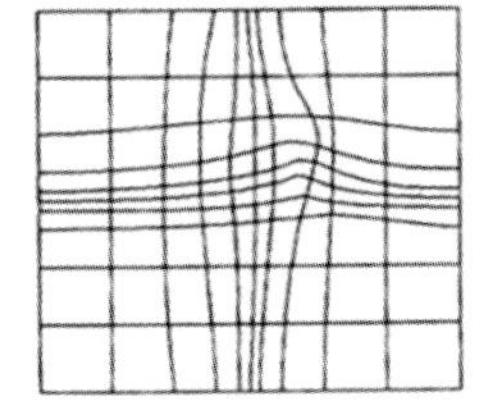

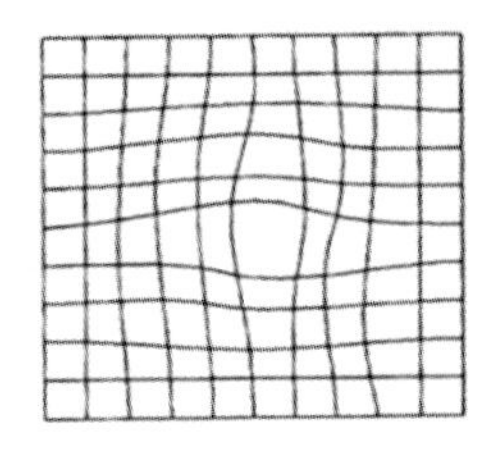

图5-52　几种基本骨架

骨架和基本形的组合，一般来讲，直角相交的网格骨架适合各种基本形，而斜交的网格骨架通常只适合较特殊的基本形。基本形和网格骨架的组合关系分为点位法和空位法（图5-53）。点位法就是将基本形排列在网格的节点上；空位法则是将基本形排列在网格的单元空间内。排列方法可以按照重复、渐变（大小、方向、形状、色彩等）的原则进行。

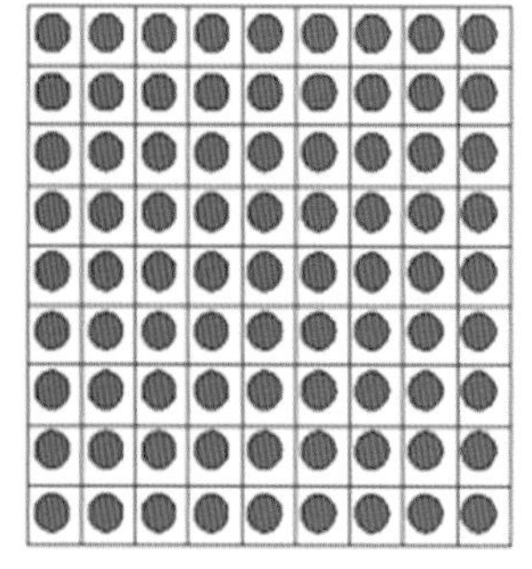
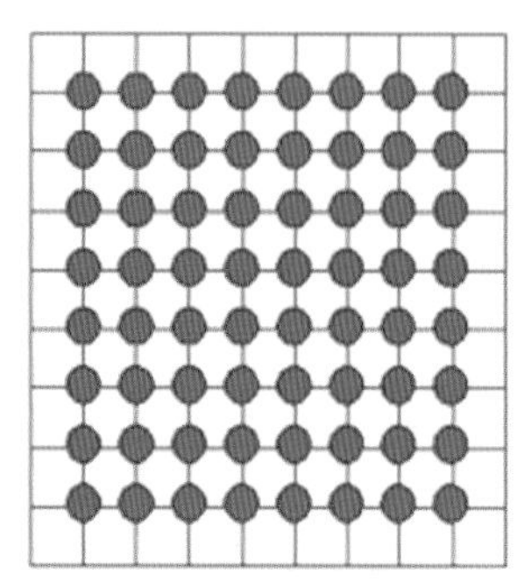

图5-53 骨架和基本形的组合

注：线表示骨骼结构，圆点表示应用在骨骼上的形态。

2）离心构成：决定最初组合的单元形或几何形之后，并按照一定方式进行扩展，随着形的增加，最终构成作品的面积也随之增大。

a. 单元形的组合。单元形多为基本几何形（圆形、四边形、三角形等）的变形及其复合形。变形的方法有扭曲、膨胀、破坏、倾斜、减缺等。复合形的生成必须考虑两个方面：一是对基本几何形的处理——重复、近似、渐变、对比；二是基本几何形之间组合时的空间关系——重叠、联合、嵌套。单元形态确定之后，按照各种不同的组合方式进行构成（图5-54），具体包括：

图5-54 面与面的交叠和间隙生成新形

对称组合——反射（镜像）、回转、平移、扩大（缩小），或者将 上述法则叠加使用，形成生动、丰富而有趣的形态。

重叠组合——合并、透叠、叠压。

连接组合——形的轮廓有重复的部分，形成融合、间隙空间。

分离组合——形各自保持原有特点，处于分离状态。

集中或扩散感的组合——向一点集合或由一点向外扩散的构成，有明显的视觉焦点。

偏倚组合——形偏于一侧，视觉失去平衡，富有张力和动态。

b. 单元形的繁殖。在确定单元形的基础上采用自由组合、线状发展、面状发展、环状结构、放射状结构等构成方法进行繁殖群化操作（图5-55）。

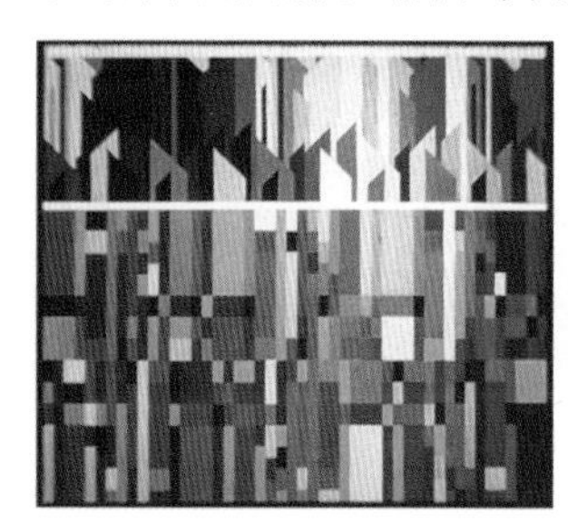

图5-55 单元形的繁殖

2. 三维形体的构成

（1）三维中点线面的自由表现　与二维点线面的自由构成相比较，三维中的点、线、面可以进行更为复杂的三向度的组合和运动——弯曲、延展、折叠、剪形等，设计者根据个人的审美直觉、经验、灵感和想象对点、线、面进行组合和表现，如果加上材质、色彩、观看者在观看时的运动和时间这些因素，三维组合所能产生的变化将更加丰富和生动（图5-56）。

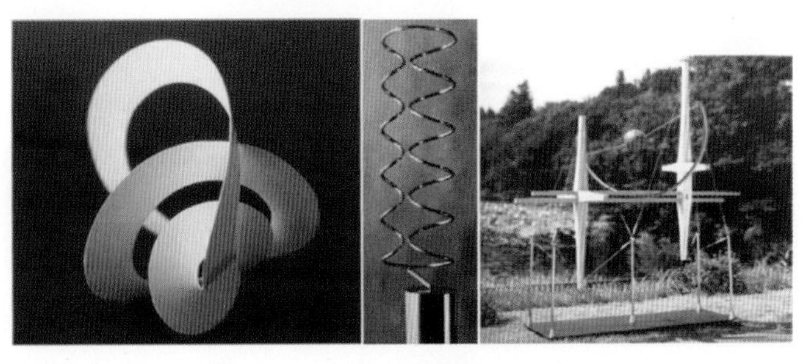
图5-56　三维点线面的自由表现

（2）几何形体表现　几何形体本身具有潜在的逻辑性和精确性，有很强的表现力，最基本的几何形体包括立方体、柱体、椎体、球体等，可以通过变形、加法创造、减法创造来获得更加丰富的形体。

1）基本形体的变形（图5-57）。

基本形体变形的方式包括：扭曲、膨胀、倾斜、盘绕。

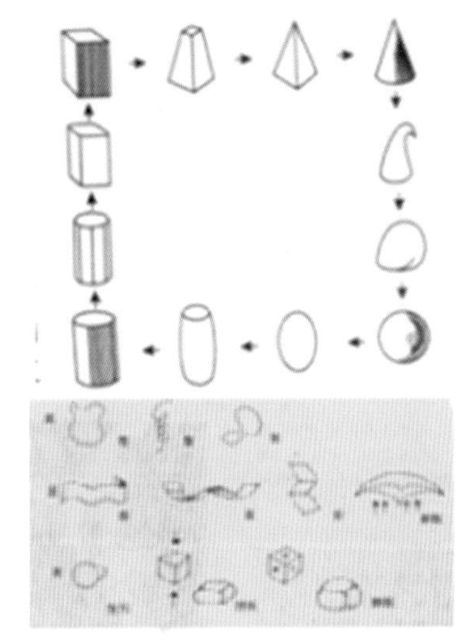
图5-57　形体变形

2）减法创造：对基本形体进行分割、切削从而形成新的形体（图5-58）。

分裂：使基本形断裂，像成熟的果实绽开一样，表现内在的生命活力。分裂是在一个整体上进行的，通常用直面或弧面对基本形体进行简单分割。

破坏：在完整的形体上进行人为破坏。

退层：使基本形体层层渐次后退。退层处理常见于高层建筑形态，可以打破呆板外形并保证各层的采光需求。

切割移动：将直方体按照一定比例切割，从而获得多个新的形体，再运用这些新形体进行各种组合设计，产生丰富的形体。这种方法的最大特点是各个形体的总和体量相同，同时各个形体之间有一定的模数关系。

3）加法创造：使用简单的形体进行组合，形成复杂的形体。

连接方式包括：相贯、楔入、支撑（图5-59）。

构成方式包括：相似、接近、渐变、重复、对称、线性构成、中心、放射、框架网格（图5-60）。

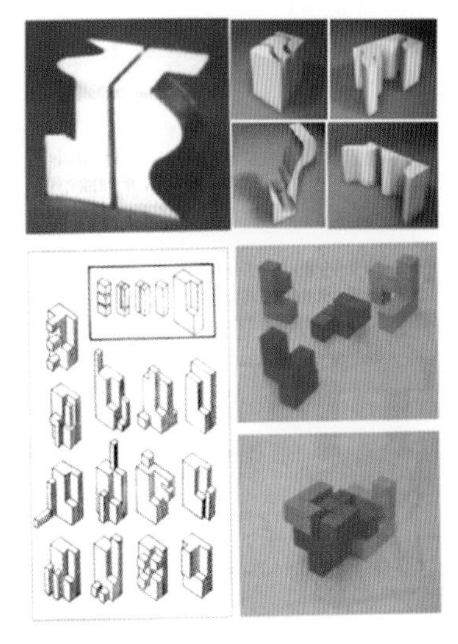
图5-58　减法创造

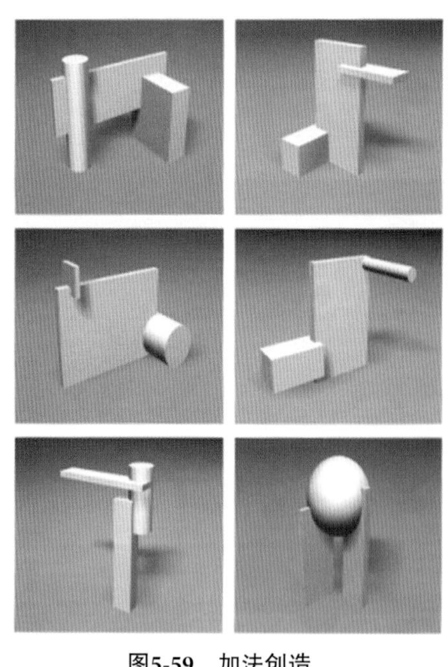

图5-59　加法创造

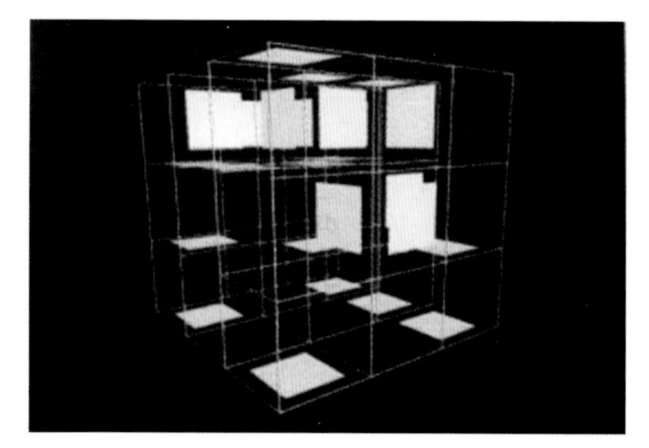

图5-60　空间框架网格

3. 空间构成

空间是点、线、面、体所存在的场所，而由点、线、面、体的围合所产生的虚空部分同样成为空间。研究空间实质上就是研究围合成为空间的那些平面、线、体等形态要素之间的各种关系。关于空间本书另有专门章节进行论述，此处不再赘述。

4. 形态构成语法

形态构成的深层形式如比例、对比、调和、均衡、韵律、简洁、秩序等，事实上最终凝结为艺术中的形式美法则或者形态构成语法。通过对这些法则进行分析，可以将之分为两类，即表现二维和三维空间中各种物质形态要素之间的关系以及表现各要素之间的力（视觉力）。

（1）空间中的关系　形态构成实质上是各种表层物质形态要素——点、线、面、体、材料、色彩、光影等按照某种美的规律在空间中有机地组织和统一在一起，构成一种空间结构关系，通常可以用比例、对比、和谐、均衡、统一等概念来定义这种逻辑关联性。以建筑艺术为例，建筑形体本身的檐口、拱肋、台基、柱式等线与线、线与面、面与面、面与体之间的关系，同时也是虚（如门窗洞口）与实（如墙体）、轻与重、向上与向下之间的相互关系；建筑内部空间组合以及家具、楼梯、内部装饰之间的色彩、花纹、光影、肌理等关系，所有这些都构成了一个空间结构，影响着建筑的整体美感。

1）比例与尺度。形态构成中的比例可分为：固有比例、相对比例、整体比例。固有比例是指一个形体内在的各种比例：其长、宽、高的比例。相对比例指一个形体和另一形体之间的比例，如一个高瘦的人和一个矮胖的人之间的比较。整体比例指组合形体的特征和整体轮廓的比例，取决于各个形态要素的数量、大小、在空间中的位置关系。

2）对比与调和。对比是指以求异为目的的比较，通过属性相反的形式的对比，如形态要素或要素之间关系或物理属性之间的对比——尺寸、重量、体积、数量、形状、简洁性、规则性、颜色、色调、方向性、朝向、位置、连续性或节奏和重复。另外还有图形和背景之间的对比，这些对比可以创造出丰富的视觉效果和趣味性。

对比有可能产生混乱、骚动和不稳定，需要加入控制和重点进行调和，以产生明确和统一的效果。

3）统一和变化。统一是指通过各种构成手法的结合运用——平衡、对比、比例、重复、节奏等获得一种完整的感觉。变化则是指在重复的单元中加入不同的单元，或者对同一单元做少量的改变，同时不影响特征和整体性。

4）节奏和韵律。节奏是指形态元素的有条理的反复、交替或排列，使人在视觉上感受到动态的连续性，就会产生节奏感。韵律不是简单的重复，而是有一定变化的互相交替，能够在整体中产生不一样的美感。

（2）空间中的力　除了空间中的关系之外，空间中的力也是一种重要的构成语法。所有的组织、运动以及空间中关系的形成，都可以归结为“力”的作用。视觉艺术品的构成，实质上就是将力重新组织起来以达到最合理的样式。那么，空间的力有哪些作用样态呢？这可以从形式美法则或者构成语法中的均衡或平衡的概念出发进行讨论。

人们在知觉形态时的一个突出表现就是人对秩序的要求，而“人的秩序感的最基本的表现形式之一就是平衡感，它使我们知道根据地心引力的作用和周围环境中所看到的一切来确定哪是上方哪是下方”。平衡则由两个主要的要素决定，即重力和方向。

由位置引起的平衡，包括上下位置和左右位置——下方的事物重力要大于上方的事物，右方的事物重力要大于左方的事物。此外，空间位置的重力也受到“杠杆原理”的影响，即一个视觉要素越是远离平衡中心，其重力就越大。重力还取决于形状的大小、色彩与个人偏好。图5-61是对塞尚的画作“静物”的分析。

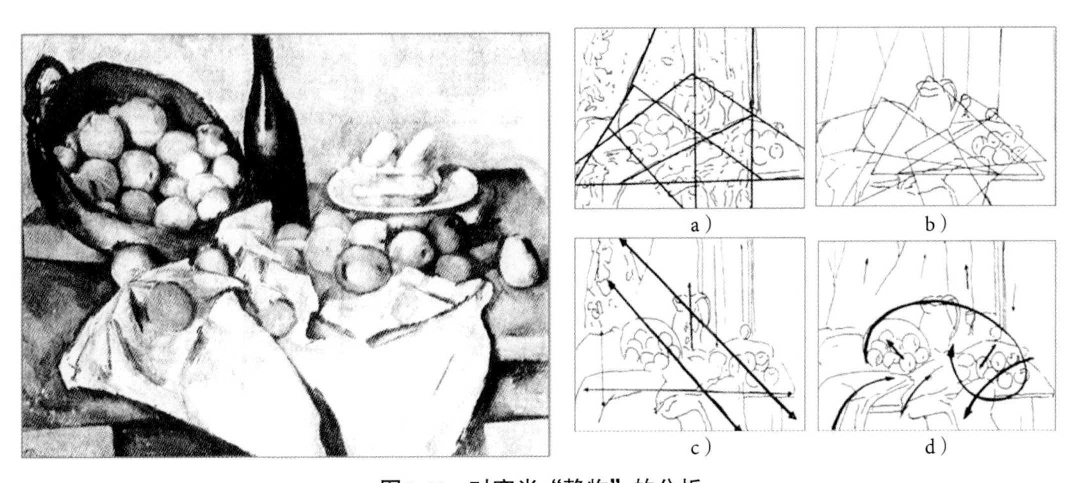

图5-61　对塞尚“静物”的分析

a）构图的基本形　b）层次关系　c）整体格局　d）力的平衡

方向的产生也是由于力的作用。形体方向性的产生主要依靠的是各形体的轴线，轴线是指一条想象中的线，它穿过形体最长的那一维方向的中心，显示了形体的主要特征和最强的动感（运动趋势）。在一个具体的形态构成中，各种力的相互支持和相互抵消形成了整体的平衡。

形态构成操作中，应该首先分析各个形体的特征，建立主导形体、次要形体和附属形体的关系，仔细定位各个形体的轴线，将轴线放在空间中合适的位置，建立视觉连续性，并使各个体块处于一个动态平衡的状态，同时致力于发展一种视觉结构感。这种视觉结构感涉及比例关系、各体块轴线之间的张力以及各个平面之间的关系，关注整体形态，而不是局部细节，从各个视角进行审视，外部形状的各个方向的力应该都是平衡的（图5-62）。

图5-62　轴线关系和力

5.3　结构/材料研究

在学习了通过认知观察挖掘事物的形态与结构变化关系，练习通过外在视觉形态分析内在结构、运动形态及动力来源分析等抽象形态要素，并进行提取与重组设计平面、立体构成，掌握形式美的基本规律之后，需要运用前期训练过的形态设计方法，从有真实场景设计的空间、人的行为研究入手，采用适宜的结构与材料完成具有特定功能的实体构成。实体的建构综合了创意、主题、环境、空间、功能、形态、材料、结构等众多要素，达到创意、功能、形态、承重互相协调，因此需要对结构的支撑概念及材料的特性有基本的了解及认知。

5.3.1　结构

1. 结构支撑

结构是建筑的骨架，是实体建构的承重基础，也是建筑安全使用的保障。

（1）垂直支撑　承受垂直荷载的立柱、墙面等竖向支撑是常见的支撑形式（图5-63）。

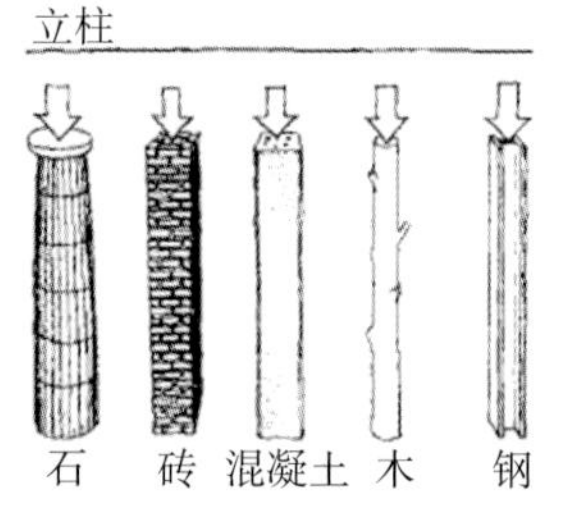

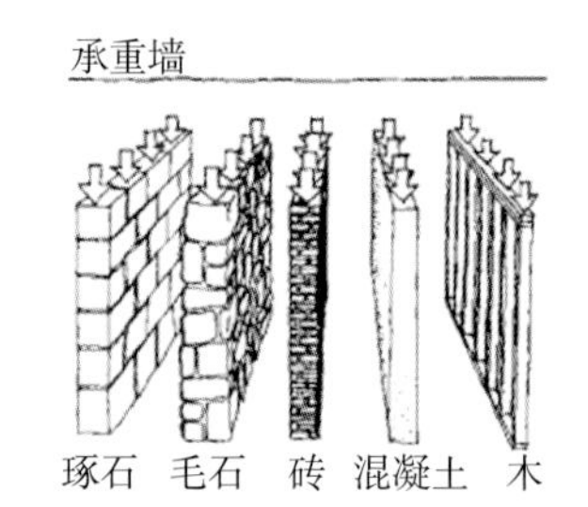

图 5-63　垂直支撑

（2）水平跨梁　联结垂直支撑的水平跨梁将荷载传递给垂直的柱或墙，构成常见的梁柱支撑体系。

（3）拱　弧线形的拱利用挤压力量可以替代梁板的作用，也具有很好的支撑能力和稳定性。

（4）其他多种支撑结构 随着技术的进步与材料的发展，还有折板、充气、悬索、壳体等多种支撑结构。

2. 结构形态

就如很多自然生物要保持自身的形态，有其自身合理的结构，设计中也存在着结构与形态的适应协调，恰当地选择结构体系既能保证承重，也能体现良好的形态。

3. 结构作为设计来源

通过观察提取的结构关系及其形态本身也可以作为设计与创意的来源。如图5-64所示，从雨伞中提取的伞架拉伸、折叠结构作为实体坐具建构的主结构支撑，恰当体现了功能的灵活性需求。

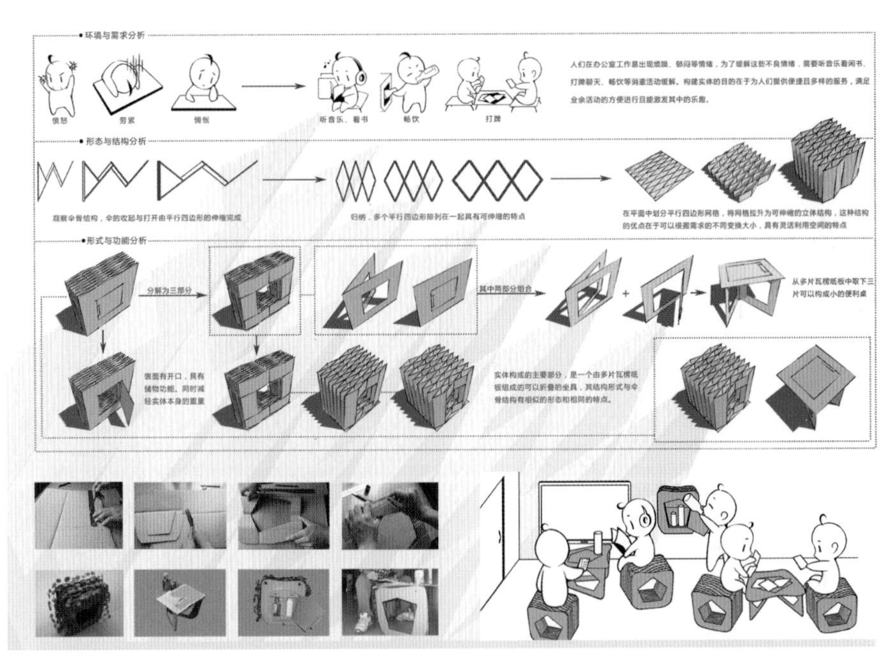

图 5-64 从观察开始至坐具形态过程中贯穿对“结构”的认知与再现

（图片来源：学生作业）

5.3.2 材料

1. 材料的探索与表达

这就像是美食源于食材，但烹饪者不必创造食材，只需考虑选用什么食材及如何用巧妙的手法进行搭配，创造出美食即可。注重日常生活中的发现，关注材料的探索与表达，使设计成为在那些既普通又模糊的日常事物基础上制作出的新东西。这需要对材料进行深入的研究，并以新的形态表现出来，承载新的功能与意义。

2. 材料的属性

研究材料的外观性能、物理力学性能、化学性能、加工性能等。例如，现代家具，几乎涉及所有材料类型：金属的简练理性；塑料的有机婉转；玻璃的玲珑剔透；木材的浑然质朴……家具设计几乎可以转化为对材料的表达，甚至是家具的灵魂。即使是相同的材料，不同的设计师也有完全不同的表达，寄予不同的情感。所以，对材料的巧妙运用在相当程度上反映了设计师的设计水平。在设计的过程中，很多设计者也会通过观察生活，直接从材料属性入手进行设计，也是设计很常见的方法之一。

3. 纸材

纸材尺度较小，如进行材料、结构与制造体验，通过对其结构的通透、与周围环境的模糊性、有机性及运动特征的了解，有助于理解材料、结构与形态在空间中的多种可能性与审美性，进而建立材料结构—结构形态—人的行为结构等丰富的“结构”意识与复杂、多元的“结构”可能性（图5-65）。

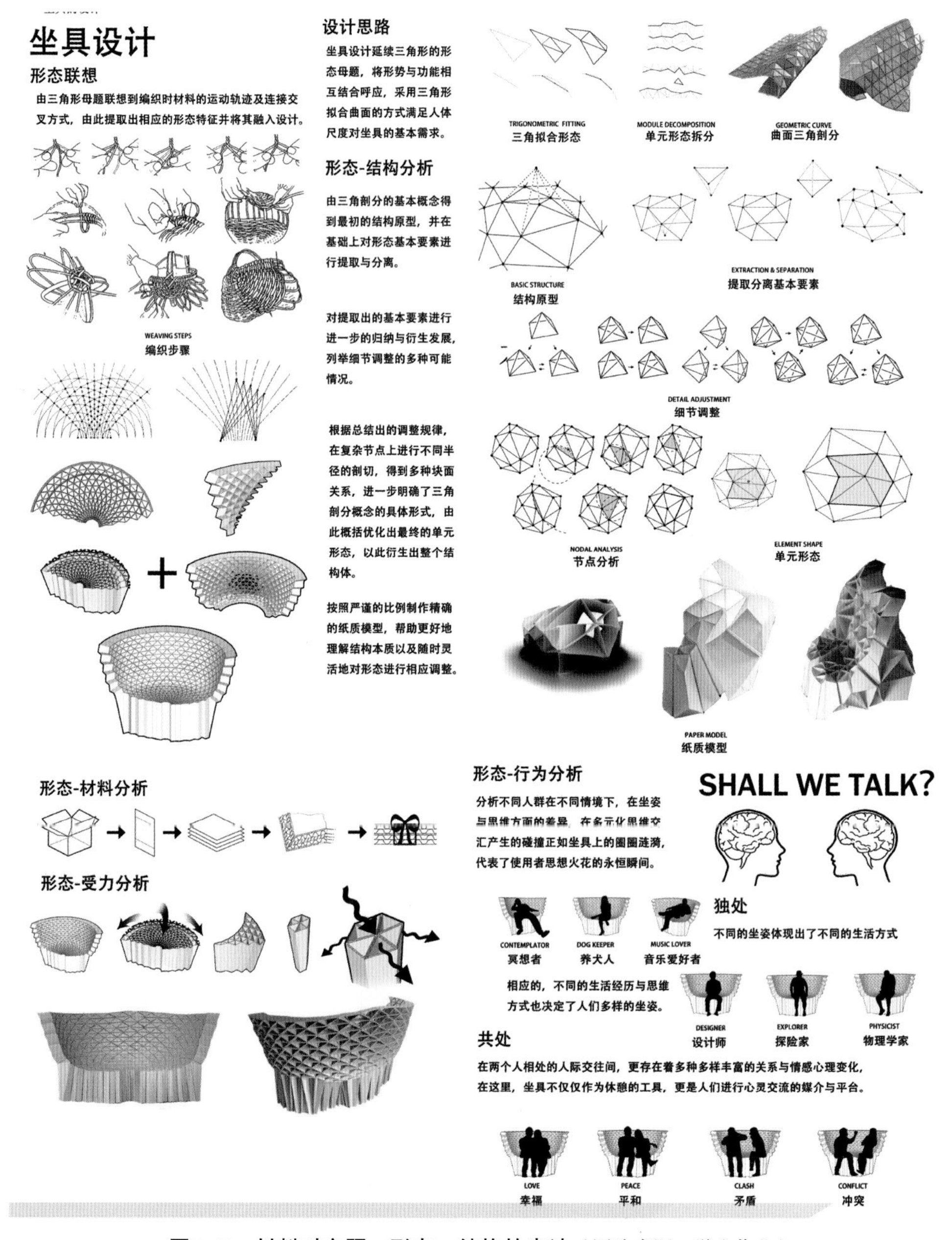

图5-65　材料对主题、形态、结构的表达（图片来源：学生作业）

4. 材料的组合方法

选定了特定的材料，就要考虑组合材料的方法和手段，即结构与构造，以具备一定的强度和满足特定功能。根据不同材料选用的胶接、绑接、插接等构造方式都会带来不同的结构感，如韵律、力度、动感等。所以，有了形、态、感和尺度的参与组合，材料与结构整体形成的外观一起构成了形态的艺术之美。

5.3.3 设计思维与建构体验

1. 设计思维

（1）行为分析6要素　行为分析6要素：谁who，多少how many，何地where，何时when，怎么样how，为什么why（图5-66、图5-67）。从调研开始收集感知经验，再根据自己的意愿选择特定环境空间，进行行为分析。

图5-66　谁who，多少how many图解
（图片来源：学生调研作业）

（2）头脑风暴—发散思维（图5-68）

在选定的空间中根据具体空间特征的限定进行发散性的思考；尽可能多地进行联系，对惯性思维看上去不相关的想法也不拒绝；头脑风暴完全是为了跳出思考的框框与局限，以关键词的形式表达（多为形容词与副词）。

（3）观念形成—建立关键词之间的创意联结（图5-69、图5-70）

观念形成也可以替换为主题或动机；在前面“头脑风暴”的基础上形成进行有创意的联结；经常是越远的连接越有创意，因为它超出了常人的思维局限。

图5-67　何地where，何时when图解
（图片来源：学生作业）

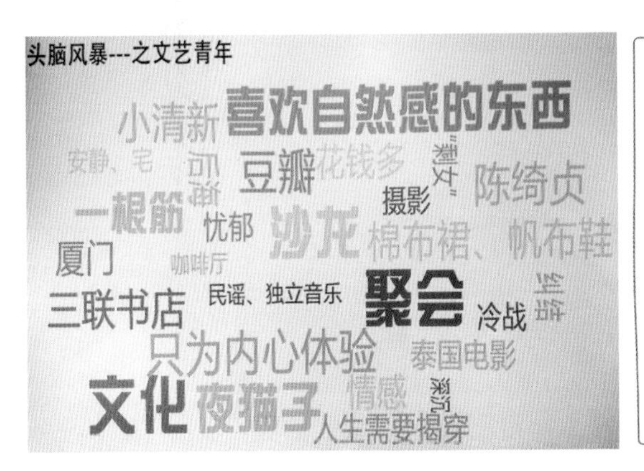

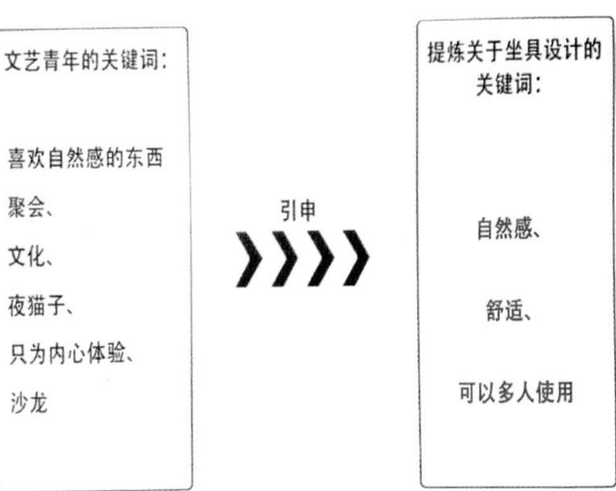

图 5-68　头脑风暴图示（图片来源：学生作业）

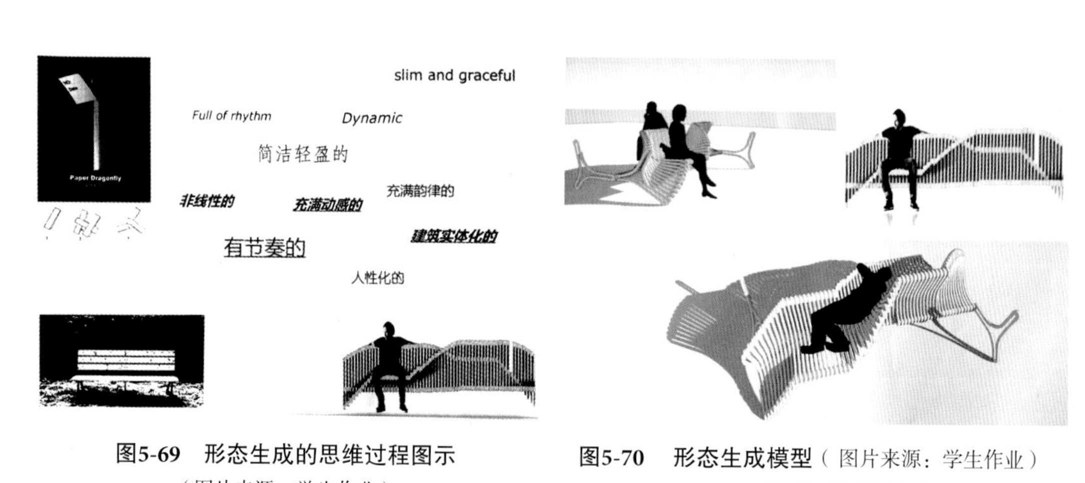

图5-69　形态生成的思维过程图示（图片来源：学生作业）

图5-70　形态生成模型（图片来源：学生作业）

（4）形态生成—赏心悦目的形态是美丽的创意之花（图5-71）

形态注重与环境契合；与功能契合；与人体契合；与材料契合。

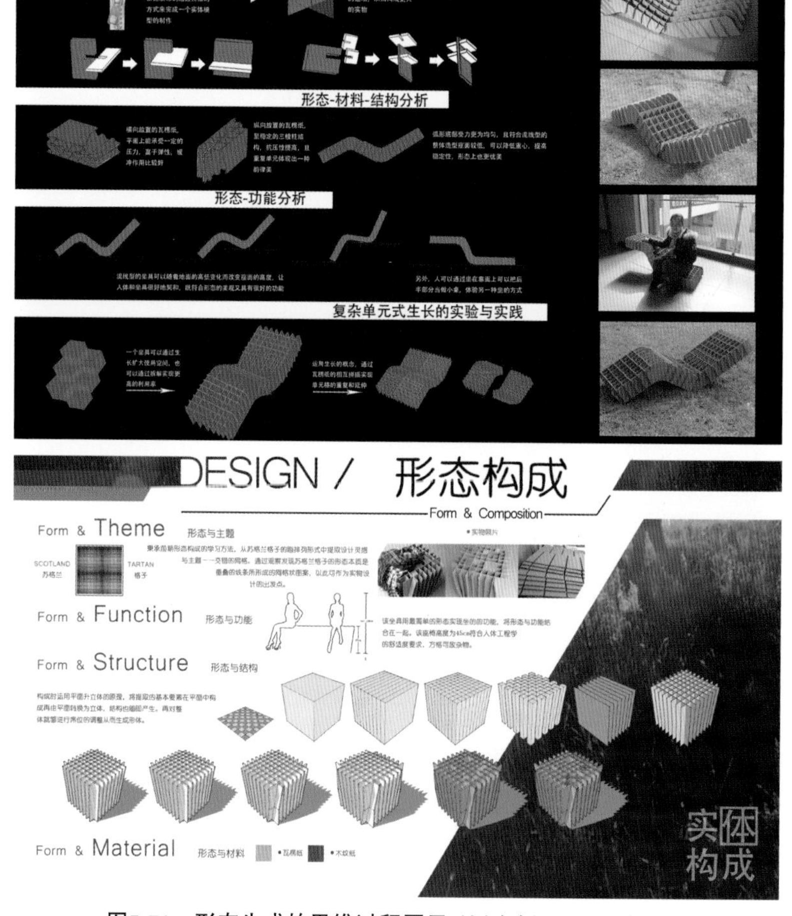

图5-71　形态生成的思维过程图示（图片来源：学生作业）

在设计思维层面，可以借由时间、空间、运动的基本物理学核心要素来感知有秩序和美的结构，运用有条理、有层次的思维结构体系深刻体察物理与生命结构的深层意义。例如，可以把人看作空间中的一个“点”，观察这个生命结构的行为、生活方式与运动轨迹，找到人与人之间的社会性（图5-72）。如果把视角放大，也许这个“点”就代表了紫禁城，它所反映的不仅是辉煌、精致的建筑形态与结构，同时也反映出了复杂的社会结构，这是只要懂得如何看，就能够看到的层面。如果再扩大视角，还能看到中轴线以致整个北京城。仅从上例中观察视界的扩大与缩小这一“点”，就可以以点带面地看出，结构是各种内在要素的联结，是一个复杂的体系。具体到坐具设计与构造项目中，人、功能、社会性、材料……都是要素，每一类要素都包含着各自的系统，设计者的重要工作就是要从思维层面理清各体系的特征，在具体项目中建立新鲜、有机、有序的新的联结，同时也就具备了创意的源泉与创作方法。

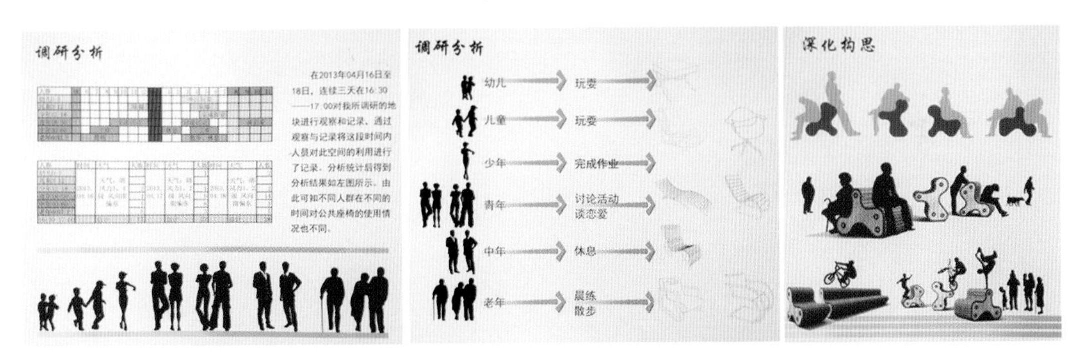

图 5-72 不同使用人群的行为、方式、运动轨迹分析与坐具设计构思（图片来源： 学生作业）

2. 建构体验

建构可以提供建立完整经验的机会，综合各种因素完成任务的能力，鼓励有理论及创造力思维为支撑的实验性探索，增强主动规避错误的意识，留有试错的空间（图5-73），并对结果进行评级反馈承重测试。

图5-73 建构实验现场

建构本身也是一个有步骤的过程，对于材料的处理和我们的抽象思维过程有着很多相似之处：切割是把想要的那部分与其他部分分离开来，在思考中与“切割”相对应的是抽取、分析、集中焦点、关注等；黏结意味着用胶水、钉子或螺丝等将不同的木头组合起来，思考中与之相对应的是联系、综合、分组、设计等；成型意味着达成一定的形状，并将它与设计者脑海中想象的形态进行比较，在思考中相对应的是：判断、比较、检查、匹配等（表5-2、图5-74）。

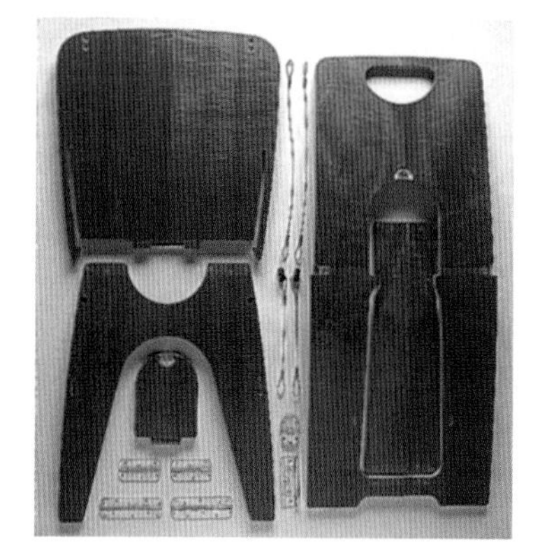

图5-74　制造与思维方法联系

表5-2　制作与思维的对比联系

制作过程	切割	黏结	成形
思维过程	抽取、分析	联系、关联	判断、比较、检查、匹配

5.4　空间/流线研究

5.4.1　空间限定

空间是物质存在的一种客观形式，由长度、宽度、高度表现出来。建筑空间则是在运用各种建筑主要要素与形式所构成的内部与外部、虚体或者实体的三维环境的统称，为了满足一个或多个特定的功能而存在。

图5-75　由底面限定的空间：纽约洛克菲勒中心

1. 限定空间的水平要素

（1）底面　底面的变化会产生不同的空间，其封闭程度与底面变化的幅度有关（图5-75）。

（2）顶面　顶面与底面之间构成的空间形式由顶面自身的形状、尺寸以及其与底面的距离决定。顶面的变化是空间视觉上和心理感受上的重要影响因素（图5-76）。

图5-76　由底面和顶面共同限定的空间

2. 限定空间的垂直要素

（1）线

单线

线的组合

系列线

（2）垂直面　垂直面在视觉上比水平面更活跃，是限定空间并给人以围合感的重要手段。它自身的造型形式以及面上的开口控制着建筑物室内外空间之间视觉上和空间上的连续性。它也是构成体量的重要元素（图5-77）。

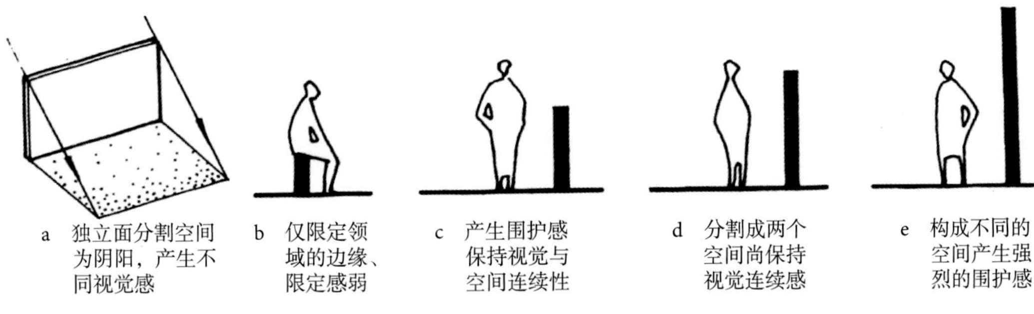

图5-77　垂直面限定的空间

（3）多个垂直面　多个垂直面空间限定程度更高，开放的墙产生强烈的方向感，可产生明显的轴线；可通过在垂直面上开侧洞引入次要轴线，从而调整空间的方位特征（图5-78）。

图5-78　多个垂直面限定的空间

（4）U形垂直面　U形垂直面限定的空间内含一个内向的焦点，开敞端使空间具有外向性。可与相邻空间保持视觉与空间上的连续性。在转角处开口，则使该空间呈现多向性并具有动感（图5-79）。

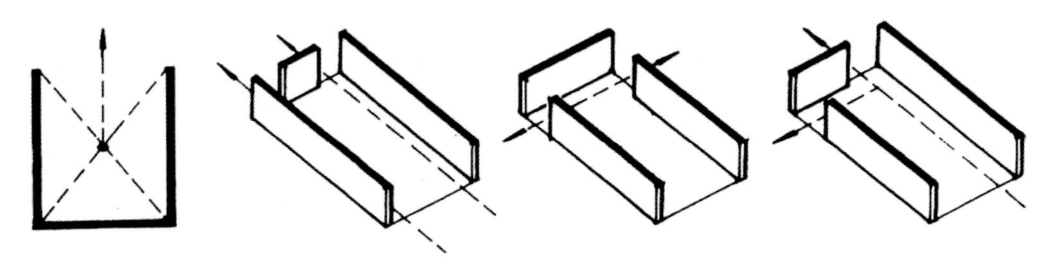

图5-79　U形垂直面限定的空间

（5）四个垂直面的围合　这是我们最熟悉的空间限定方法之一，闭合的多个垂直面可以围合出封闭的空间，空间限定性最强。四个垂直面构成最完整的内向封闭空间，是典型的建筑空间形式，也是限定感最强的一种。垂直面上的开口可以增强空间的对外联系性，减少封闭感，增强面的独立感（图5-80）。

图5-80　四个垂直面限定的空间：荷兰“桥屋”室内

四面都由垂直要素限定时，封闭感是最强烈的，空间向心程度最高，结构严谨。

3. 空间限定的其他要素

空间限定的其他要素还包括质感、色彩、材料、光线等。

5.4.2　空间组合

1. 空间组合的意义

当有多个空间在功能和位置上有连续性时，它们的组合可以满足一系列完整的功能，完成特定的设计意图。当这些空间被串接起来人行走于其中时，整个建筑里的空间也随着人位置的移动和视点的不同而变化起来。更重要的是因此产生的空间序列不但是对建筑使用功能的组织，也赋予建筑节奏感和更多的趣味，让人体会到空间交替更迭的美感。

2. 空间关系的分类

（1）包容式空间（图5-81）　大空间内的小空间易产生视觉以及空间的连续。封闭的大空间为包含于其中的小空间提供了一个三维领地，两者之间的尺寸必须有明显差别，否则外层空间仅是一层表皮，失去围合能力，设计意图得不到体现。

为了提升被围空间的吸引力，其形式可以与外围空间不同，方位也可变化，从而产生一系列充满动感的附属空间；形体上的对比也可表明两个空间的功能不同，增强其象征意义。

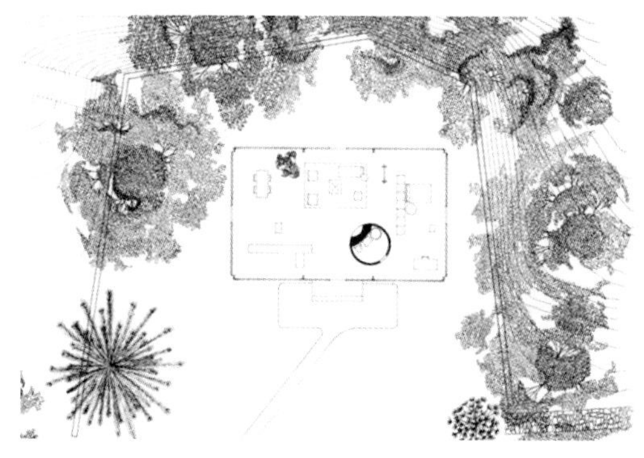

图5-81　包容式空间：约翰逊住宅

（2）穿插式空间（图5-82）　两个空间的穿插部分为穿插式空间中各个空间共有。穿插部分可以与其中一个空间合并，成为其整个容积的一部分。穿插部分可以作为一个空间自成一体，并用来连接原来的两个空间。

（3）邻接式空间（图5-83）　这种是空间关系中最常见的形式，它让每个空间都能得到清晰限定，两个空间之间在视觉和空间上的连续程度取决于它们中间的面。

分隔面可以限制两个相邻空间的视觉连续性，增强每个空间的独立性，并调节两者的差异；或者作为一个独立的面设置在单一容积中；也可以被表达为一排柱子，可以使两空间之间具有高度视觉连续性和空间连续性；或者仅通过两个空间之间的高差或表面材料、纹理变化进行暗示，可视为单一空间的两个区域。

图5-82　穿插式空间：21世纪博物馆

图5-83　邻接式空间：法国昂赞图书馆

（4）由公共空间连起的空间　相隔一定距离的两个空间，可由第三个过渡空间来关联，两者之间的视觉与空间联系取决于这第三个空间的性质。三者形状可以完全相同，形成线性空间序列；或者过渡空间本身为直线型；当过渡空间足够大时，就可形成主导性空间，并且以此方式可以组合许多空间；过渡空间也可以被两个关联空间限定形式和方位。如北京四合院，其不同房间由内院串联（图5-84）。

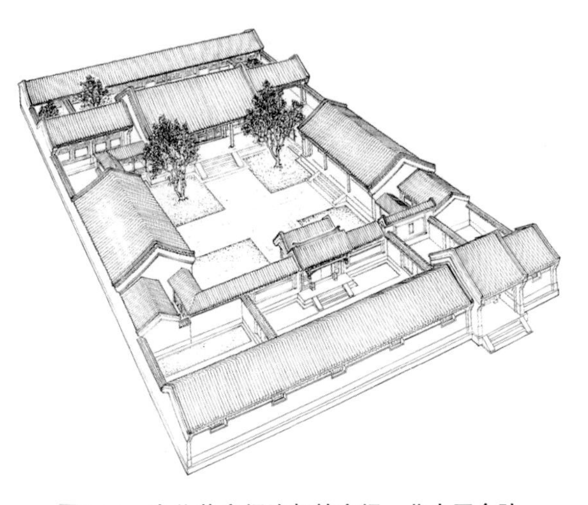

图5-84　由公共空间连起的空间：北京四合院

3. 空间组合及其常见形式

（1）集中式组合　这种组合形式特点是稳定、向心、紧凑；交通流线的布置以中心空间作为核心，如罗马万神庙（图5-85）。

（2）线式组合　这种组合形成空间系列，表达了一种方向性，意味着运动和延伸；可以通过串接不同类型空间形成空间节奏感；可终止于一个主导空间或形式，如精心设计的入口等（图5-86）。

（3）放射式组合　这种组合综合了集中式和线式组合的要素，形成外向型平面；可结合地形的不同变化为风车模式，充满动感（图5-87）。

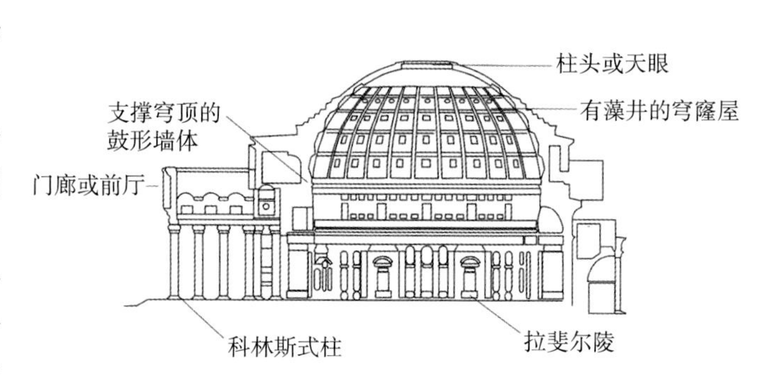

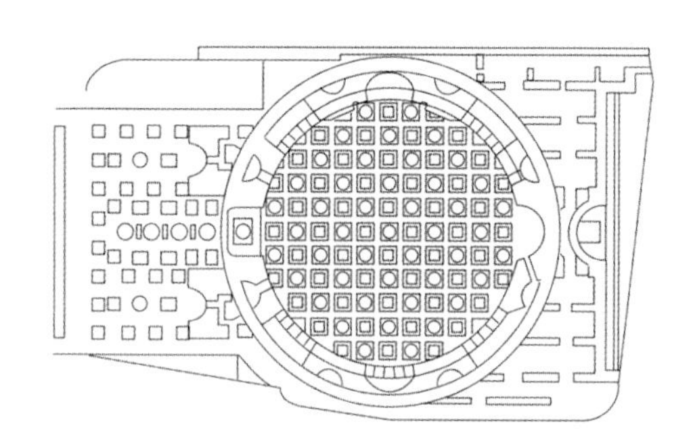

图5-85　集中式空间组合：万神庙

图5-86　线式空间组合：荷兰某中学

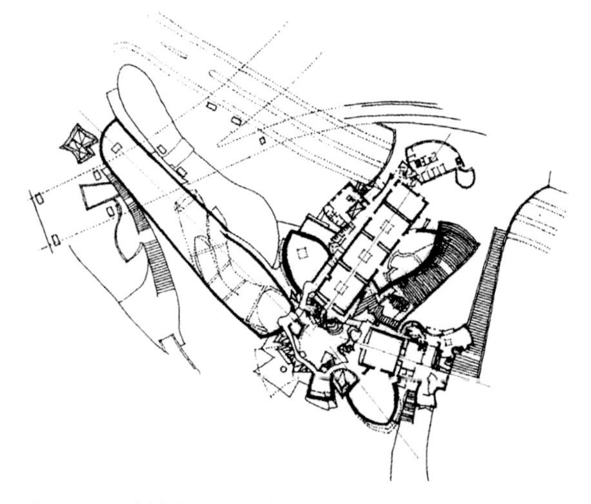

图5-87　放射式空间组合：毕尔巴鄂古根海姆博物馆

（4）组团式组合　这种组合形式规整、连续性强；可依网格为模数进行变化。

5.4.3　空间流线

1. 交通要素及其与空间的关系

（1）入口　入口会引导一个穿越垂直面的行为，标示出一个场所到另一个场所的过渡。无论入口的形式如何，它最好是设置在一道垂直于路径的垂直面上 。

（2）路径的形状　路径的形状可以根据空间的功能、设计师的意图等因素确定，它会在极大程度上影响建筑使用者的空间感受。比如我国南方的古典私家园林中采用的“步移景异”“欲扬先抑”、“通则不达”、“达则不畅”这种路径设计手法，使小巧的私家园林产生层次丰富的空间效果。

（3）路径与空间的关系（图5-88）　从空间旁边经过：空间整体性强、路径灵活度高，可以用过渡空间来连接路径与空间 。

从空间内部穿过 ：路径在空间中形成休息与运动的不同状态。

终止于一个空间 ：常用于进入重要的功能空间或重要的象征性空间。

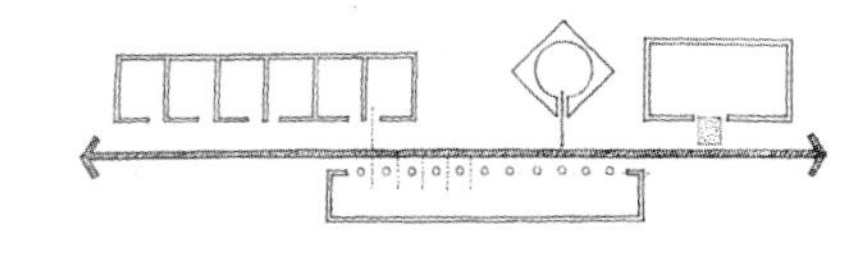

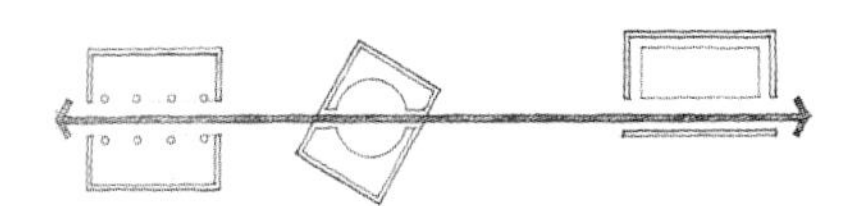

图5-88　路径与空间的关系

（图片来源:《建筑：形式、空间和秩序》）

2. 交通空间的形式

（1）水平交通　这种形式用于联系同一水平面上各个空间，不涉及垂直高度的改变，如过道和通廊。

其主要作为交通联系也可以结合其他功能使用。

空间形式：封闭、半开敞、开敞。

空间形状：直线、曲线、直曲结合。

（2）垂直交通　这种形式用于联系不同水平面上各个空间，如楼梯、坡道、电梯、扶梯等。以坡道为例，因人在坡道上的行走速度小于楼梯，所以常用于需要缓慢行进的场合，如博物馆、美术馆等展览建筑（图5-89）。或者一些特殊垂直交通元素如停车场车道、残疾人道等。

（3）枢纽交通　这种形式形成焦点空间，方便人流的集散；在空间组合中可以进行方向的转换，同时形成空间的过渡与衔接。

图5-89　西班牙格兰纳达科学园坡道设计

3. 交通空间的连接方式

（1）走道式连接　这是一种水平连接方式，通过走廊等水平交通元素将空间连接起来。旅馆的客房层、教学楼的教室常采用这种方法进行空间组织。

（2）楼梯式连接　这是一种垂直连接方式，指使用空间通过楼梯、电梯等垂直空间元素串接。如赖特设计的古根海姆博物馆采用螺旋形的坡道将展示空间垂直组织，形成一个连续的观展空间 。

（3）广厅式连接　这种连接方式用一个大厅（如中庭）将一系列水平、垂直交通元素连起的空间组织起来。这个大厅成为交通空间的焦点，它形成一个枢纽交通，同时又行使一定的功能（图5-90）。

图5-90　广厅式连接实例

第6章　综合设计

6.1　设计要点

“综合设计”放在建筑设计初步课程的最后，要求学生全面运用所有学到的专业知识，完成一个“足尺”（或较大比例）功能性装置的设计和建造。该题目对学生的综合能力要求较高，除了建筑学专业通常要求的图纸、模型等成果之外，由于作品往往是放置于真实环境中、满足一定功能要求的实体装置，因此在某种程度上也考验学生的“建造”和“实现”能力。

“装置”（Installation）一词源于工业用语，包含“装配”“并置”的意思。艺术中的“装置”泛指一种手法而非风格，是一种以现成品（包含了人工制品、工业品，也包含了自然界中的自然物）方式呈现观念的艺术媒介方式。

“自从20世纪60年代装置艺术兴起以来，传统的艺术形式受到了革命性冲击，并且这一浪潮迅速波及建筑领域，这些建筑有的发生了结构上的突变，有的具有外在动势，有的看上去极度散乱，有的轮廓残缺不全，有的简化成了符号，人们对建筑的理解似乎又多了一种新途径。很多有责任感的艺术家、建筑师、学者开始反思，并借助新的建筑技术与材料来实现他们的理想。”[㊀]有学者认为，“建筑装置就是运用建筑学的工具和手段，建造偏离实际使用功能、具有高度修辞性的临时构筑物件。作为初探性研究，这个概念的认可度需要得到社会的检验。建筑装置作品与建筑学的其他组成部分有着不同的区别，包括其临时性非常强，区别于建筑的长久性;其互动性区别于建筑的独立性。建筑装置的诉求重点是吸引观众的参与，进而理解建筑与社会的关系问题；其修辞性就是为了强调设计的批判与反思，吸引观众理解某种观念”。[㊁]

“由于建筑装置的呈现可以表现为对现成品的直接使用，能比较方便地表达创作者的艺术观念，这比传统的建筑设计更加容易传播和推广，我们可以从以下几方面加以分析：首先，在没有严格的关于基础造型的能力上，每个学生都可以参与制作；其次，在没有专业技能的基础上，通过这种方式训练学生的思维能力，更好地为今后的设计教育提供意识上的准备;再者，建筑装置的特点是具有互动性、临时性的特点，积极参与对所关注问题的表达，这样可以让学生随时关注社会问题，以及时反应对问题的表达。当然

㊀ 唐君. 对建筑装置化倾向的认识. 安徽建筑，2007年05期，第11页。

㊁ 刘俨卿. 论建筑装置及其意义. 中央美术学院硕士论文，2012，第41页。

作为建筑装置的作用我们不能仅仅是作为一种训练技巧的工具，建筑装置的根本是在于不断提高我们对社会问题的观察和解读能力。”㊀

综上所述，由于“建筑装置”的创新性、灵活性、互动性、临时性、启发性等特点，以及其在低年级建筑教学中较好的可操作性，故将一年级最后的“综合设计”定位于此，该课程设置全面涉及“环节教育”的全部六个环节，对应的具体内容如下：

环节1：主题与命题。从“主题策划”的角度思考设计的起点，设计主题的选择要兼顾独创性、趣味性、灵活性、实用性和可操作性，提高创新能力和独立思考能力。

环节2：环境与形体。结合具体真实可见的人工环境，考虑设计作品的形体组合及其与场地环境之间的关系。

环节3：功能与空间。充分考虑不同的功能需求对建筑空间的要求，设计过程中需明确空间的界定、组合以及转换方式及方法。

环节4：建构与实体。设计作品应满足基本的承重要求，设计过程中可应用简单的结构支撑体系，适当考虑实体装置的节点构造方式。

环节5：塑构与造型。在充分考虑上述因素的基础上，进一步推敲装置的造型问题，思考建筑造型受哪些因素的影响，其与场地环境、使用者之间的关系如何。

环节6：表达与表现。综合考虑多种成果表现方式如实体建造、计算机辅助草模、工作实物模型、手绘草图等，对最终成果的图纸表达、语言表达进行评价。

与“装置”的灵活性相对应，每年具体作业题目的选择会密切结合当年社会热点问题，如在2008奥运会期间题目定为“奥运装置”，在汶川地震等西南部地区地震频发期间题目为“防灾装置”等，从而有效地将社会热点问题与具体的教学安排结合起来，在增加题目趣味性、吸引力的同时，潜移默化地引导学生关注社会、关注现实，进一步思考建筑学的社会价值和意义。

6.2 设计实例

6.2.1 资源节约型装置设计

“资源节约型装置设计”题目的选择是在“资源节约型社会”和“绿色建筑”的大背景下提出的。“资源节约型社会是指在生产、流通、消费等领域，通过采取法律、经济和行政等综合性措施，提高资源利用效率，以最少的资源消耗获得最大的经济和社会收益，保障经济社会可持续发展的社会。资源节约型社会是一个复杂的系统，它包括资源节约观念、资源节约型主体、资源节约型制度、资源节约型体制、资源节约型机制、资源节约型体系等。观念是行动的先导。资源节约观念是指人们从节省原则出发，克服浪费，合理使用资源的意识。节约意识（观念）作为客观存在的反映，是建立在对资源严重稀缺的认识基础上的。”㊁

㊀ 刘俨卿. 论建筑装置及其意义.中央美术学院硕士论文，2012，第40页。

㊁ 百度百科：http://baike.baidu.com/view/1255795.htm?fr=aladdin

绿色建筑或绿建筑（Green Building），是指提高建筑物所使用资源（能量、水及材料）的效率，同时减低建筑对人体健康与环境的影响，在整个建筑生命周期过程中，通过更好地选址、设计、建设、操作、维修及拆除，而不破坏环境基本生态平衡的建筑。绿色建筑以人、建筑和自然环境的协调发展为目标，在利用天然条件和人工手段创造良好、健康的居住环境的同时，尽可能地控制和减少对自然环境的使用和破坏，充分体现向大自然的索取和回报之间的平衡。这类建筑的室内布局十分合理，尽量减少使用合成材料，充分利用阳光，节省能源，为居住者创造一种接近自然的感觉。我国在2009年、2010年分别启动了《绿色工业建筑评价标准》《绿色办公建筑评价标准》编制工作。

在上述相关主题和背景之下，2012年的“综合设计”教学环节中，设置了题为“RECYCLING”的命题作业，以资源节约为主题设计装置，在设计和制作模型过程中学习发现问题和以设计手法解决问题的设计方法；学习对材料的运用和安装手法，学习实体装置与人体尺度的关系；通过在模型制作中对稳定性和受力的关注，初步建立结构意识及绿色建筑意识。

因此，结合环节设计要求，在满足常规设计要求的基础上，还结合“资源节约型装置设计”的主题，在设计过程的各个阶段加入“绿色设计引导”的相关内容，见表6-1。

表6-1 “RECYCLING”装置设计过程分解展示

阶段	重点环节	常规设计要求	绿色设计引导	成果
调研分析	环境/形体	场地选取 材料考察	减少对环境的影响 节约型材料（节材、可再生、再利用）	调研报告
主题策划	主题/命题	参与性 体验性	节约型（可回收） 经济性（性价比）	概念分析 造价预算
方案设计	环境/形体 功能/空间 塑构/造型	重点考虑环境（场地、交通等）/形体 重点考虑功能需求、转换（人的行为、尺度、功能需求等）/空间限定、组合	功能的复合型、多种功能 空间的多义性、高效利用	设计草图 计算机三维辅助草模
草模检验	建造/实体	结构支撑体系的可靠性/构造方式的可行性	构造节点的简单（连接方式简单，连接材料可重复使用） 易组装（灵活组装、装配式）	大尺度实物模型
建造实施	建造/实体	实地搭建程序、方法 团队合作与分工 实体模型的安全可靠		实体模型 成果图纸
拆解利用	建造/实体	考虑再利用功能	易拆解，拆解后再利用 全生命周期（设计—建造—使用—维护—再利用）	概念示意图纸

6.2.2 多功能装置设计

多功能装置设计的题目充分体现建筑装置设计实验性、灵活性、可操作性等特征，在教学中的表现也最为多样，例如：“校园建筑装置设计”的题目重点考查学生对日常学习、生活环境的敏感性，要求在设计过程中充分考虑到平时、特殊利用时不同的空间、功能之转换，通过调研分析，发现问题并提出可行的解决方案，并在一定资金限定的条件下完成方案设计、材料购买、制作施工等相关工作；“奥运装置设计”结合2008年奥运期间大型体育场馆投资、设计、施工、赛后利用等重大社会议题，充分考虑到大型体育赛事期间大量观众对体育场馆基础设施的使用等基本需求，通过小型、多功能、简易操作的装置设计，结合考虑体育场馆平时、赛时的不同使用方式进行灵活的调整和转化，以期更好地服务观众；“教学楼内部空间改造设计”则结合学院教学楼内部公共空间过于旷大且使用效率低下等突出问题，拟定设计任务书。

由此可见，多功能装置设计是一个开放性很大的题目，可以结合当时热点的社会议题进行探讨，可以充分考虑不同时期对建筑空间、功能的不同需求，还可以与学生日常的学习生活密切相关，鼓励学生思考建筑设计与日常生活之间的关系。正是由于其“多功能”的要求，“可变”则成为此类建筑装置设计的重要因素，也是学生在设计中需要重点解决的问题。多功能装置设计的课程训练对培养学生关注社会问题、关注身边空间环境质量，全方位、多视角地发现问题、分析问题、解决问题等能力具有重要的意义。

6.2.3 防灾装置设计

针对近年来我国地震等自然灾害频发的现实，“防灾装置设计”也是结合社会热点及学科方向的选题。在了解城市防灾设计基本知识的基础上设计一组可变的防灾装置，学习发现问题和以建筑方法解决问题的基本手段是本阶段教学培养的主要目的。针对不同的地段环境，具体的设计要求则有相应的变化：

社区防灾装置设计是选择一块位于社区中心的绿地，设计一组装置。该装置平时可作为社区景观，灾难发生时可以作为临时居所（供3~5人居住）或临时医疗救护站使用。防灾装置造型、内容自定。要求做到平灾结合，平时造型生动、优美，与周围环境有机结合，灾时能方便、灵活地用于防灾所需功能。要求做出相应的设施标识设计（含用途标志、使用方法说明等）放置在场地中，并考虑与装置的关系。

校园防灾装置设计则选择一块位于校园内的空地，通过调查研究，设计一组“平灾结合”、具有实际功能的小型建筑装置。要求平时可作为校园景观、小卖部、报刊亭等使用，灾难发生时可以作为临时避难场所、救援指挥部、物资发放处以及医疗救护站等使用，并要求考虑一定范围内的场地设计（体现在总平面图上）。

第7章　优秀作业范例

7.1　专业认知

题目　鲁滨逊的家

一、作业目的

体验房屋建造过程、材料的利用、建造的方式和创作的快乐，从而增进对建筑的了解和认识。

二、作业内容

鲁滨逊流落到一个热带荒岛上，需要搭建一个遮风避雨、防范野兽的临时住所，请设计这个居所，并搭建模型。

三、作业要求

模型制作要求:建筑模型高度小于30cm，模型底板36cm × 36cm（可用木板或纸板）。主体只能使用自然材料。

人员要求：3~4人一组

成果要求：

1. 模型

2. 讲解汇报

注：汇报主要内容包括建造房屋的根据、优点，房屋搭建的方式，如何抵御自然灾害，为什么这样做等。

四、需要思考的问题

设计前需要思考的问题：

1. 荒岛上都有什么可用于建房的材料?

2. 在没有现成工具的情况下，鲁滨逊将如何获得材料和加工材料呢?

3. 可以采用什么建筑形式和结构方式建造一个高效可用的房子呢?

4. 热带岛屿经常下雨，可能还有虫蛇猛兽，房子如何建造才安全?

5. 鲁滨逊思乡和期盼获救心切，怎么办?

设计中需要关注和思考的问题：

1. 岛上的环境适合把房屋设计成什么形式？为什么？和我们平时接触到的建筑有何不同？

2. 房屋中所有的部件尺寸均需符合我们的常识，比如台阶的高度、窗户和门的尺寸等，并且要思考这些建筑部件尺寸和什么有关系？

3. 在做好初步设计之后，考虑所采用的建筑形式是否可以被一个人搭建出来？如果不可以则需要修改设计方案。思考为什么在给定条件下不能搭建的形式就不可取？建筑只是一种艺术吗？

4. 建筑和材料是什么关系？这种关系会对设计有所影响吗？

优秀作业　鲁滨逊的家

作业点评：

收集天然材料进行模型搭建，初步认知体验建筑设计的各要素。

7.2 表现基础——钢笔画练习

7.2.1 题目1 钢笔画训练：线条与肌理

一、作业目的

1. 通过对优秀作品的赏鉴和分析，初步了解钢笔画的表现手法和特点。

2. 训练学生使用绘图笔、钢笔等墨线工具绘制线条肌理、表达材料质感的能力。

3. 在临摹和图解的过程中，基本领会钢笔画的绘画原理和构图方法。

二、作业要求

1. 临摹优秀钢笔画作品，徒手绘制，力求精准。

2. 对作品中使用的线条组合、肌理质感、明暗关系进行分析提炼，单独归纳。

3. 在此基础上进行拓展，延伸绘制石墙、砖墙、屋顶、玻璃、木纹、草地、绿篱、树叶、水波等的相关肌理线条。

4. 注意墨线线条表现质感和肌理的多种不同笔触形式。

5. 版式构图美观均衡。

三、作业成果

A3 绘图纸（420mm × 297mm），徒手绘制。

优秀作业1　钢笔画线条练习　绘制者：董雪娇　王一辰

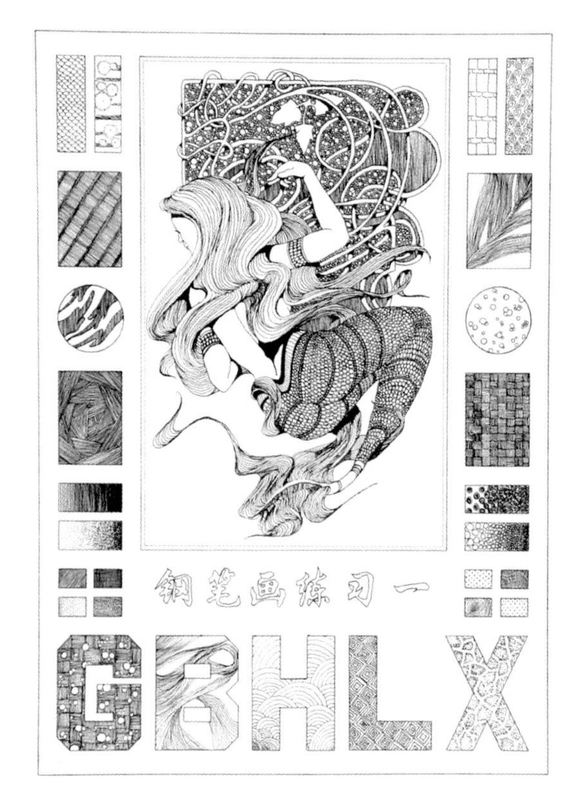

作业点评：

同样的钢笔画作品，经过不同学生的解读和分析，提取并拓展出了更为丰富、互为补充的线条与肌理素材。

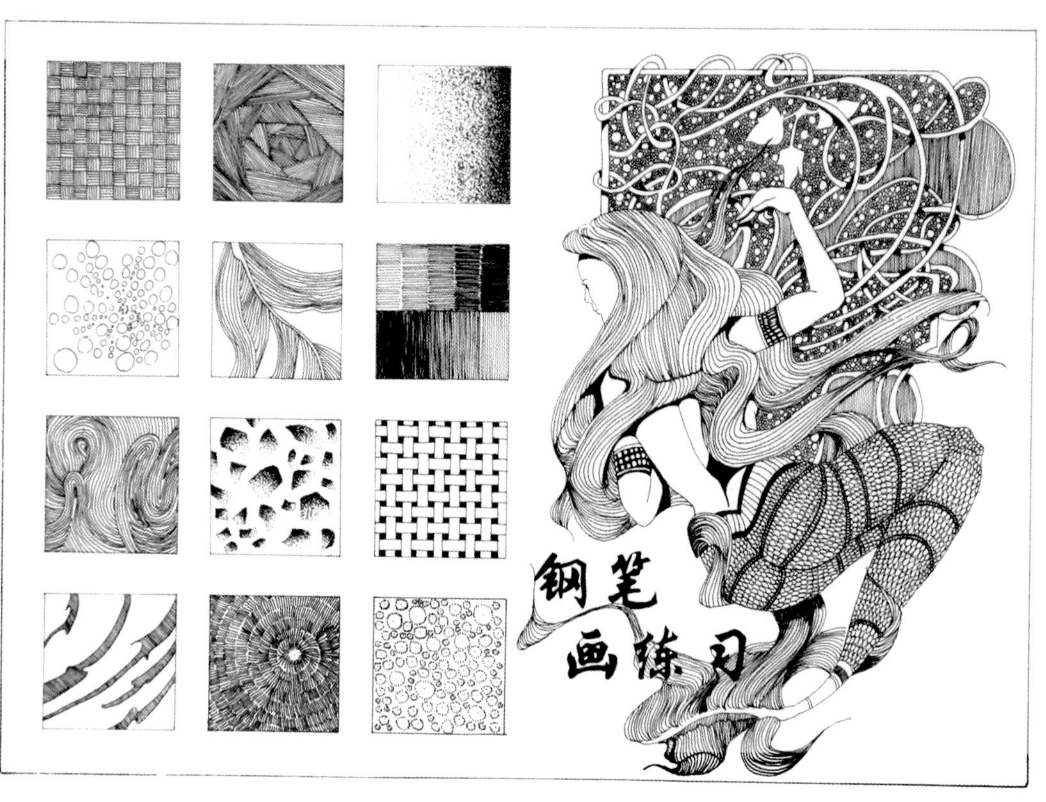

优秀作业2　钢笔画线条练习　绘制者：赵丹　任杰

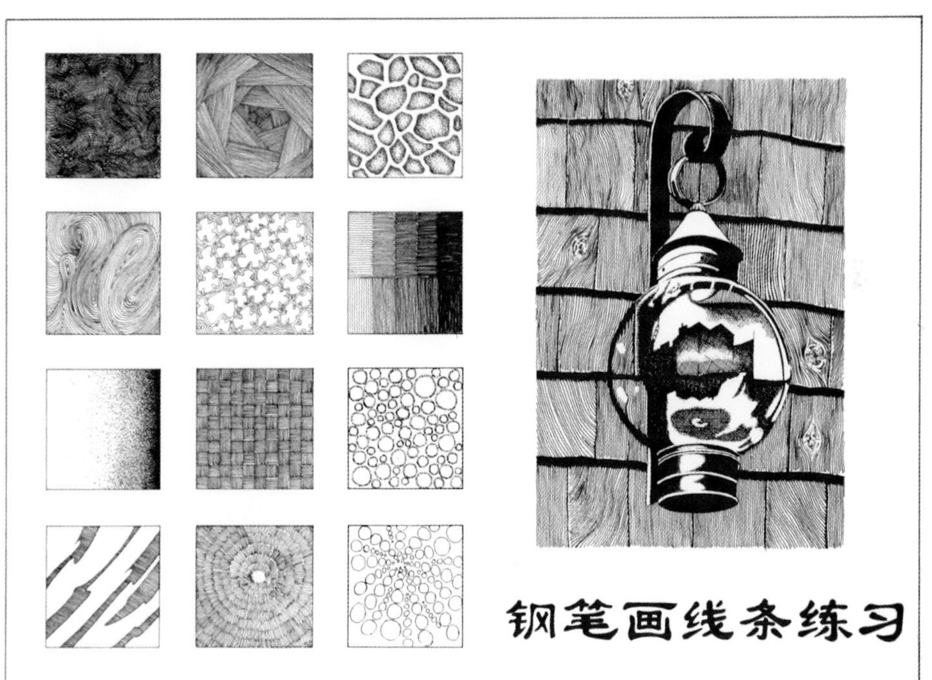

作业点评：

较之于对钢笔线条肌理简单的描绘训练，通过临摹优秀艺术作品并分析延展得出钢笔画基本元素的作业形式更具有灵活性和创新性，实现了感性认识、手脑结合、熟练技法的多重复合。

7.2.2 题目2 钢笔画训练：建筑配景（人、交通工具、植被）

一、作业目的

1. 了解平面图、立面图、效果图中所应出现的建筑配景及其规范的表达方式。

2. 感受配景绘制对整个图面的环境气氛渲染，对建筑尺度的烘托和陪衬作用。

3. 掌握建筑钢笔表达表现中配景绘制方法，明确不同对象的概括程度。

4. 进一步熟悉练习钢笔画基本技法，可徒手准确勾画出对象的形体轮廓。

二、作业要求

1. 选取适用于平面图、立面图、效果图等不同图纸要求的车、树、人等建筑配景进行临摹。

2. 透视准确，表达得法。

3. 自行设计版式，合理组合各部分内容，兼顾准确、全面、美观。

三、作业成果

A3 绘图纸（420mm × 297mm），徒手绘制。

优秀作业　钢笔画配景练习　绘制者：何小可　于婧

作业点评：图面充实、版式美观、布局合理。透视准确，下笔肯定。

作业点评：版式构思活泼，人物错落有致，带有情境感。

7.2.3 题目3 钢笔画训练：综合表现

一、作业目的

1. 熟悉钢笔建筑表现图的绘制手法和构图方式。

2. 了解钢笔画表现建筑对象的特点与技巧。

3. 学习常见建筑材质的表现方法。

二、作业要求

1. 由教师提供若干难易程度不同的范图供学生选择临摹或自选。

2. 准确表达对象的形体和比例关系，透视准确。

3. 正确表达建筑的构件搭接关系、阴影光感；学会处理远、中、近景的层次关系；学会对配景的取舍，较正确地处理主体与配景的主次关系。

4. 了解建筑配景在建筑表现中的作用和目的。

三、作业成果

A3 绘图纸（420mm × 297mm），徒手绘制。

优秀作业1　钢笔画综合表现　绘制者：安然　吴铮

钢笔画练习

作业点评：透视准确，全局控制能力强。黑白灰层次明晰，建筑形体交代清楚。

优秀作业2　钢笔画综合表现　绘制者：邱腾菲　白文娟

作业点评：

笔法轻松娴熟，暗部细节刻画尤为精彩。

优秀作业3　钢笔画综合表现　绘制者：陈腾　张天池

作业点评：

通过对此类钢笔建筑画的临摹，可直观有效地学习高层建筑透视效果图的绘制技巧，以求通过视点选择、配景层次的营造来突出主体建筑。这两幅作业构图完整、透视准确、材质表达充分到位，较为忠实、理想地展现了原作精髓。

7.3 设计解析——建筑解析

题目 大师作品模型复制及解析

一、作业目的

1. 通过模型制作进一步加强三维空间的构想能力。

2. 训练平立剖的读图能力与空间复原能力。

3. 通过实际的模型制作了解著名建筑师对空间的处理手法。

二、作业要求

1. 由教师给定建筑图纸，要求空间复杂程度适中，以建筑大师设计的独立式小住宅为主。

2. 学生分3~4人一组，对方案进行分析、讨论，明确其空间关系。

3. 组内分工，确定成员各人的制作任务，强调成员之间的配合与沟通。

4. 主要工具及材料为切割刀、乳胶、卡纸。

5. 模型完成后每组10分钟汇报，对设计本身和制作过程进行交流。

三、作业成果

1. 模型（比例自定，材料不限）。

2. 图纸：①平面图、立面图、透视图、分析图；②模型照片（各个角度，不少于三张）；③2号绘图纸，墨线绘制。

优秀作业1　施罗德住宅　完成者：刘高强　李然

优秀作业2 波尔多住宅 完成者：肖如星 刘影 张淑媛

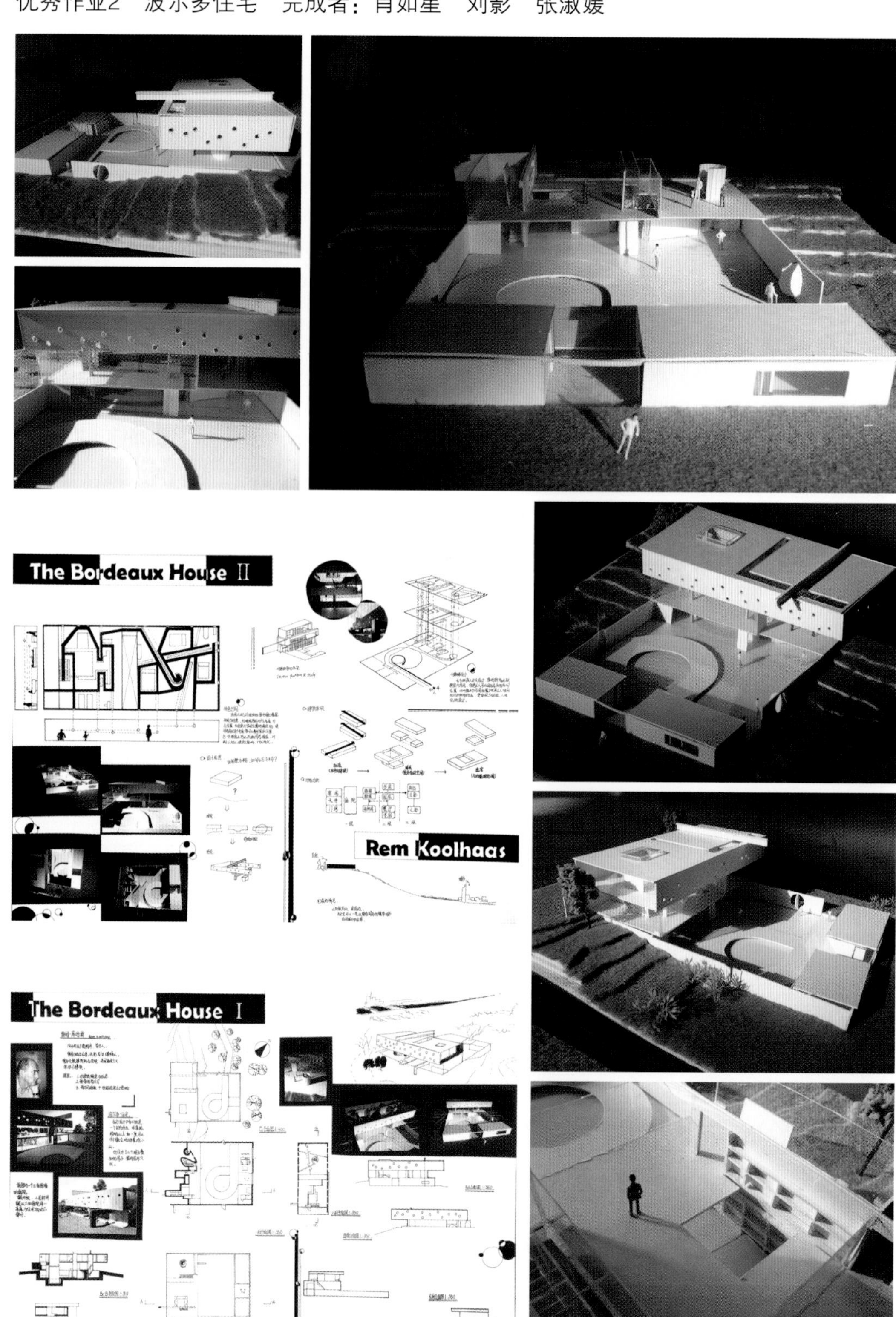

优秀作业3　东京住宅　完成者：徐予知　郭京琦　盛于蓝　王伟

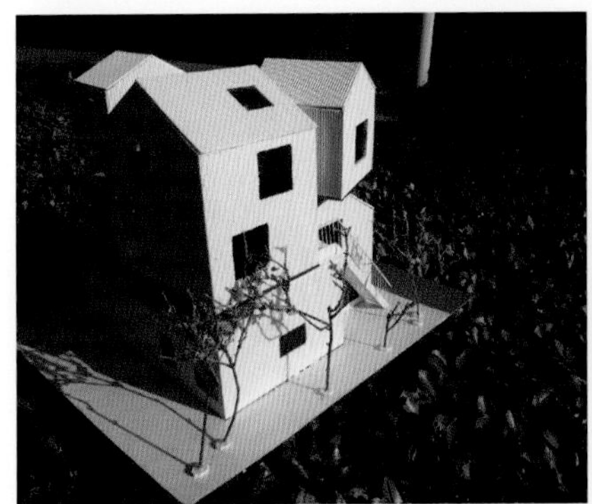

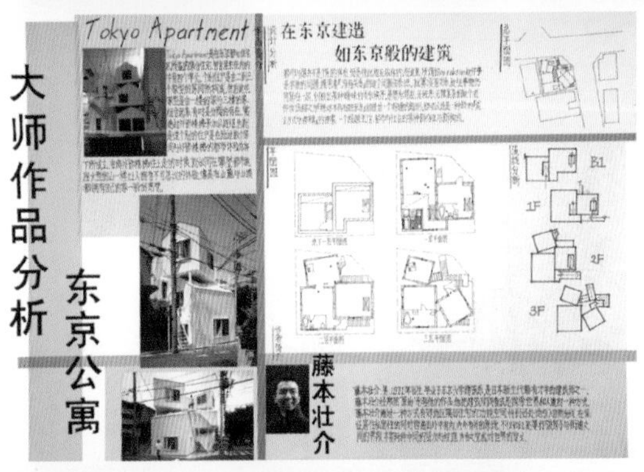

优秀作业4　小筱邸　完成者：陈思田　阎晶晶　秦晓艺

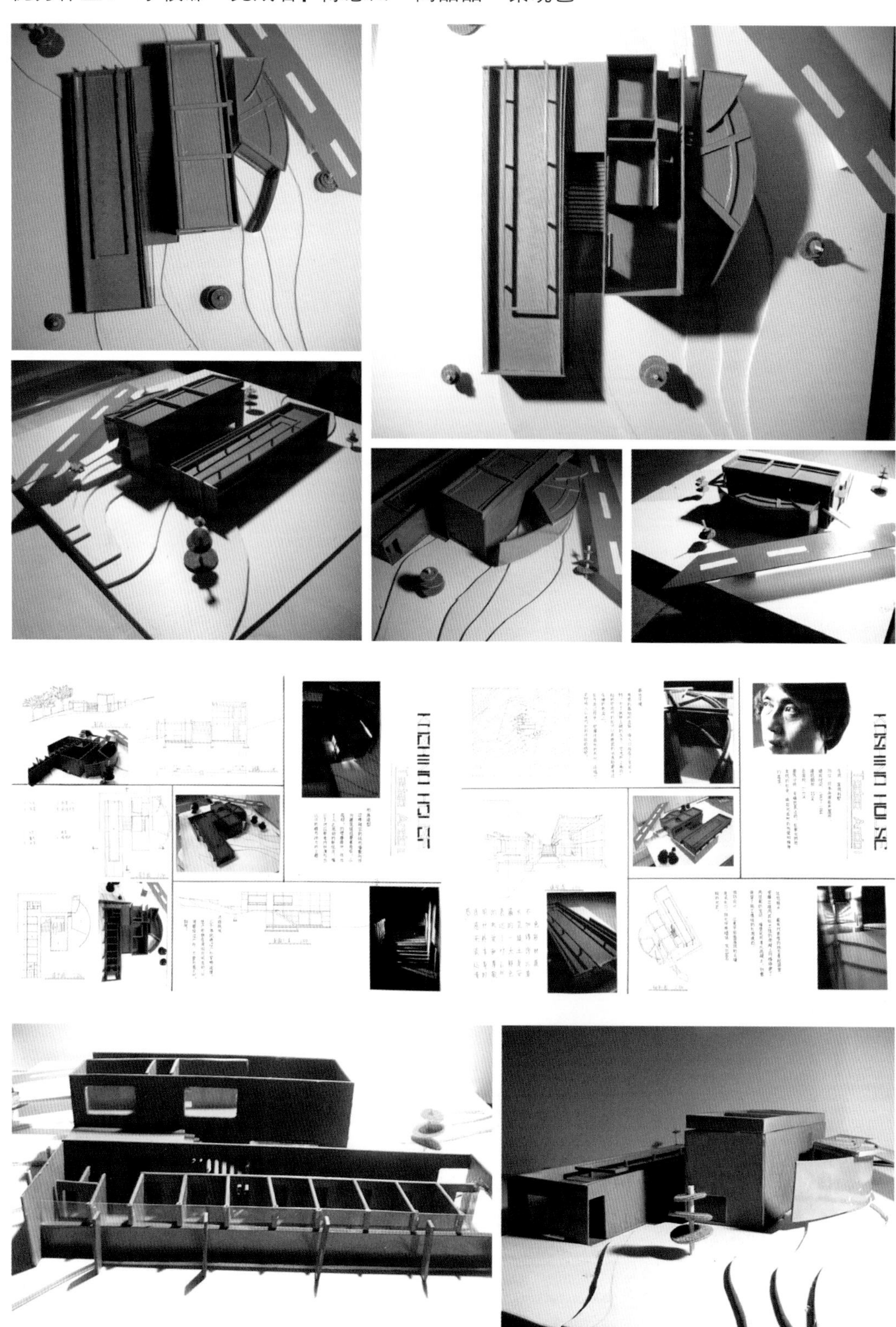

7.4 设计基础：功能/尺度研究——人体尺度

7.4.1 题目1 人体尺度数据测绘

一、作业目的

熟悉人体尺度的相关数据，掌握自己的主要身体尺寸；树立根据人体尺度感知空间的设计观念。

二、作业要求

1. 分小组测量指定数据。
2. 小组间交流测量结果。
3. 单独完成数据测量报告。

三、作业成果

1. A3绘图纸1~2张。
2. 墨线绘图。
3. 以图象表达为主，附以简单文字说明。

四、测量内容

1. 人体数据

自己的身高、肩高、视高、举手高；一乍长、一脚长、一步长、双臂展开长等。

2. 家具

①绘图桌面高、绘图椅面高、一般课桌椅高、阅览室桌椅高、电脑桌椅高等；
②食堂餐桌椅高，桌椅间距（舒适的与不舒适的）；
③四人餐桌长宽、桌椅高，四人圆餐桌直径，十人餐桌直径等；
④单人沙发长宽、转角沙发长宽；
⑤单人床长宽、双人床长宽。

3. 建筑构件

①窗台、暖气、单扇门、双扇门、电梯门、建筑入口大门等的宽度、高度；
②楼梯踏板、踢板尺寸，栏杆高度；
③室外台阶尺寸；
④卫生间洁具尺寸，水池高度、宽度。

4. 其他

①单人（双人、三人）走道的舒适宽度、搬运物体时的需要宽度；
②一般机动车的长宽尺寸、停车场相邻两辆车之间的距离尺寸；
③阶梯教室座椅间距，电影院座椅间距（均值）。

优秀作业　人体尺度数据测绘

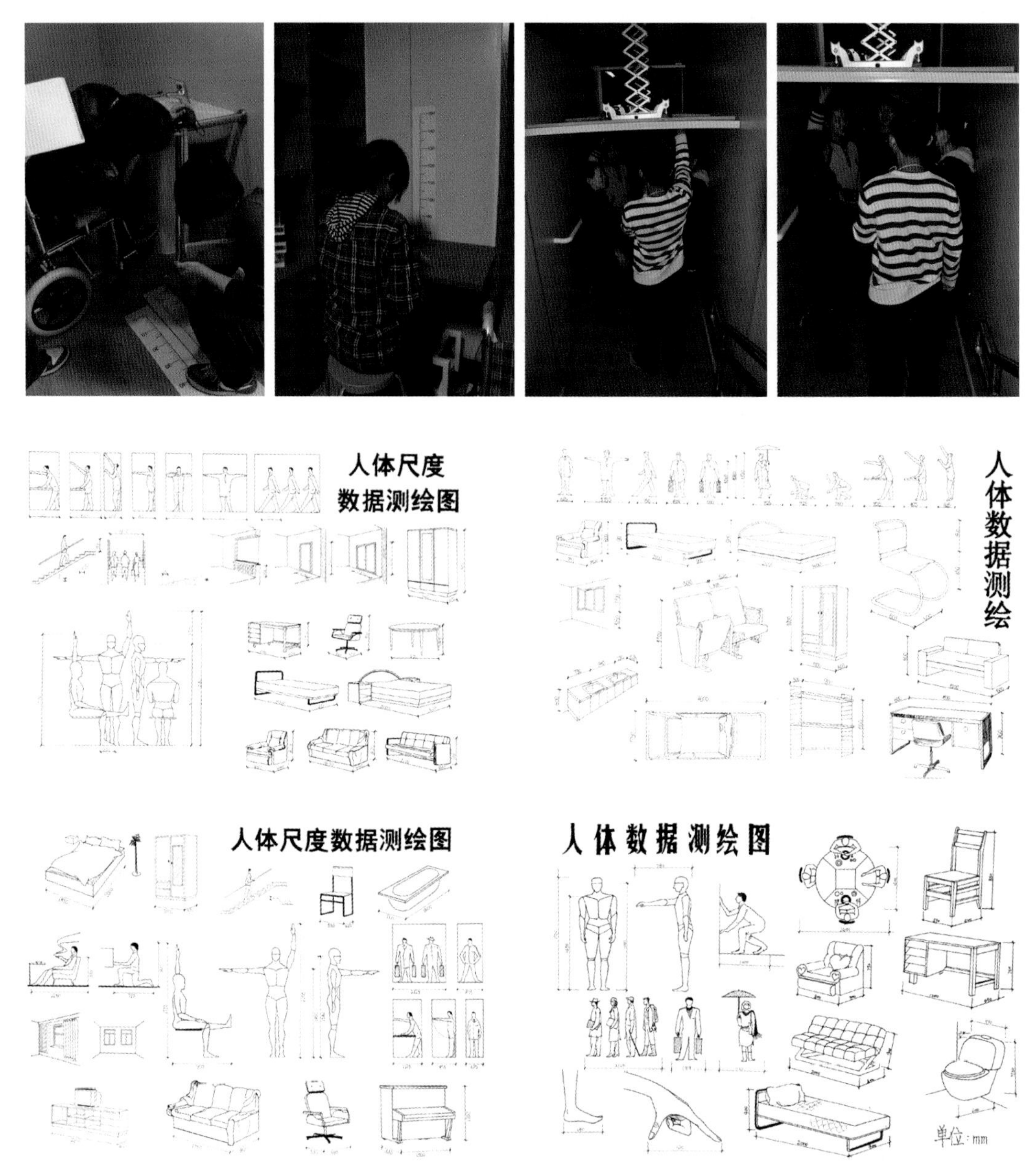

作业点评：

课堂利用人体尺度体验中心进行人体工学体验教学，体验人体功能尺度，测绘数据，完成测绘图纸，为下一环节宿舍改造设计奠定基础。

7.4.2 题目2 2~3人宿舍改造设计

一、作业目的

1. 初步了解设计的方法和步骤。

2. 熟悉人体活动的基本尺寸以及它们和建筑空间、装修、家具等的关系。

3. 初步接触室内设计所涉及的问题——空间、色彩、光照、门窗布置、家具陈设等。训练对空间的利用和美化。

二、作业要求

1. 本房间为某大学学生宿舍，供2~3人（根据宿舍面积确定）居住，不设计室内卫生间。

2. 房间长宽由学生以自己实际居住宿舍为准。层高为3.9m~4.2m（根据面宽确定），门的位置可适当调整。

3. 宿舍内应包括学习、睡眠、储物、交流等空间。各个空间大小尺寸、形状与关系是设计重点。

4. 重点考虑问题：功能分区、空间布局、室内流线、家具设计、人体尺度、采光通风、色彩材质、心理感受等。

三、作业成果

1. 1.5~2mm厚的卡纸或PVC板完成模型，模型比例为1:20。

2. A2图纸1~2张，包括平面图2个（1:50），立面图1~2个（1:50），剖面图2 个（1:50），分析图若干，设计说明。

优秀作业1　2~3人宿舍设计　设计者：肖如星

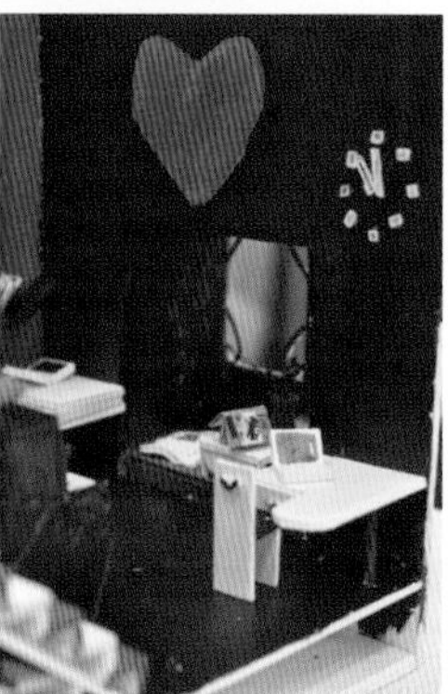

作业点评：

设计以音乐为主题，合理布置休息、起居、学习、休闲等功能。色彩运用粉、黑、白，创造浪漫典雅的氛围。模型制作精致，尺度合理。

优秀作业2　2~3人宿舍设计　设计者：曲悠扬

作业点评：

设计以田园风格为主题，合理布置功能分区，充分利用室内空间，室内设计色彩材质统一和谐，模型制作精致，尺度合理。

优秀作业3　2~3人宿舍设计　设计者：张淑媛

作业点评：

设计以粉红为主题，充分利用室内空间。家具设计制作精细，充分考虑尺度关系。模型制作能够考虑多种材料运用，和谐统一。

优秀作业4　2~3人宿舍设计　设计者：李然

作业点评：

设计分隔工作生活空间，合理划分公共、私密空间，充分考虑储藏空间，家具设计制作精细，充分考虑尺度关系。

优秀作业5　2~3人宿舍设计　设计者：韩般若

作业点评：

设计采用圣诞主题，围绕主题选取色彩及室内设计细节，营造温馨浪漫的室内环境。功能布局合理，楼梯下部空间对不同高度进行充分利用，创造入口空间。缺点是上部空间布局略显拥挤。

优秀作业6　2~3人宿舍设计　设计者：殷楚红

作业点评：

设计充分利用室内空间高度布置三人使用空间，设计难度增加。较好地进行功能分区，保证三人的睡眠、学习、储藏空间及公共空间。

优秀作业7　2~3人宿舍设计　设计者：徐予知

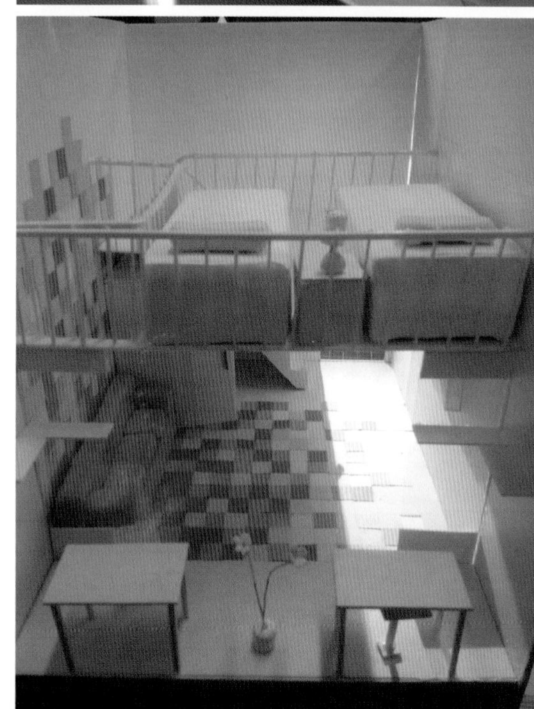

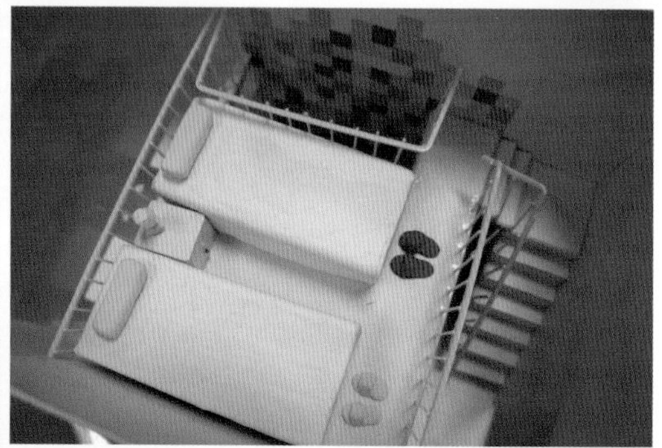

作业点评：

设计空间关系简洁明确。在不影响上层睡眠空间的情况下，适度提高下部生活空间，房间采光通风舒适度高。

优秀作业8　2~3人宿舍设计　设计者：朱晓楠

作业点评：

设计以海洋为主题，室内空间布局及家具设计具有个性，童趣十足。模型制作运用多种材质，合理利用材质本身的色彩及纹理。

优秀作业9　2~3人宿舍设计　设计者：郭京琦

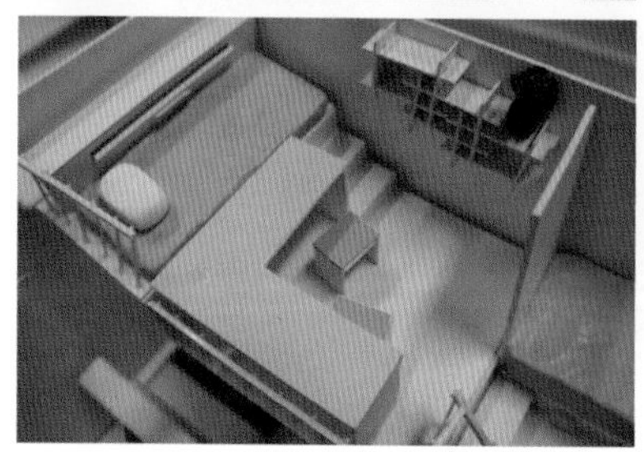

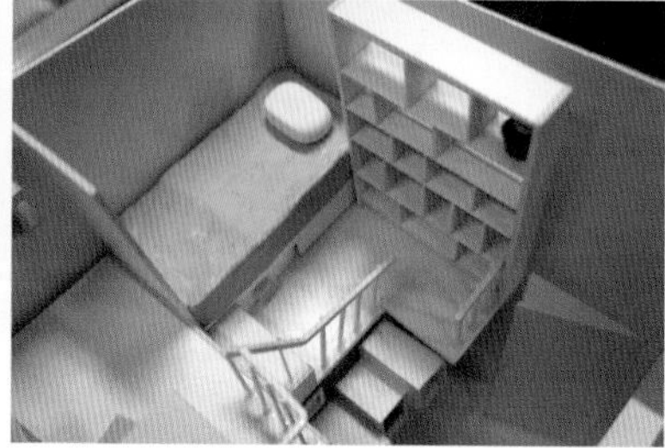

作业点评：

设计充分利用室内空间高度布置三人使用空间，设计难度增加。充分利用地面、楼梯等设置公共空间及展示收纳空间。缺点是室内采光、通风受到一定影响。

优秀作业10　2~3人宿舍设计　设计者：蒋伊文

作业点评：

空间设计简洁明确，流线简洁，功能分区合理，围合感强烈。室内学习空间利用书架环绕，设计有特点。

优秀作业11　2~3人宿舍设计　设计者：谢奇童

作业点评：

设计利用地面不同标高设计座椅、收纳、共享空间，构思巧妙。功能分区合理，空间明确。模型制作简洁，色彩对比鲜明。

优秀作业12　2~3人宿舍设计　设计者：徐晓萌

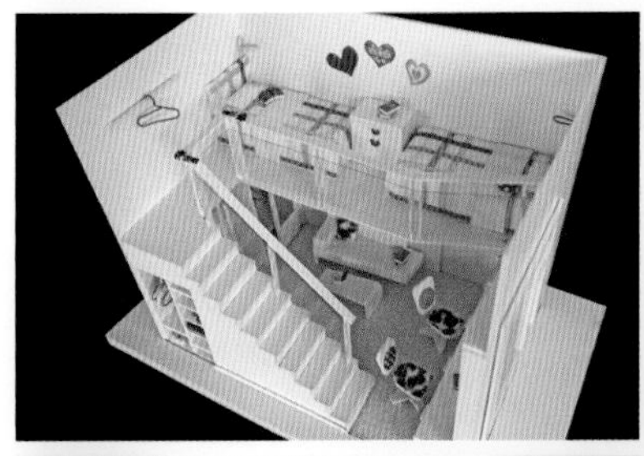

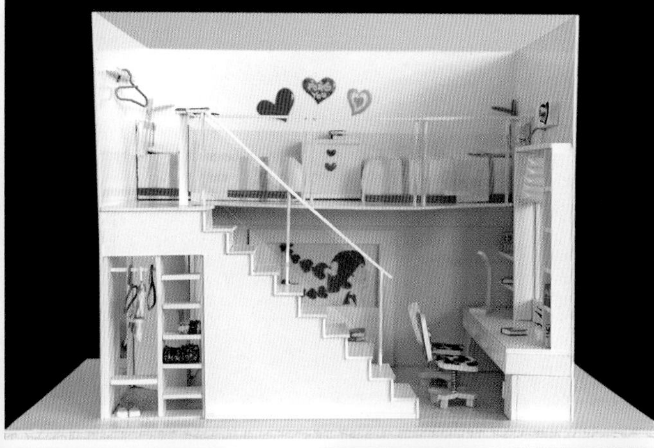

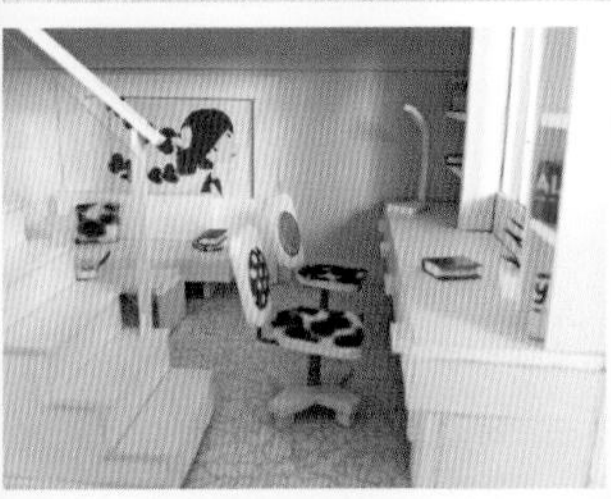

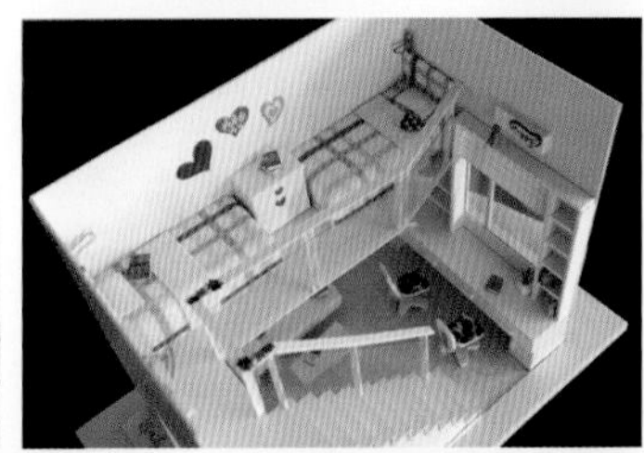

作业点评：

设计简洁合理，充分利用楼梯下部空间，模型制作精致，地面材料采用废旧包装原有花纹作材质表达，构思巧妙，节约环保。

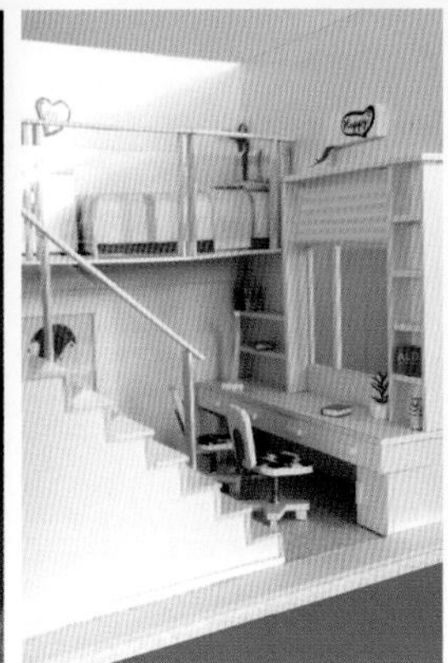

7.4.3 题目3 扩展研究 室内外无障碍环境设计研究报告——轮椅上的生活

一、研究背景

1. 社会问题关注

关注高龄化社会。

关注弱势群体（残障人士、高龄人士、儿童等）。

2. 学科理论研究

老龄化住宅模式研究。

无障碍环境设计研究。

3. 建筑与环境设计

特殊人群（残障人士、高龄人士）的人体尺度。

特殊人群（残障人士、高龄人士）的行为模式。

特殊人群（残障人士、高龄人士）的功能需求。

适宜特殊人群的室内外环境设计。

二、研究内容——室内外无障碍环境

专题一：起居空间无障碍环境及初步设计

专题二：厨房空间无障碍环境及初步设计

专题三：卫生间无障碍环境及初步设计

专题四：室外无障碍环境（校园）及初步设计（人文楼、综合楼周围休息空间）

三、研究要点

1. 社会需求现状分析。

2. 特殊人群需求研究（与普通人群的区别）。

3. 适宜特殊人群的室内外环境设计策略。

4. 趋势与建议。

5. 初步设计（根据专题选择对家庭中相应房间进行无障碍改造设计，室外环境专题进行教学楼周边环境或社区环境无障碍改造设计）。

四、组织方式

1. 全班同学分为8组左右，每个专题形成2组调研报告。

2. 1组（3~4人）选择1个专题完成实地调研报告及汇报交流PPT。

3. 课堂调研体验地点：室内——（学校）人体工学体验中心，室外——教学楼周边环境。

4. 课下调研地点建议：养老院、医院、残疾人活动中心、老年人活动中心等。

无障碍环境体验与研究

作业点评：

作为人体尺度的拓展研究，学生在学院人体工学体验室进行无障碍人体尺度体验，课下对残疾人活动中心、老年活动中心及相关公共建筑及室外场所进行无障碍人体尺度的实际调研并完成《室内外无障碍环境调研及设计》扩展研究报告及设计。使学生在掌握建筑设计相关的基本功能尺度设计知识的同时，深入接触社会问题，增进对弱势群体的了解，了解学科前沿及社会发展趋势。

无障碍空间设计

一年级建筑初步作业

作业题目：无障碍空间设计

作业目的：体会和学习建筑设计以人为本的思维方法，建立以人为本的设计观念，提高观察和评价周围建筑空间环境的职业素质，了解无障碍设计的一般尺度数据，初步尝试建筑空间设计的要求与组织。

作业要求：由学生自选进行某一类空间的无障碍设计

阶段一，调研/资料收集

阶段二，讨论，教师指导

阶段三，方案设计，教师指导

阶段四，模型制作。

P1

无障碍空间设计

一年级建筑初步作业

作业题目：无障碍空间设计

作业目的：体会和学习建筑设计以人为本的思维方法，建立以人为本的设计观念，提高观察和评价周围建筑空间环境的职业素质，了解无障碍设计的一般尺度数据，初步尝试建筑空间设计的要求与组织。

作业要求：由学生自选进行某一类空间的无障碍设计

阶段一，调研/资料收集

阶段二，讨论，教师指导

阶段三，方案设计，教师指导

阶段四，模型制作。

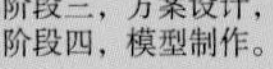

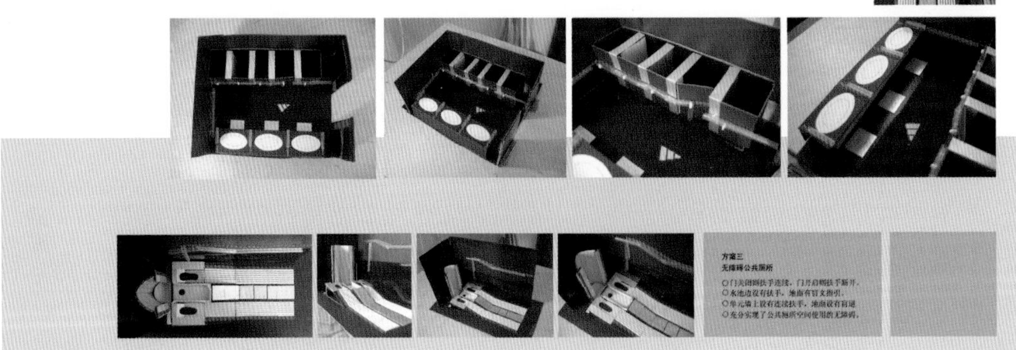

P2

7.5 设计基础：二维—三维转换研究——平面构成

7.5.1 题目1 建筑学专业教室平面设计

一、训练目的

1. 学习平面构成基本概念，在设计中实践点、线、面等构成基本要素的排列与组合，体会形式美的基本原则。

2. 学习二维平面和三维立体之间的关系。

3. 初步理解空间的概念，进一步认识设计中所涉及的空间使用需求、功能分区、人体尺度等概念。

二、作业要求

1. 对建筑学专业教室内的绘图桌、小储物柜、铁皮储物柜（可选）进行排列、组合，限定各种不同空间以满足学习、交流、绘图、休息等多种功能需求。

2. 图纸内容包括：平面图、局部轴测图或透视图、功能与空间分析图及简单文字说明、设计说明。

3. 单色，墨线完成。

4. 构图均衡美观，设计有一定的创新。

三、图纸规格及比例

2号绘图纸（594mm × 420mm）。

优秀作业　建筑学专业教室平面设计　设计者：曾睿之

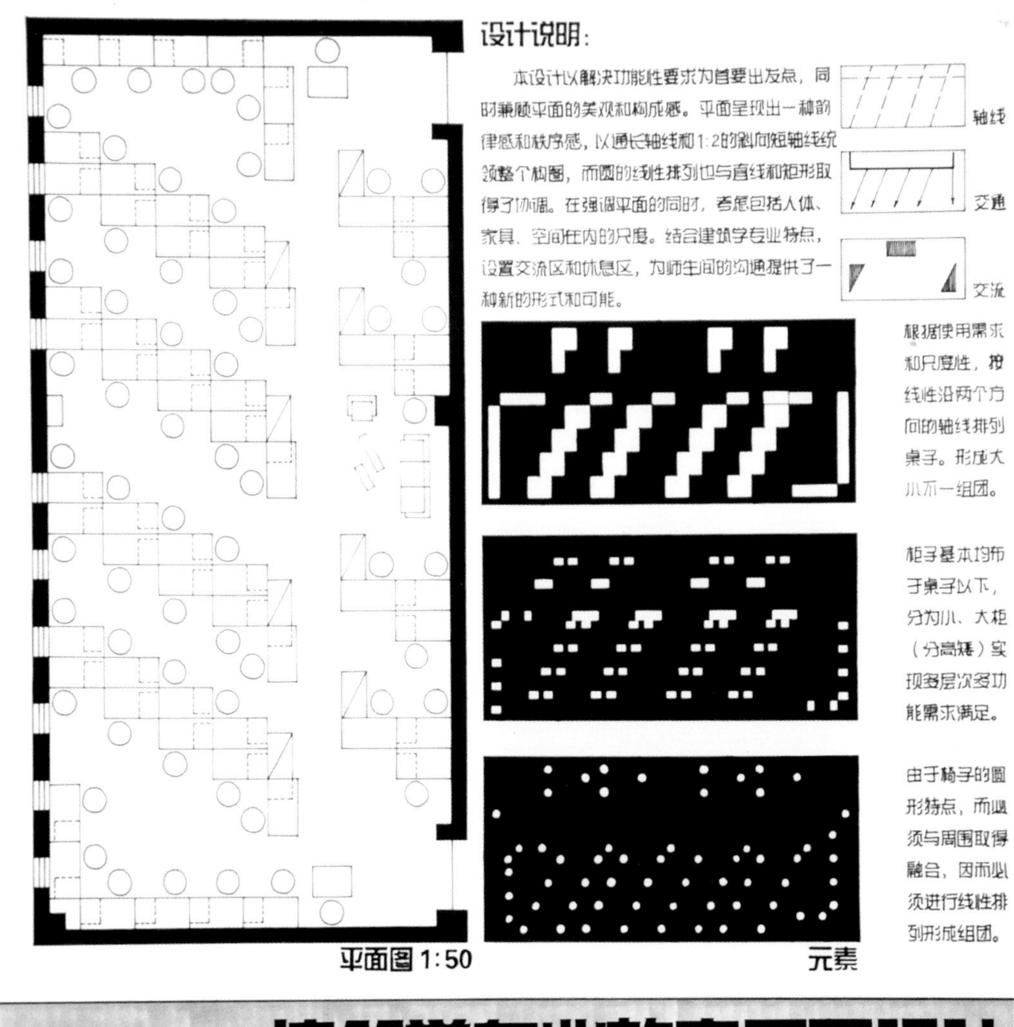

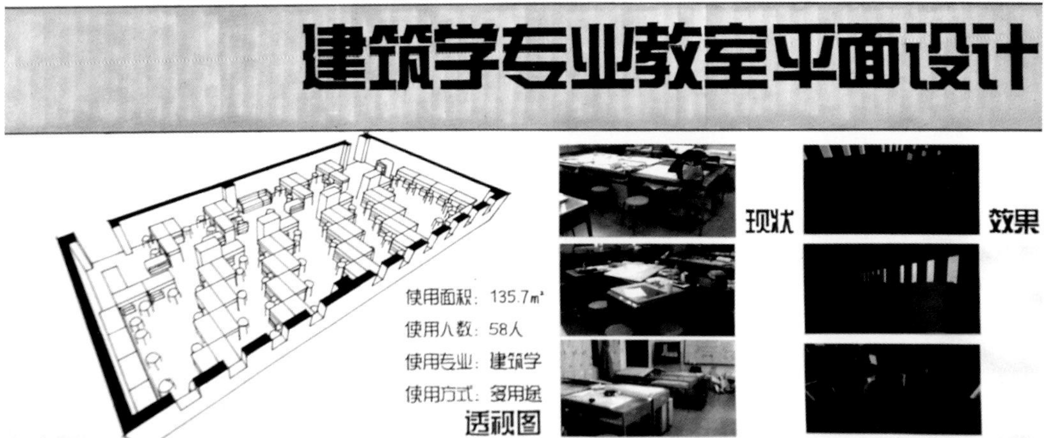

7.5.2 题目2 正方形切割组合

一、训练目的

通过练习掌握平面构成的基本形式和方法。

二、作业要求

1. 将8cm × 8cm大小的正方形分割成5~10部分。

2. 在16cm × 16cm面积内将上述5~10部分进行组合，组合形式不限，组合结果至少5种，不设上限。

3. 单色，用钢笔画技法中的线条绘制方法完成。

三、图纸规格

2号绘图纸（594mm × 420mm）。

优秀作业1　正方形切割组合　设计者：王浩

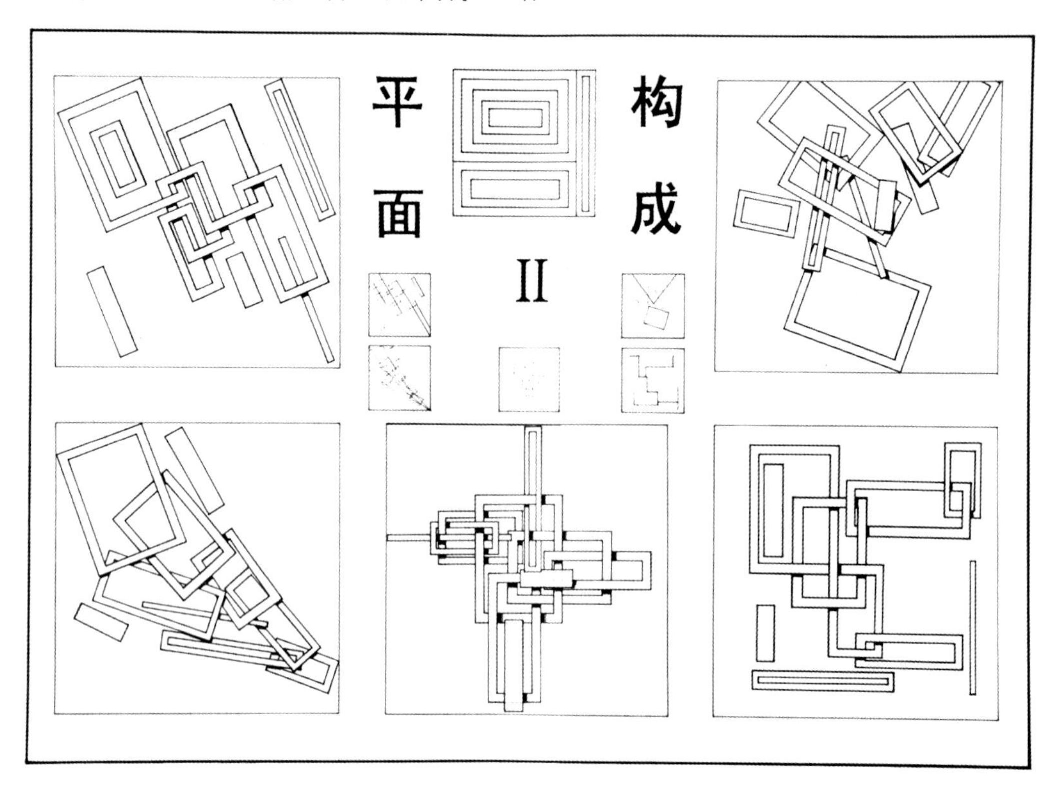

优秀作业2　正方形切割组合　设计者：安然

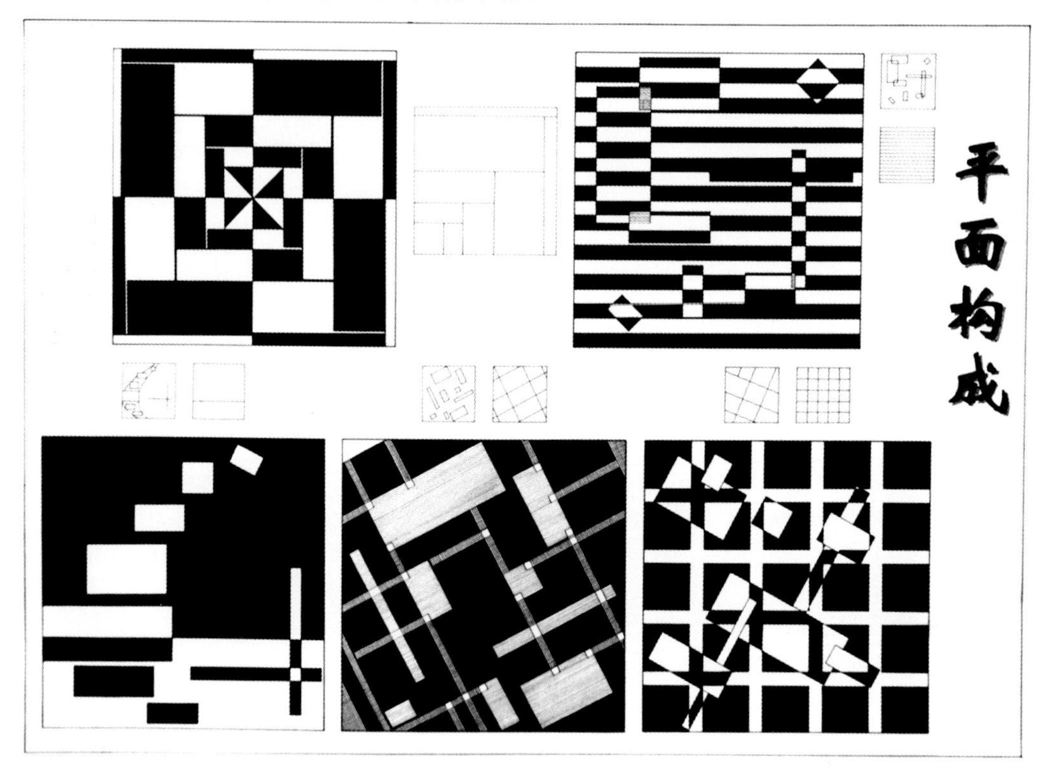

优秀作业3　正方形切割组合　设计者：吴建师

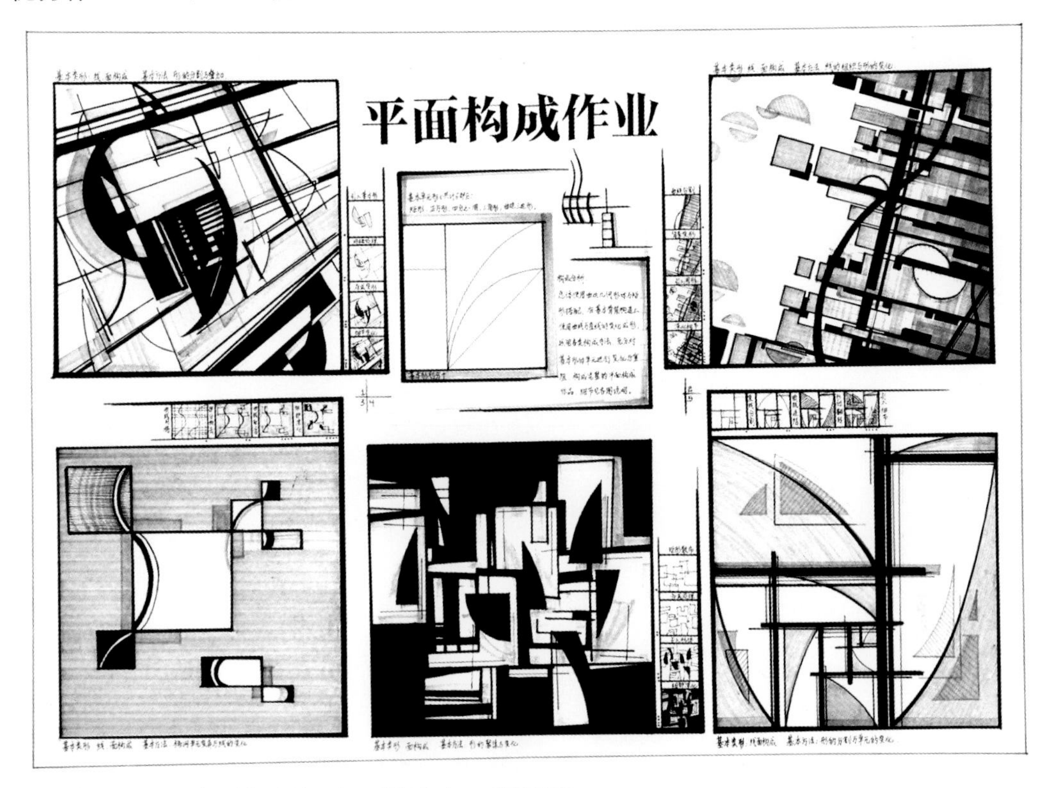

优秀作业4　正方形切割组合　设计者：瞿佩珊

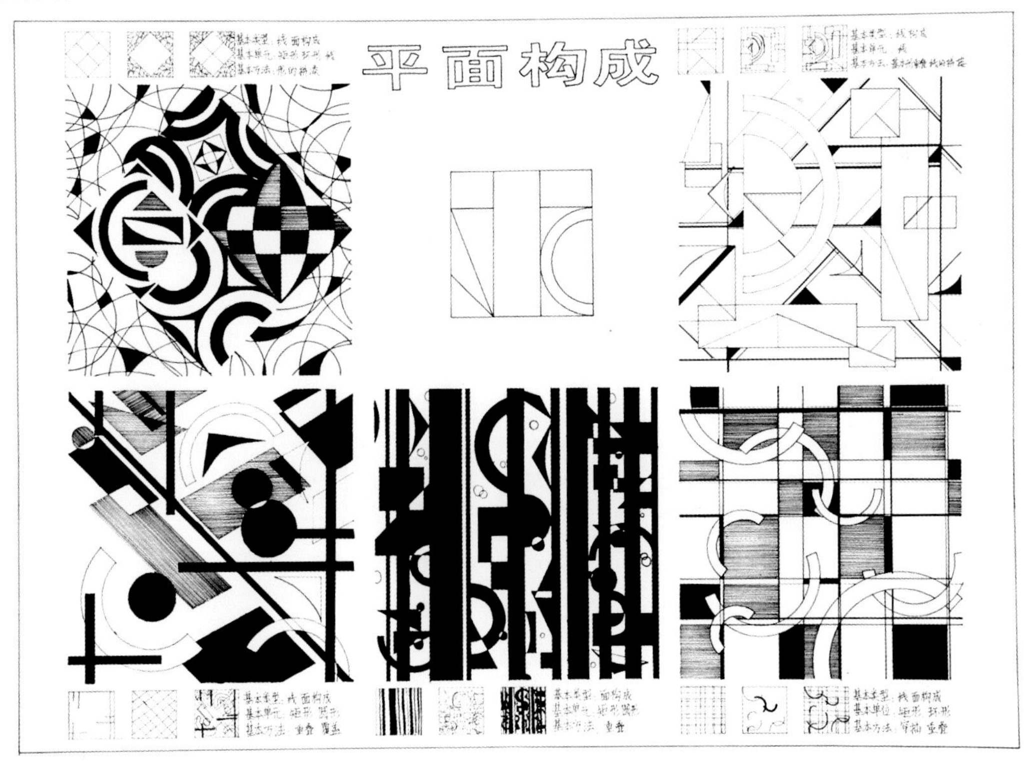

7.5.3 题目3 建筑平立面解析

一、作业目的

1. 依照平面构成原理对建筑的平面或立面进行分析。
2. 了解建筑设计和平面构成的关系。
3. 学习从构成角度分析建筑。

二、作业要求

1. 选择3~4个建筑（建筑群、城市）平面或立面进行抽象提取，做平面构成设计。
2. 单色，用墨线完成。
3. 构图均衡美观，设计有一定的创新。

三、图纸规格

2号绘图纸（594mm × 420mm）。

优秀作业1　建筑平立面解析　设计者：焦晓曦

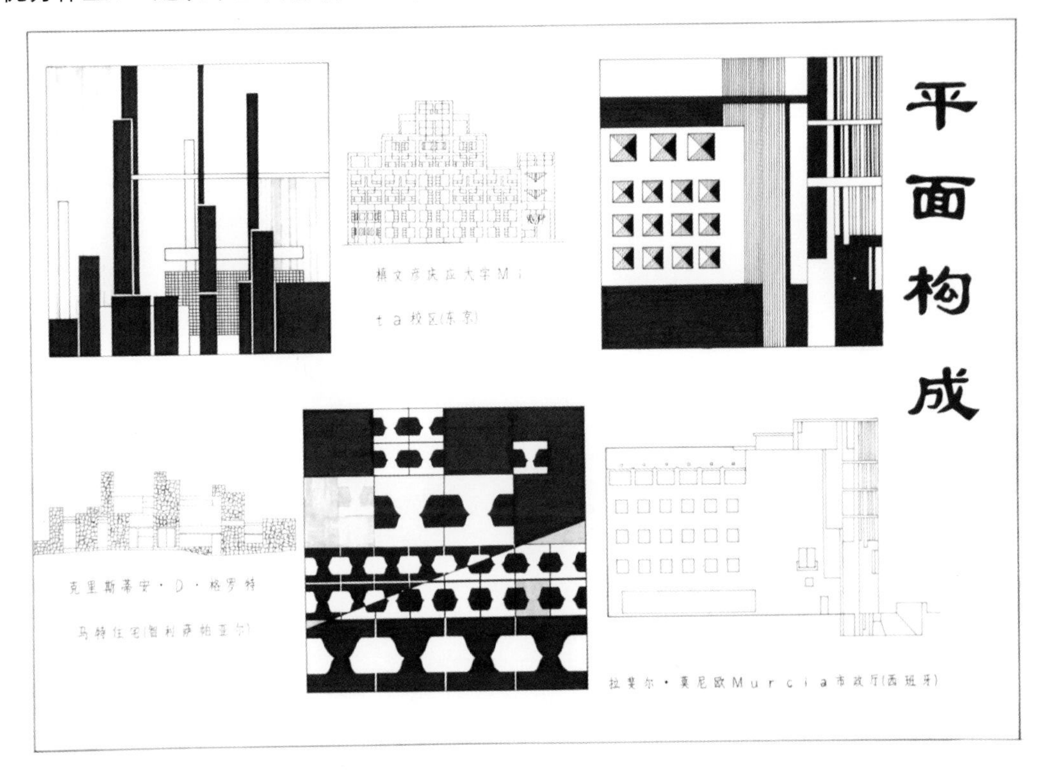

优秀作业2　建筑平立面解析　设计者：任柏欣

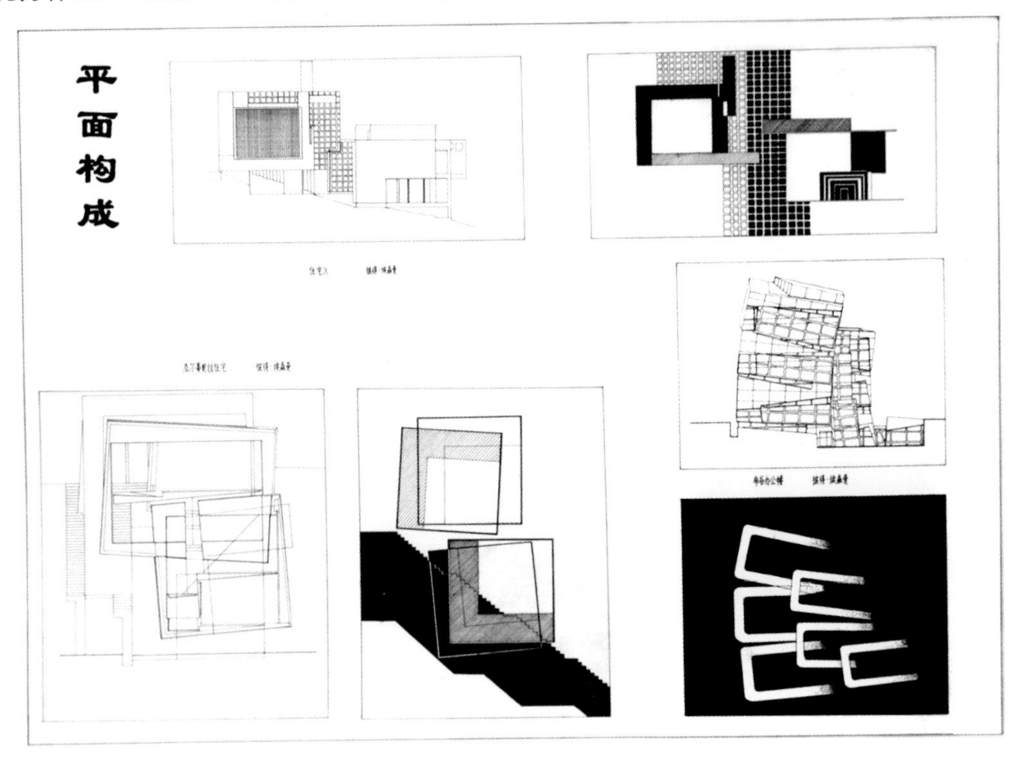

优秀作业3　建筑平立面解析　设计者：赵丹

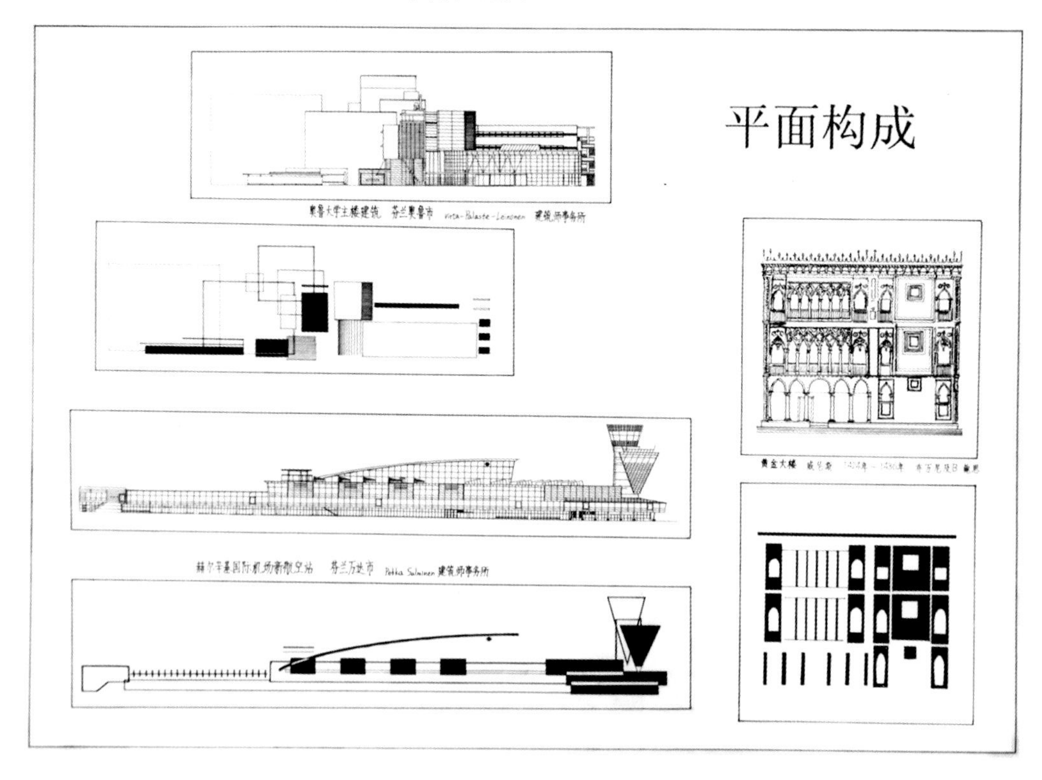

优秀作业4　建筑平立面解析　设计者：麦一凡

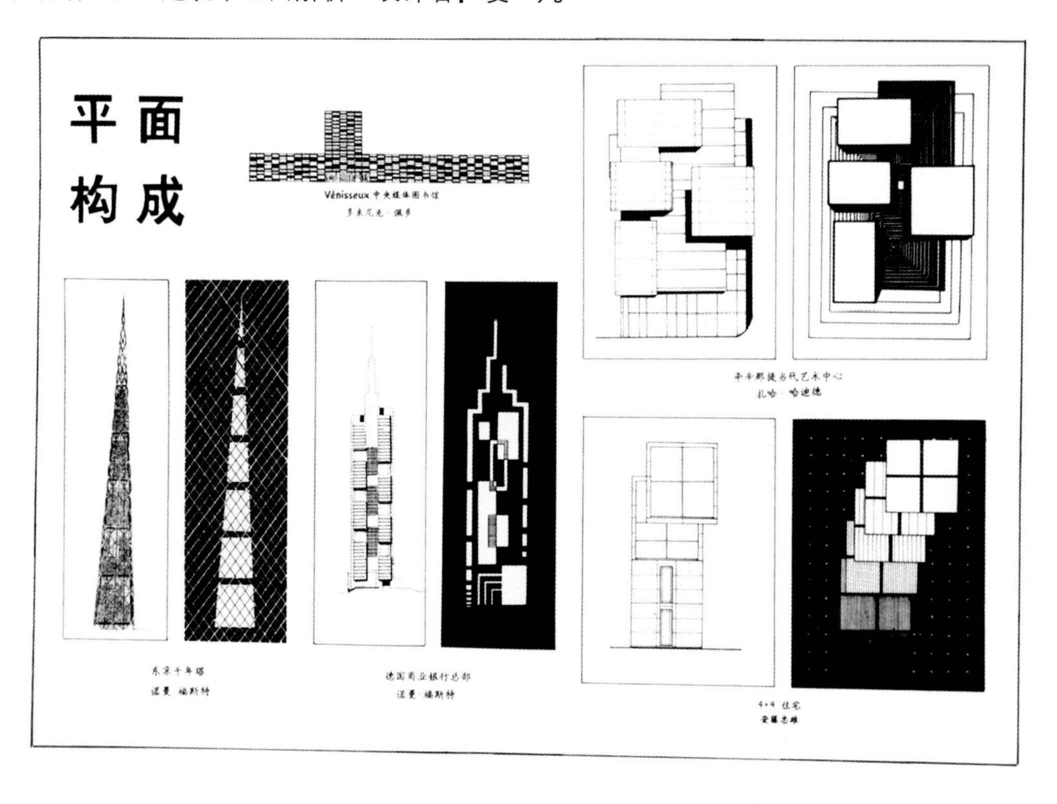

优秀作业5　建筑平立面解析

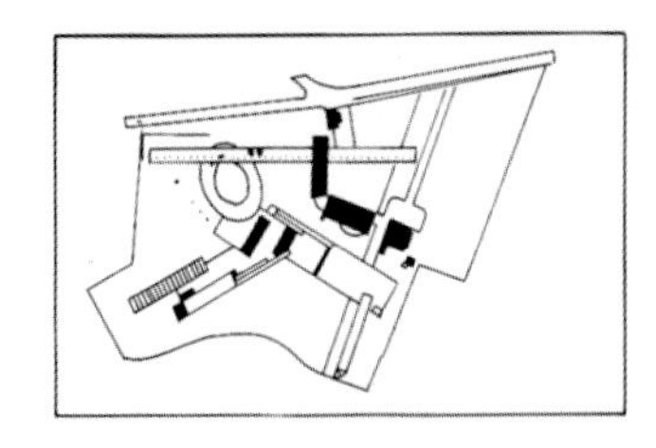

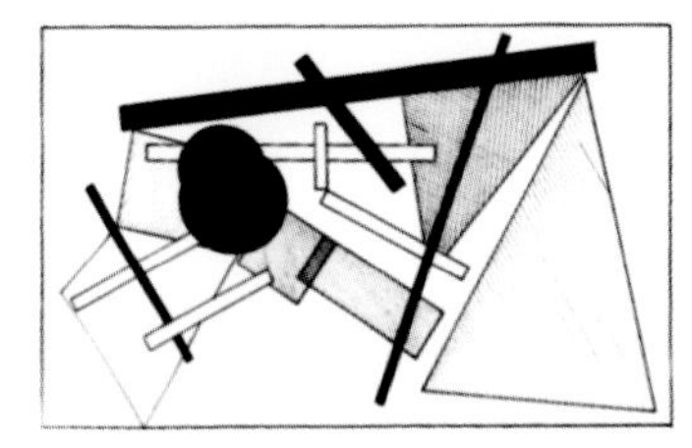

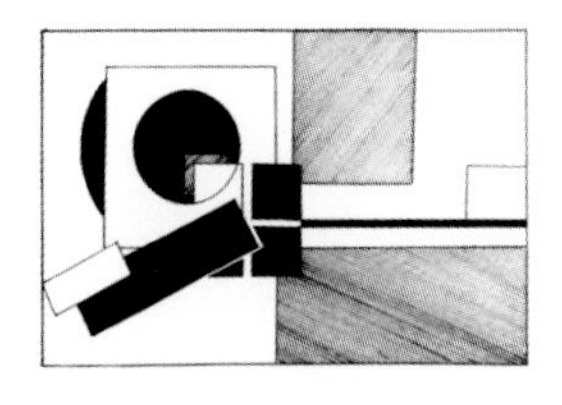

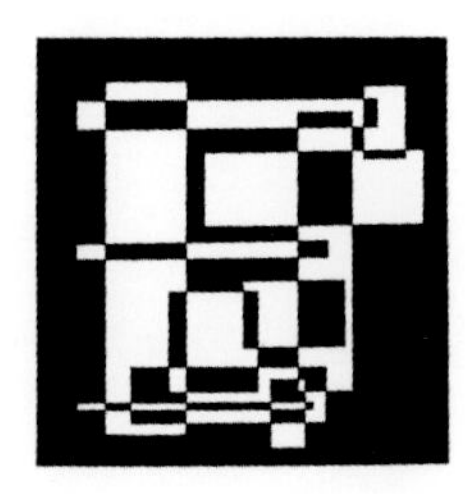

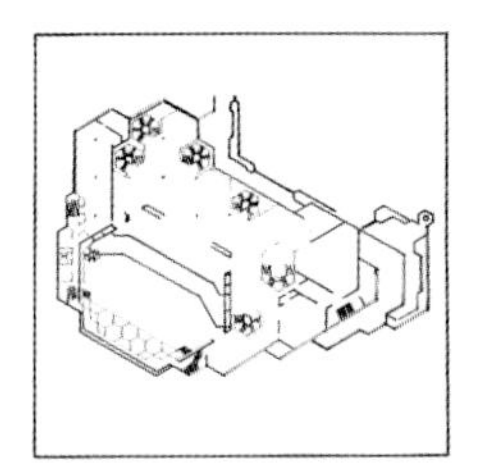

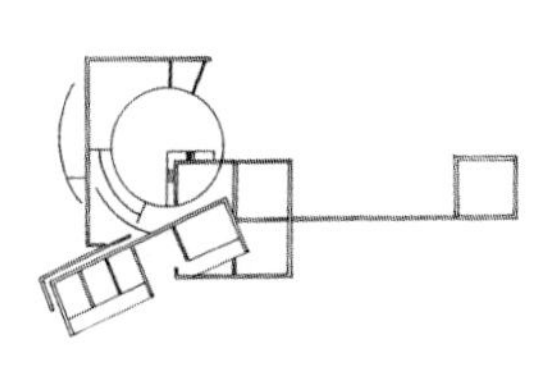

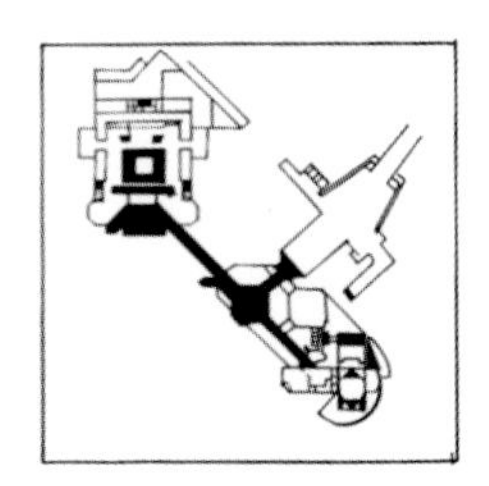

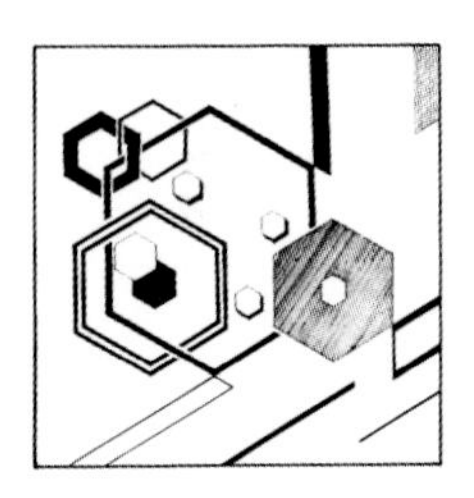

优秀作业6　建筑平立面解析

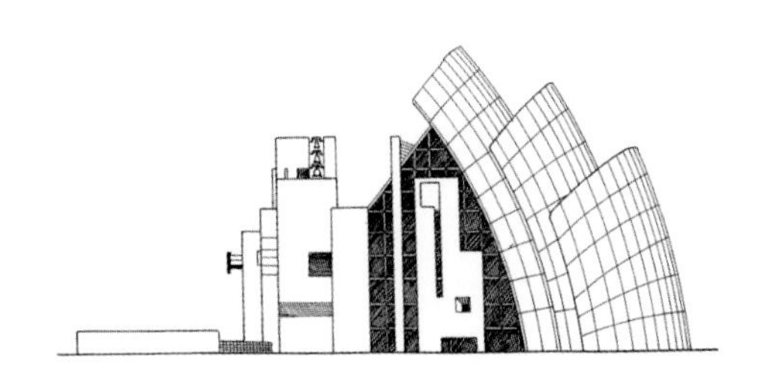

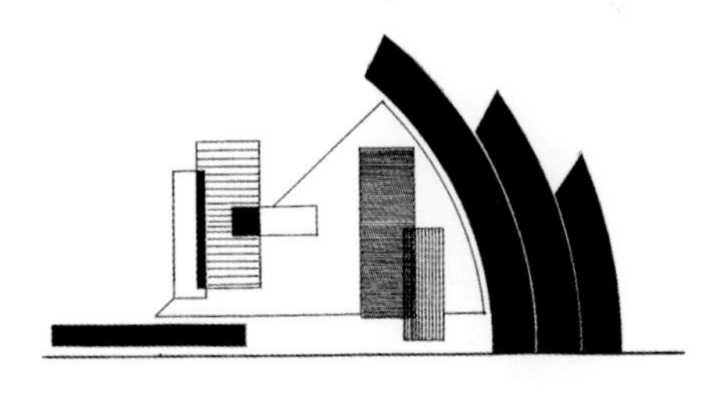

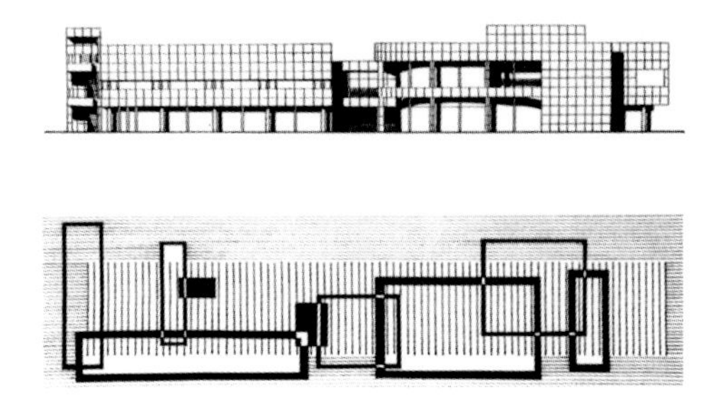

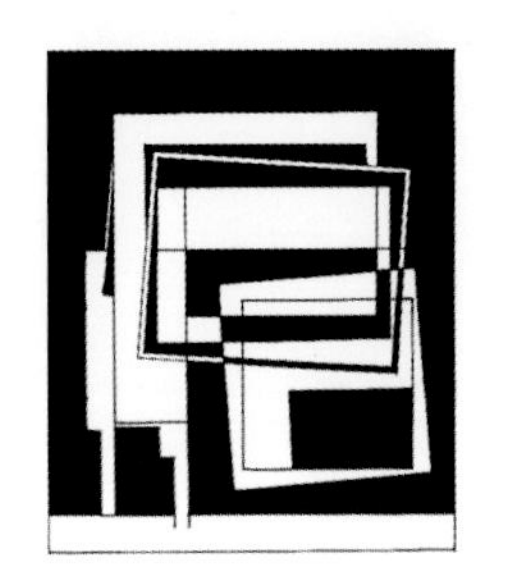

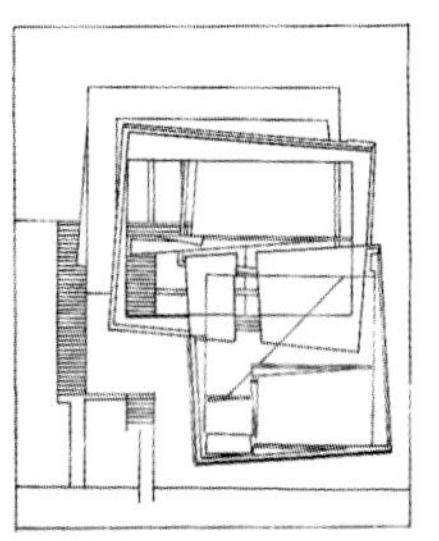

7.6 设计基础：二维—三维转换研究——立体构成

7.6.1 题目1 蒙德里安的盒子

一、作业题目

根据二维平面生成三维立体——蒙德里安的盒子。

二、训练目的

1. 培养三维空间思维能力。

2. 通过实践，掌握立体构成基本手法。

三、作业内容

根据蒙德里安的二维平面构成图形，发展生成一个20cm × 20cm × 20cm的三维空间立体构成。

四、作业要求

1. 研究一个方形平面网格如何转变为一个三维空间网格。

2. 综合运用点、线、面、体等立体构成基本元素，使空间网格在各个维度上，包括内部和外部形成和谐的整体。

五、作业成果

1. 外围尺寸是20cm × 20cm × 20cm的模型（材料不限）。

2. 图纸：

①平面图、立面图、透视图、分析图；

②模型照片（各个角度，不少于三张）；

③设计说明；

④3号绘图纸，墨线绘制。

优秀作业1　蒙德里安的盒子　设计者：李连娜

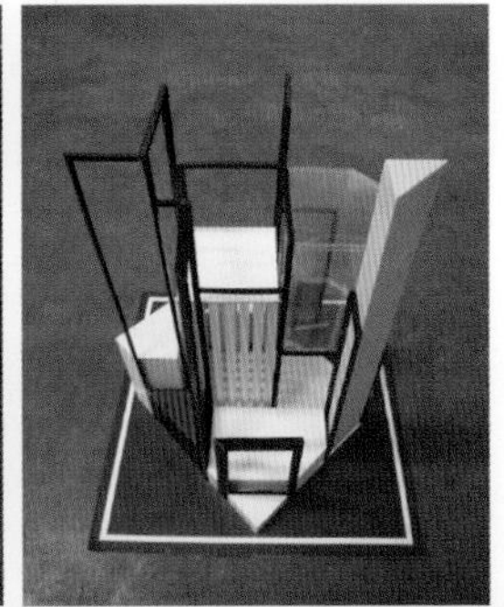

作业点评：

设计利用蒙德里安平面构图，在三维空间内综合运用线体/块体，实体/虚体的组合关系，并且合理处理色彩平衡。主体突出，体块关系均衡。

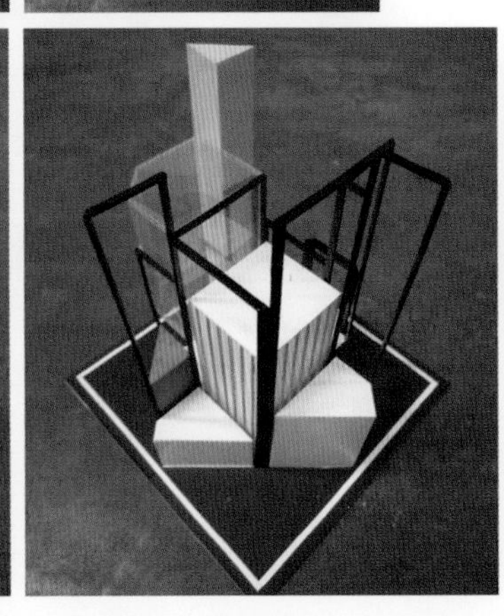

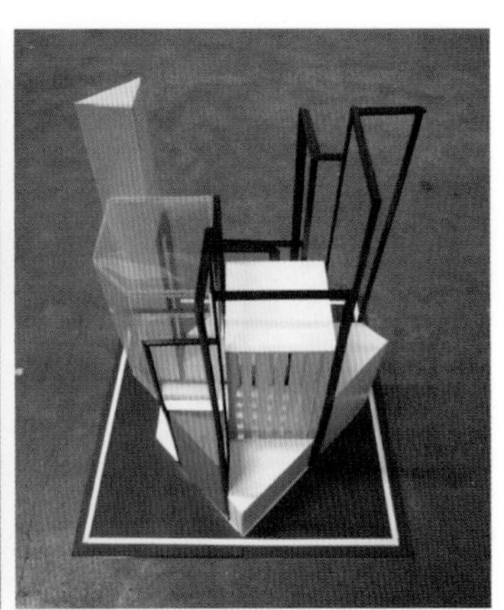

优秀作业2　蒙德里安的盒子　设计者：张翼南

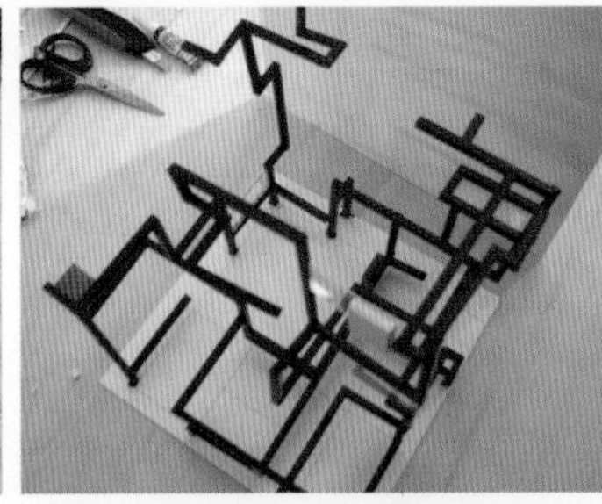

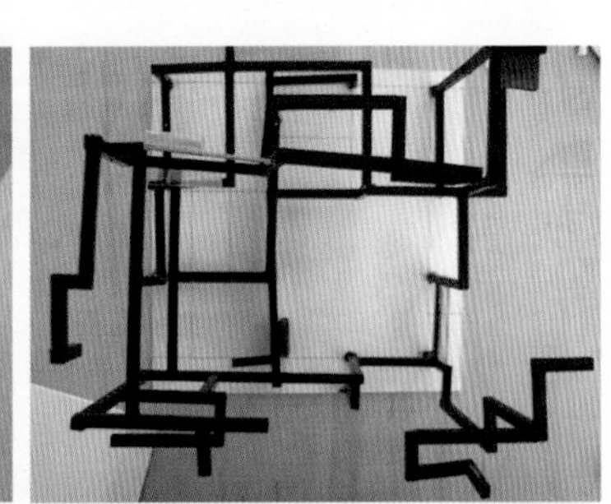

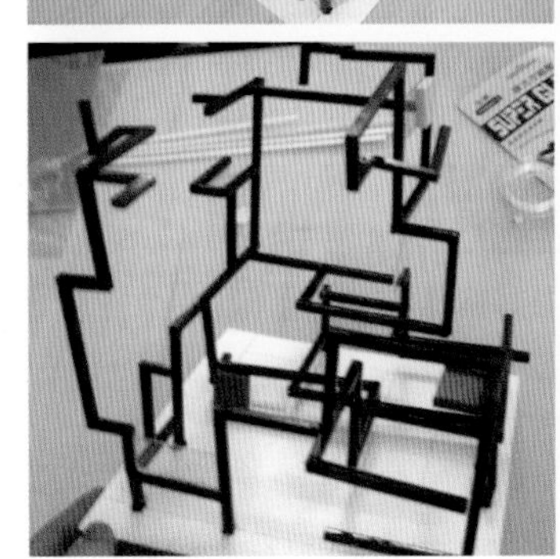

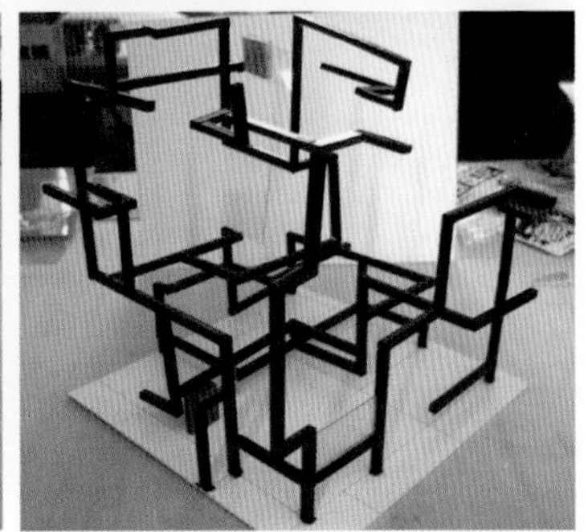

作业点评：

设计采用线体为主要元素，在三维立体空间各方向上表达虚空的蒙德里安平面构图，构思巧妙，形态统一，不足之处是结构不够稳定。

优秀作业3　蒙德里安的盒子　设计者：姜培新

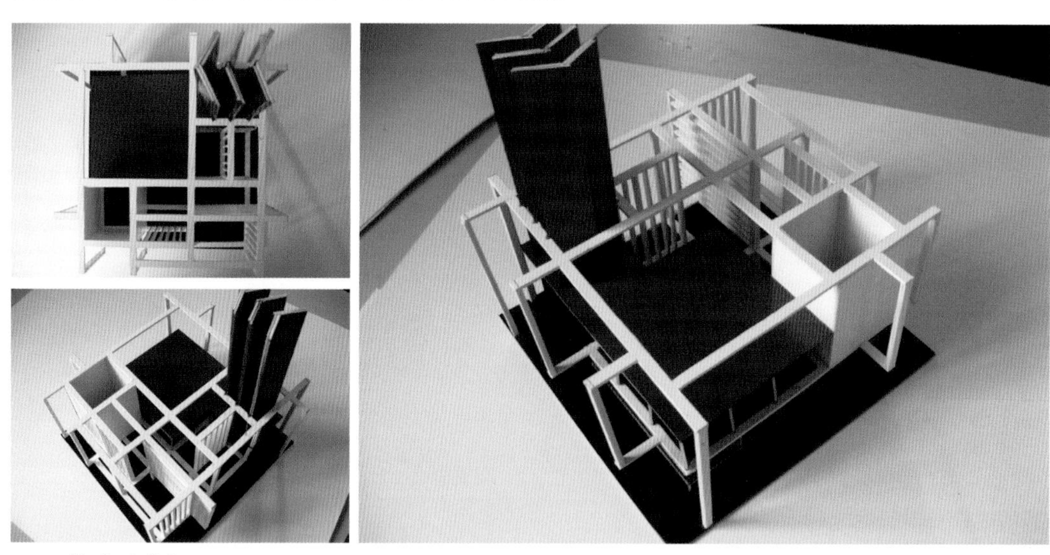

作业点评：

设计以线体和面体围合出不同的实体、虚体空间。构图完整，主体突出，颜色对比鲜明，结构稳定有力。

优秀作业4　蒙德里安的盒子　设计者：沈 远

作业点评：

设计在三维立体框架内，利用线体、面体等进行形体组合。主体采用阶梯式高度下降，主次关系明确，虚实处理平衡。

优秀作业5　蒙德里安的盒子　设计者：陈腾

作业点评：

设计以方形为基本元素，利用线体、面体、块体围合高低错落、虚实结合的三维立体空间。

优秀作业6　蒙德里安的盒子　设计者：马腾飞

作业点评：

设计将平面构成中的线巧妙上升不同高度构成主体框架，简洁明确，对比鲜明，体块关系均衡。

优秀作业7　蒙德里安的盒子　设计者：潘 硕

作业点评：

设计利用蒙德里安平面构图，三维空间简洁明确，虚实结合，主次分明，合理考虑体块均衡。

优秀作业8　蒙德里安的盒子　设计者：赵鑫磊

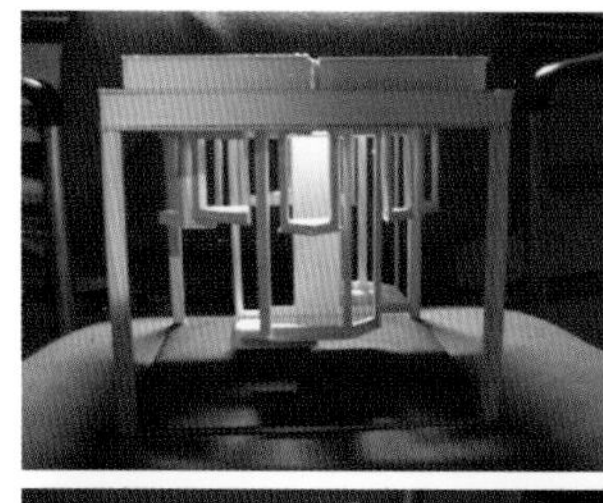

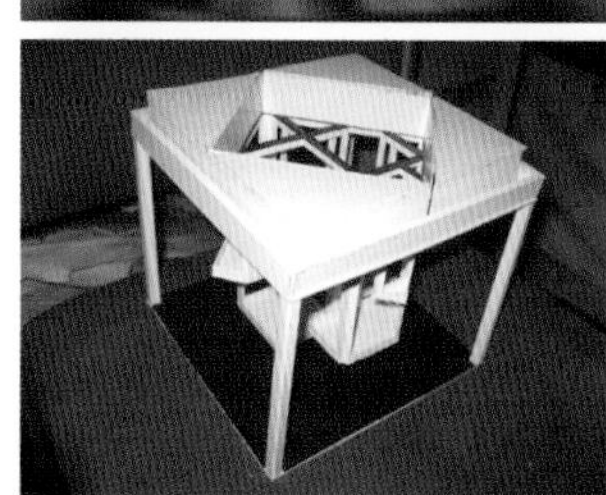

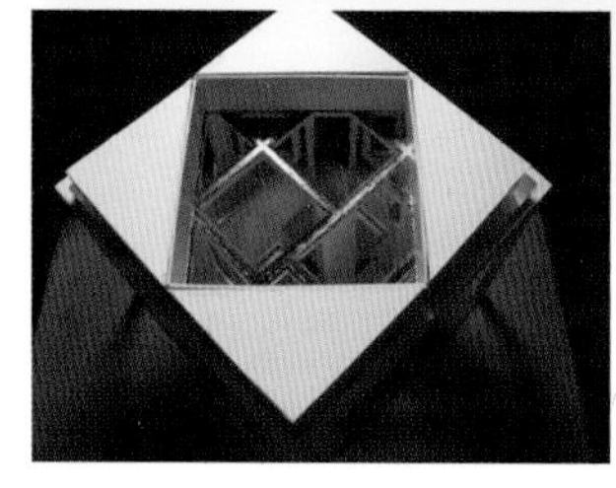

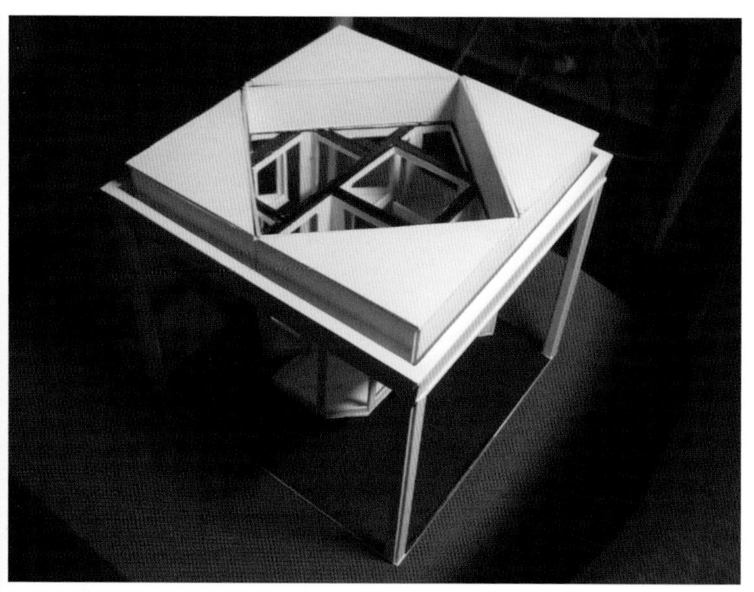

作业点评：

设计采用下凹的方式表达蒙德里安平面构图，构思巧妙。简洁明确，对比鲜明，体块关系均衡。

7.6.2 题目2 根据二维平面生成三维立体

一、训练目的

1. 培养三维空间思维能力。

2. 通过实践，掌握形态构成基本手法。

二、作业内容

从自己完成的平面构成作业中，选取一个平面图形作为构思原型，生成20cm × 20cm × 20cm的三维空间立体构成。

三、作业要求

1. 研究二维平面如何转变成为三维立体空间。

2. 综合运用点、线、面、体等立体构成基本元素，掌握形体构成的原则与方法，应注意各个角度及轮廓的美观均衡。

四、作业成果

1. 模型规格: 20cm × 20cm × 20cm

2. 图纸规格： 2号图纸

3. 图纸内容：

①顶视图、正视图、右（左）视图、后视图各1个；

②构思分析图若干；

③照片或透视图至少三张；

④相关说明文字。

优秀作业1　根据二维平面生成三维立体　设计者：王浩

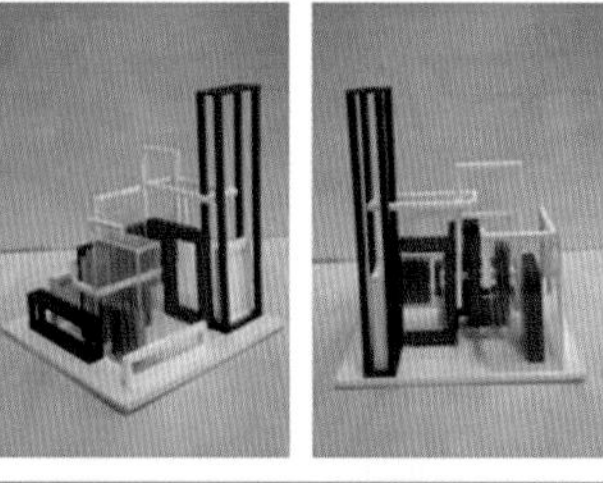

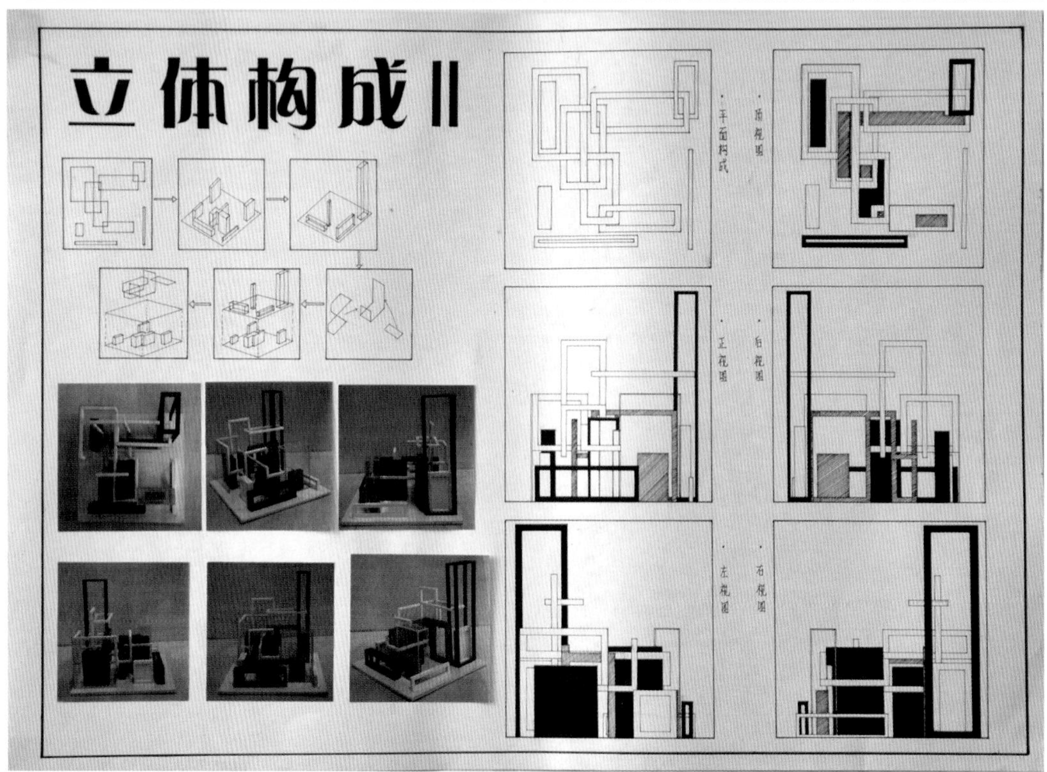

作业点评：

平面构成以矩形为主题，并在三维立体设计中以线、面、体等各种不同方式延续矩形主题，形态丰富，尺度合理。

优秀作业2　根据二维平面生成三维立体　设计者：吴建师

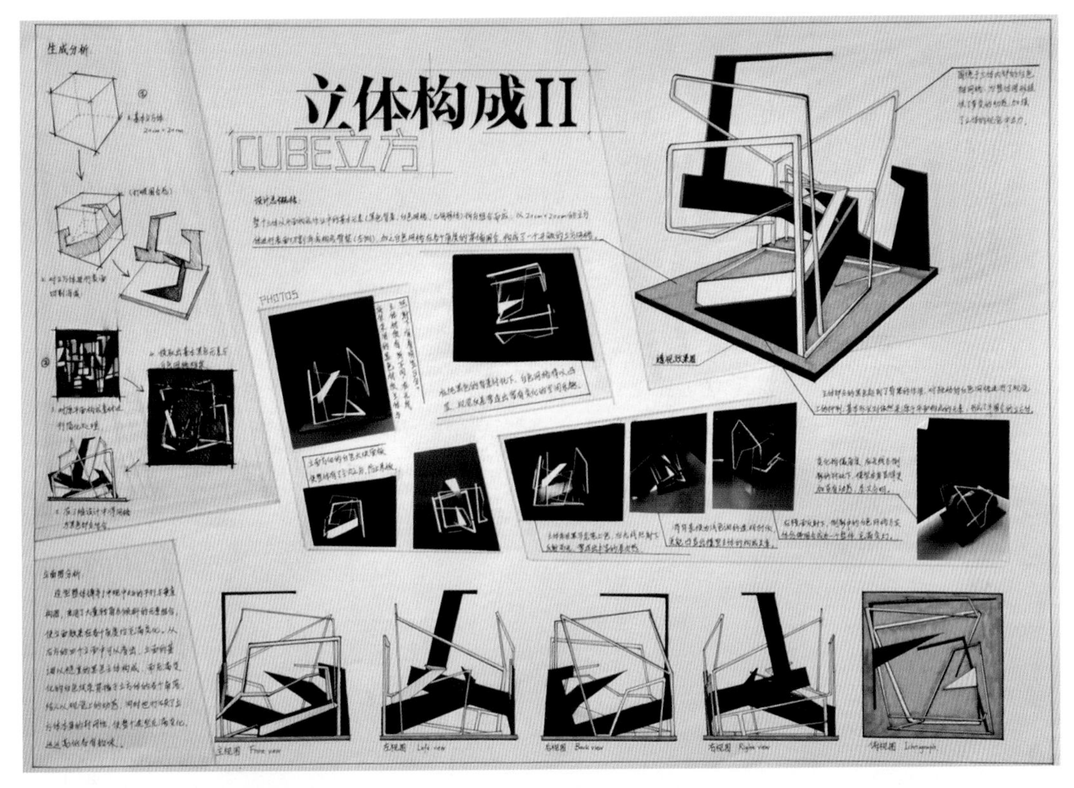

优秀作业3　根据二维平面生成三维立体　设计者：瞿晶

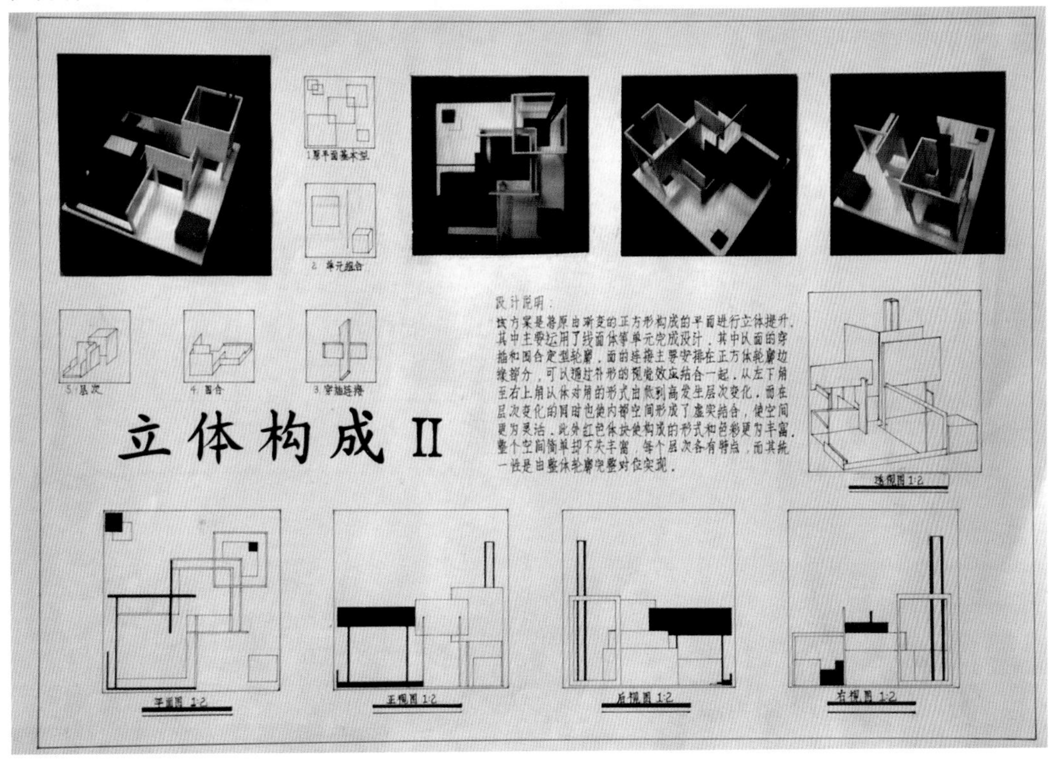

优秀作业4　根据二维平面生成三维立体　设计者：李子轩

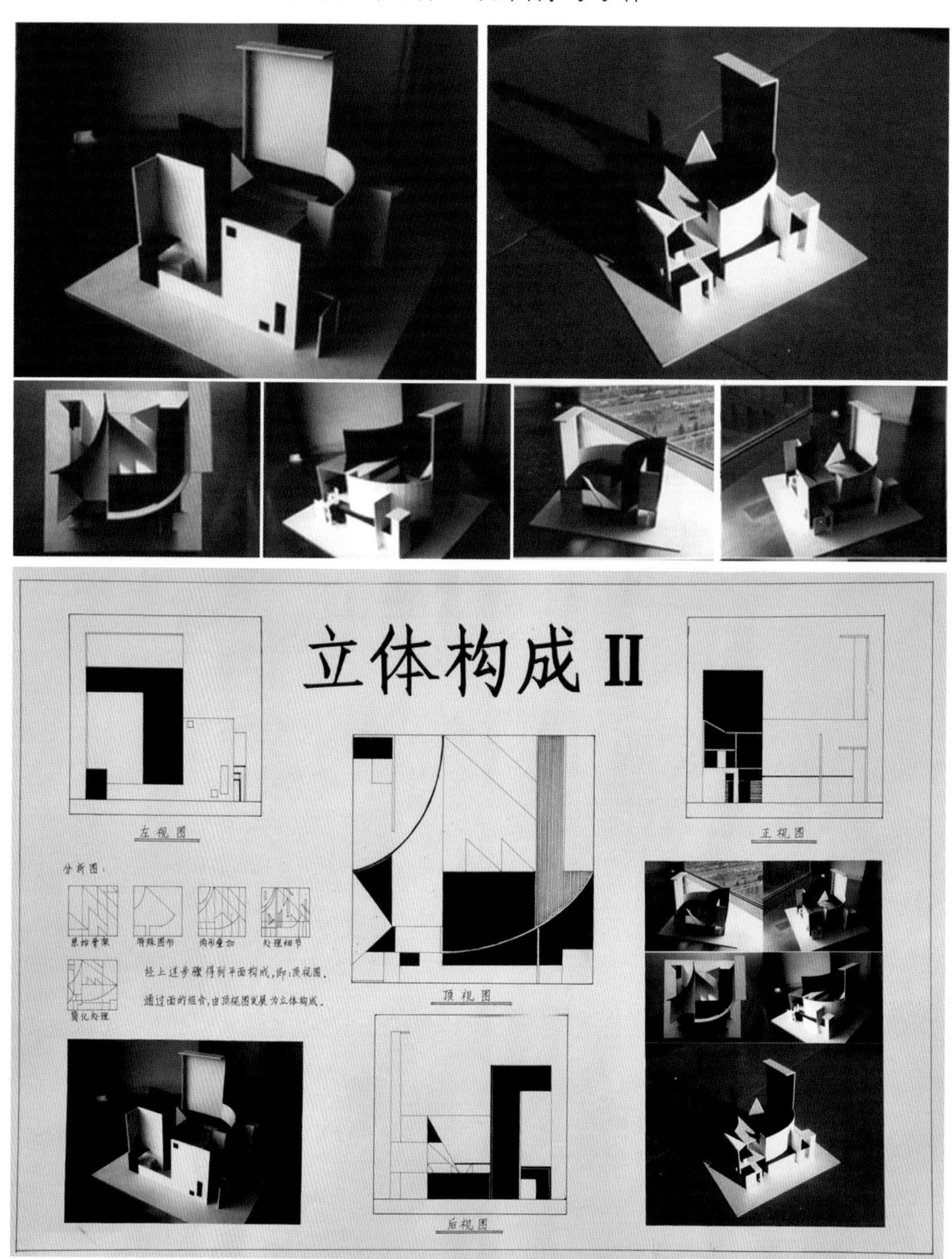

作业点评：

由线转化为面的组合，面与面之间围合出不同空间，生动有趣。

优秀作业5　根据二维平面生成三维立体　　设计者：张安琪

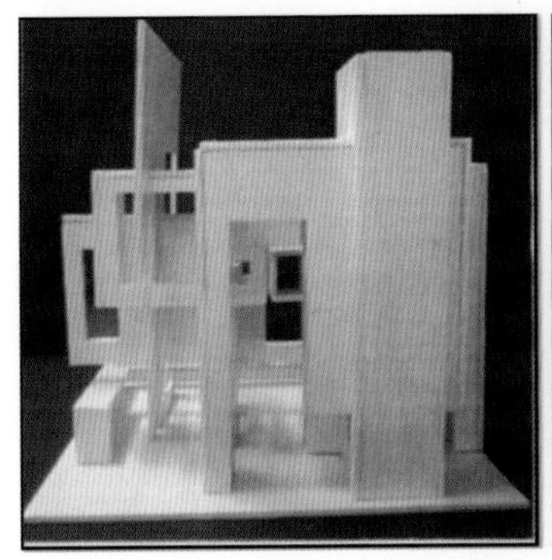

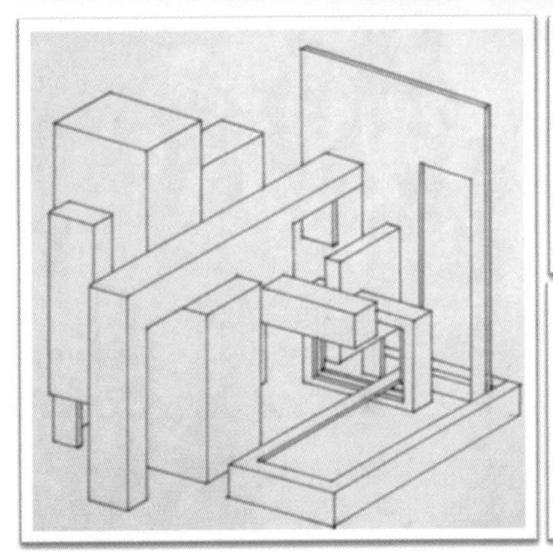

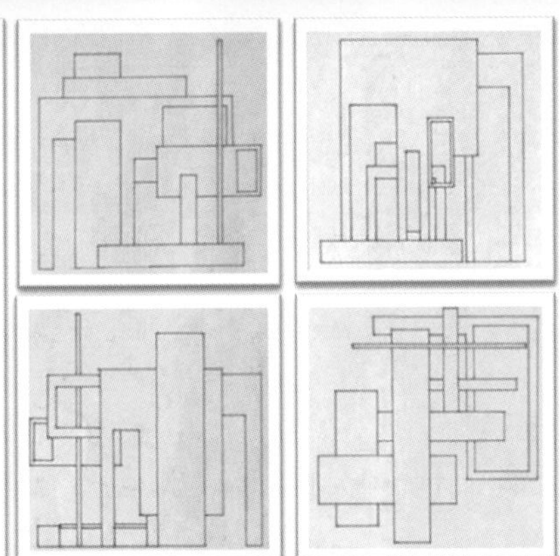

作业点评：

比例相似的各种形体互相穿插，疏密有致，变化丰富而不失整体感。

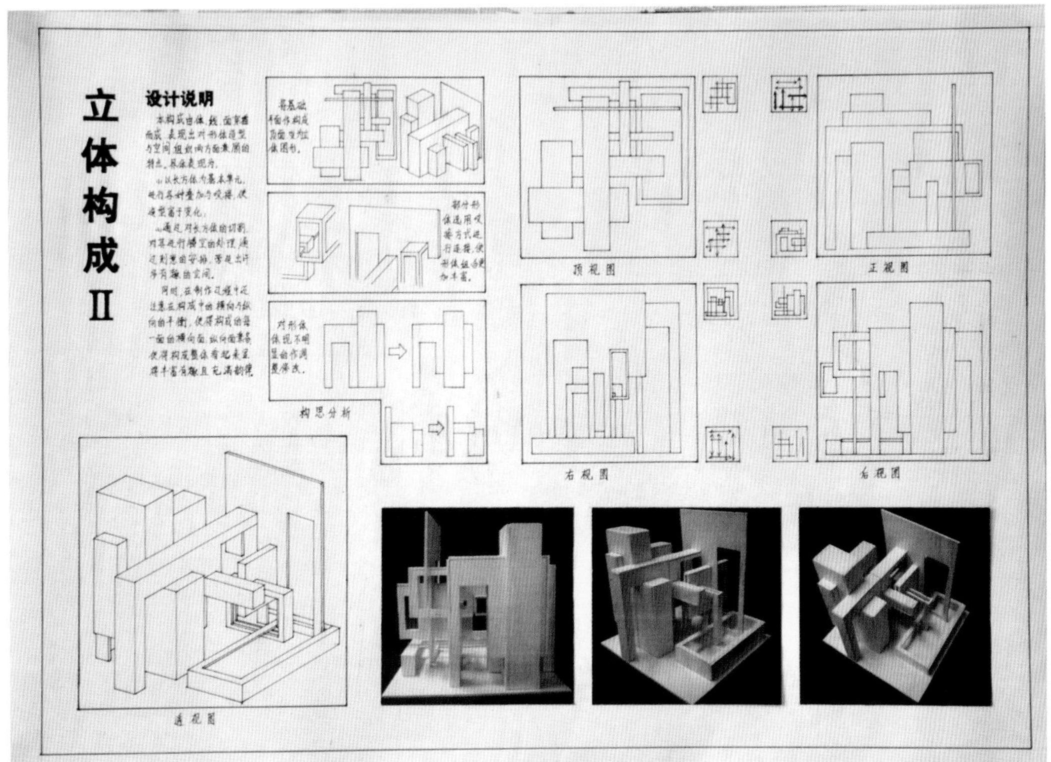

优秀作业6　根据二维平面生成三维立体　设计者：田玉轩

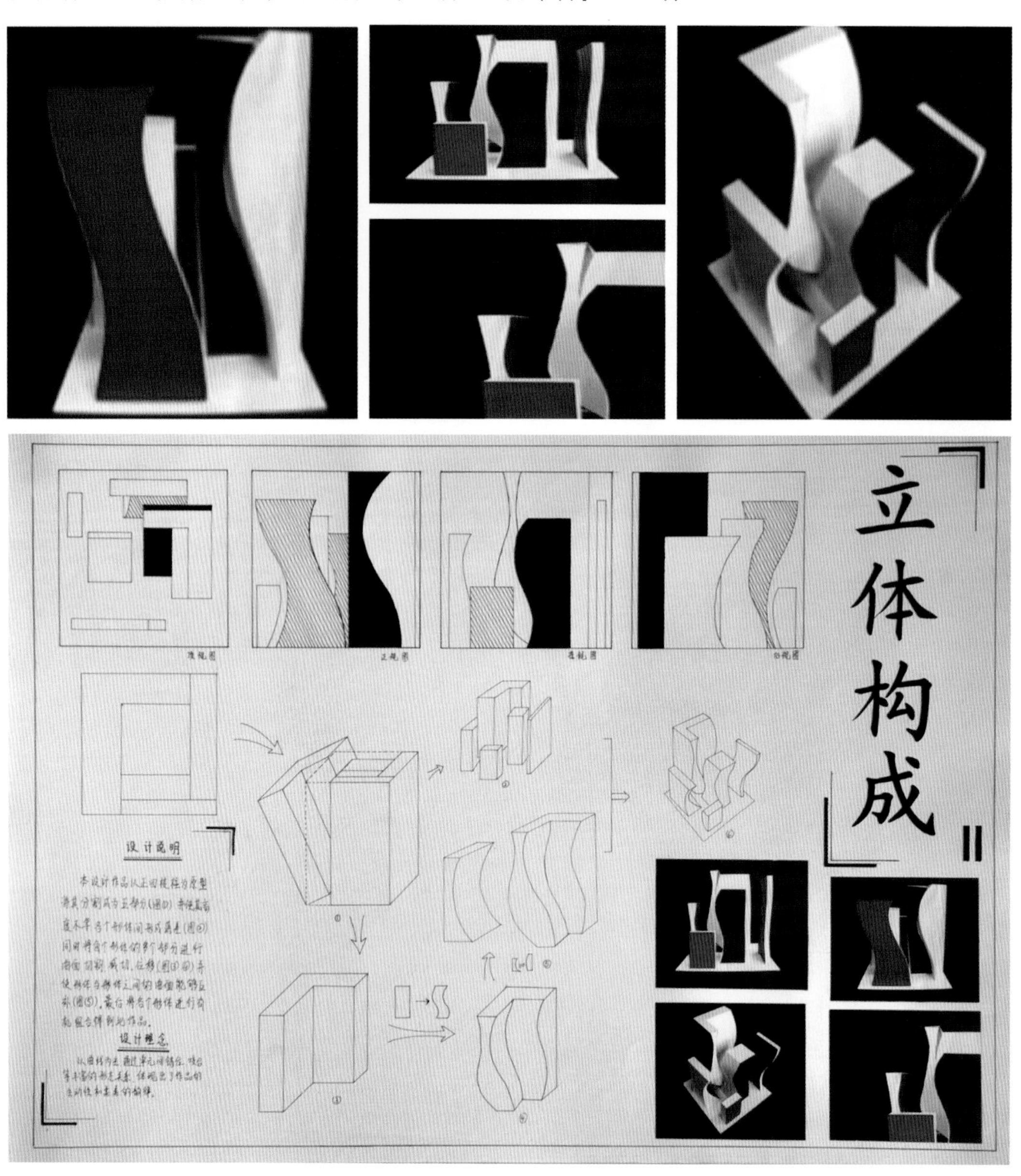

作业点评：

完整体块的切削分解，然后进行变形、重新组合，比例合适，形态流畅。

优秀作业7　根据二维平面生成三维立体　设计者：钱雪娜

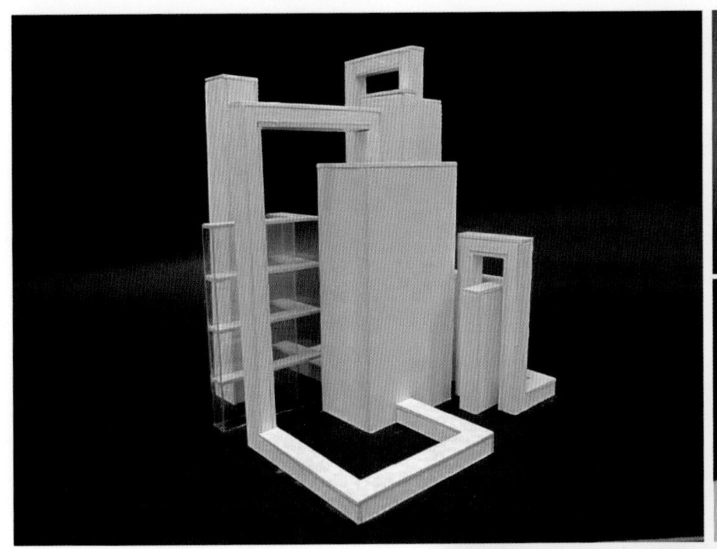

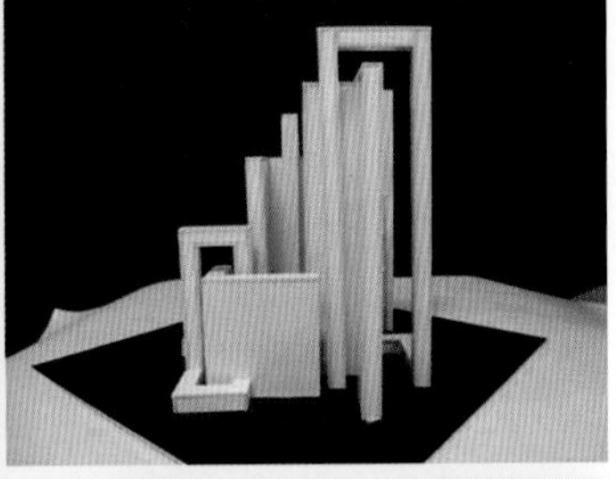

作业点评：

具有体量感的线和体块互相穿插组合，点缀以材质的变化，形成稳定而富有变化的整体形态。

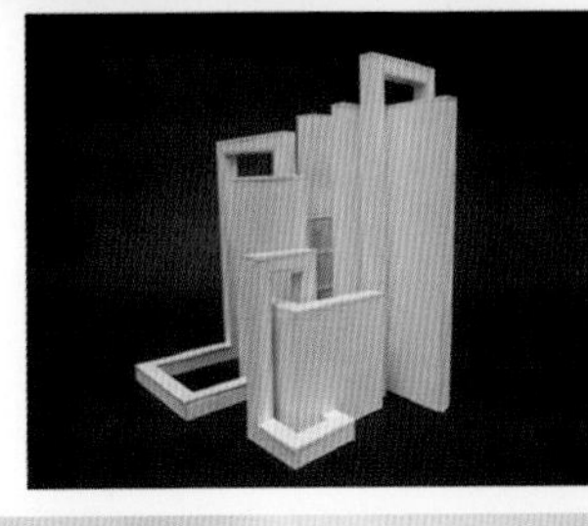

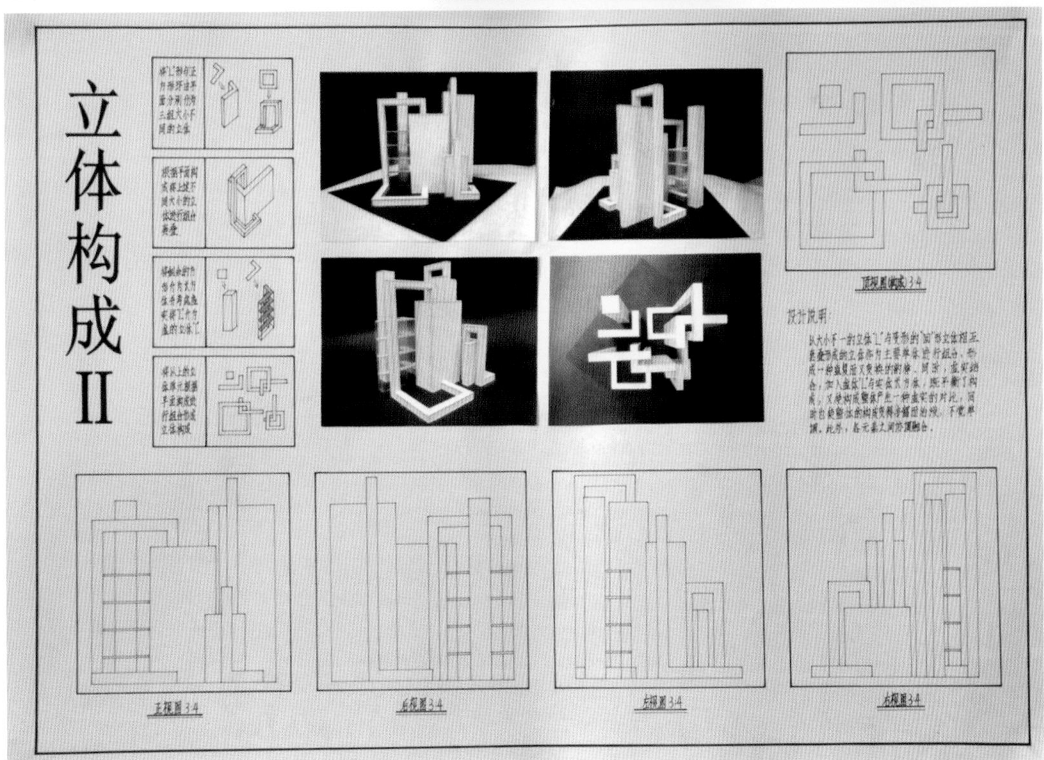

优秀作业8　根据二维平面生成三维立体　设计者：刘明飞

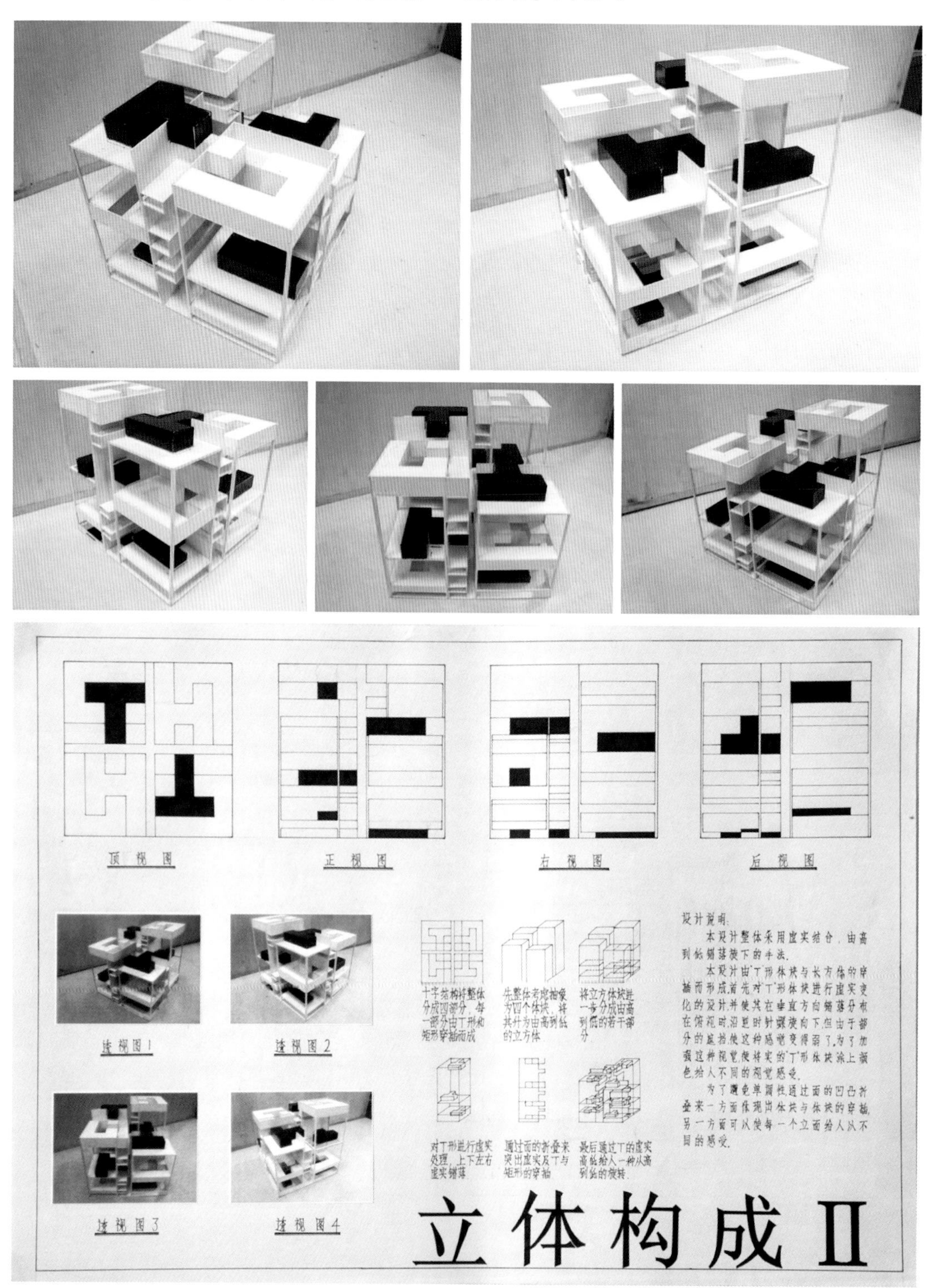

作业点评：

以四个完整体块为起点，进行切削，虚实结合，最后成果建筑感强烈。

7.6.3 题目3 形态构成

一、训练目的

1. 初步掌握设计思维方法。
2. 初步了解形式美的原则。
3. 初步了解形态构成的设计方法。
4. 初步建立二维-三维的平立转换关系。
5. 初步具备实体构成的实践操作能力。

二、作业内容

1. 选取实物进行认知观察、分析、提取，认识形式美的规律与原则。
2. 以实物观察为基础进行平面—立体构成抽象设计；并完成与建筑形态的关联分析。
3. 以上述成果为基础进行扩展研究：围绕形态进一步研究形态—主题、形态—功能、形态—结构、形态—材料等方面的关系，完成具有休息等功能的实体构成设计。

三、作业要求

1. 观察笔记（实物观察/调研/体验）

可以参考一下线索进行分析。

线索1基本要素：基本形——观察对象中可以分解的点、线、面、体。
真实尺寸——观察对象的真实尺寸及其与环境的比例关系（尺度）。

线索2骨骼结构：自然形态与结构——描绘观察对象的自然形态与结构。
受力方式与结构——了解内/外部力量与形态关系。
时间过程与结构——运动过程中的线性示意图。

线索3抽象提炼：试着把观察对象分解为几何形状，并表现出重量、宽度、位置、组合方式。

线索4感知体验：寻找能代表你所观察对象的诗歌、歌曲、绘画、建筑各一例，说明它们与观察对象之间的关联。

2. 平面构成（抽象构成方案设计/分析）

选取实物，运用所学习的观察方法，提炼基本形、结构骨骼、组合原则完成平面构成设计。

3. 立体构成（抽象构成方案设计/分析）

完成二维—三维的平面—立体生成过程分析，形态分析，构成（组合）方式分析，寻找与自己形态构成设计方案相关联的建筑实例进行关联分析。

4. 实体构成（实物模型设计/制作）

依据以上设计方法，从形态研究出发，完成具有休息等功能的实体构成，进一步考虑形态—设计主题、形态—功能、形态—结构、形态—材料等的相互关系，理解形态设计与设计其他相关方面的辩证统一关系。

四、作业成果

1. 图纸规格：1号图纸。

2. 图纸内容：观察笔记、平面构成及分析、立体构成及分析、实体构成模型照片及分析、相关说明文字。

3. 实物模型。

获奖作业1　形态构成　设计者：张重瑱

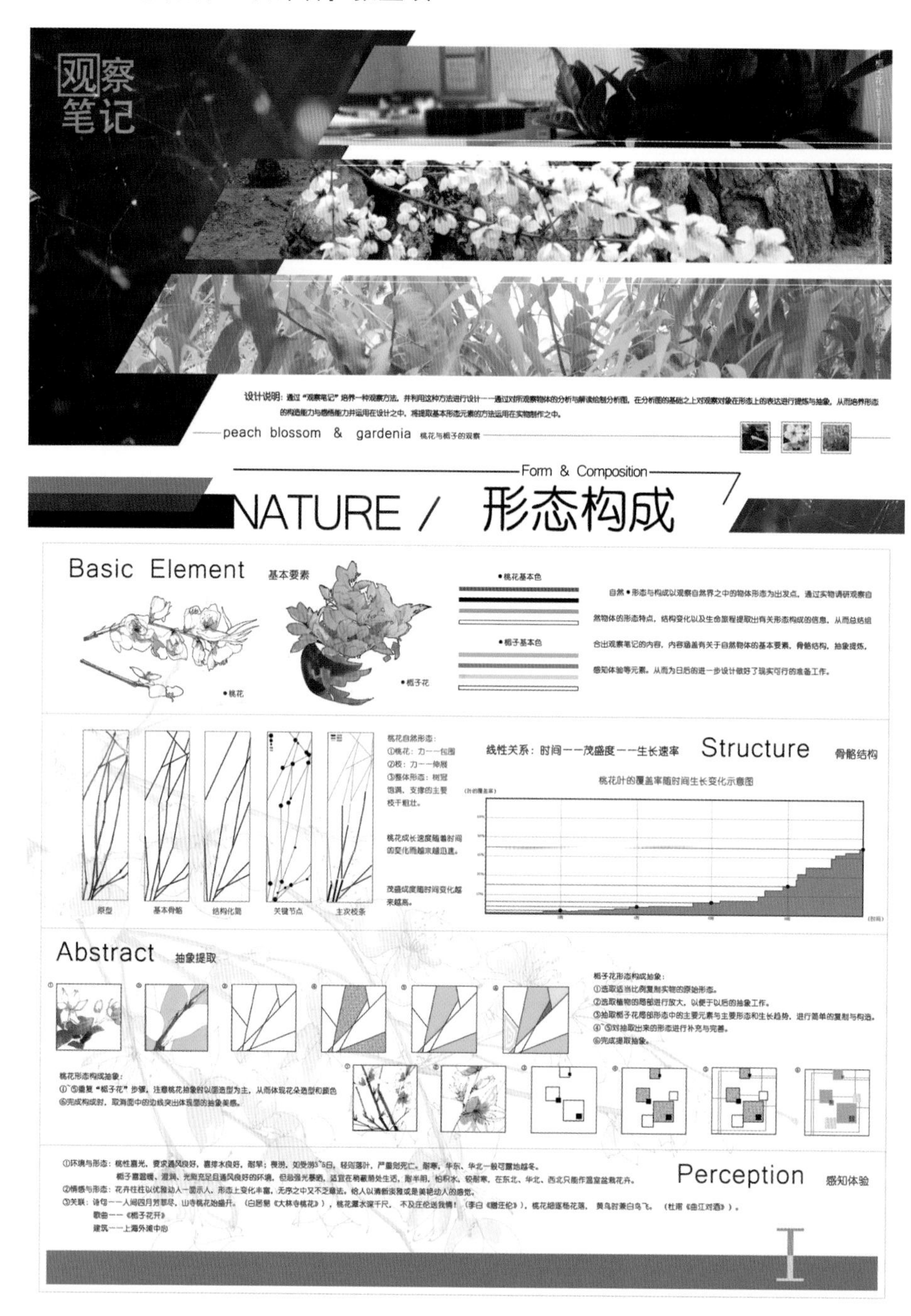

获奖作业1　形态构成　设计者：张重瑱（续）

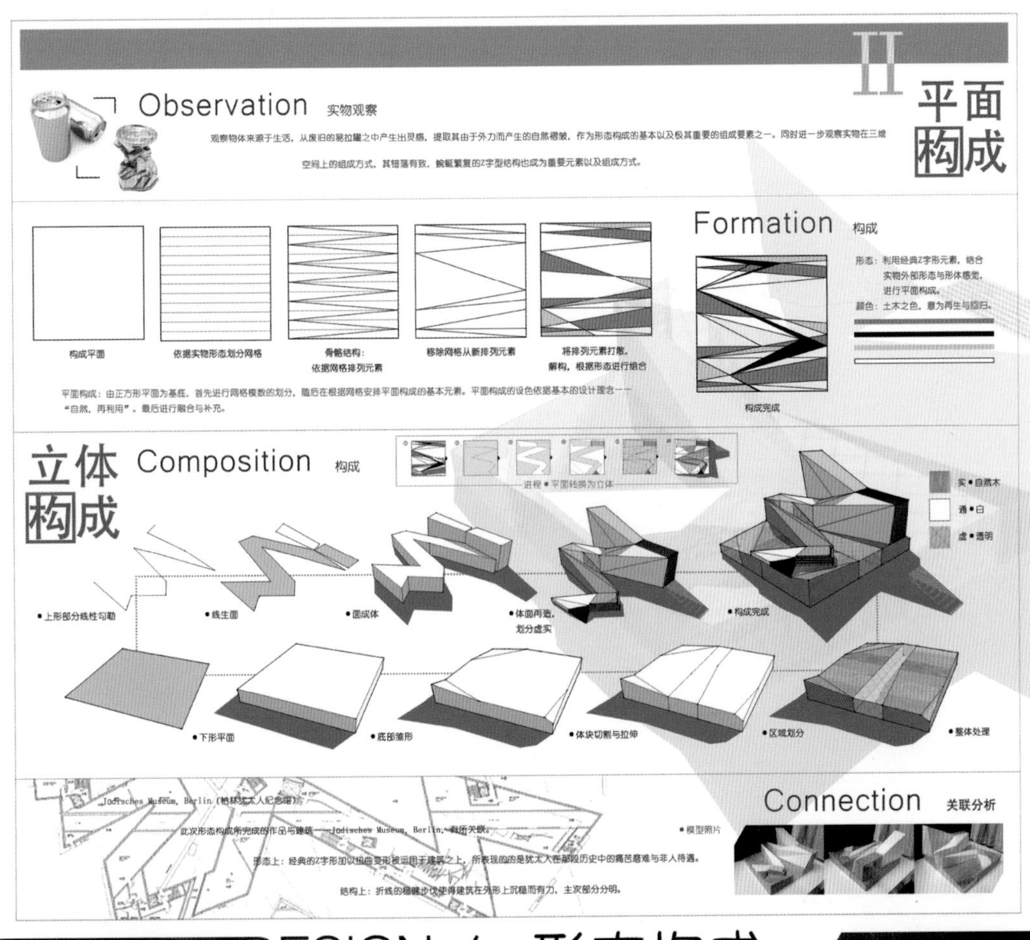

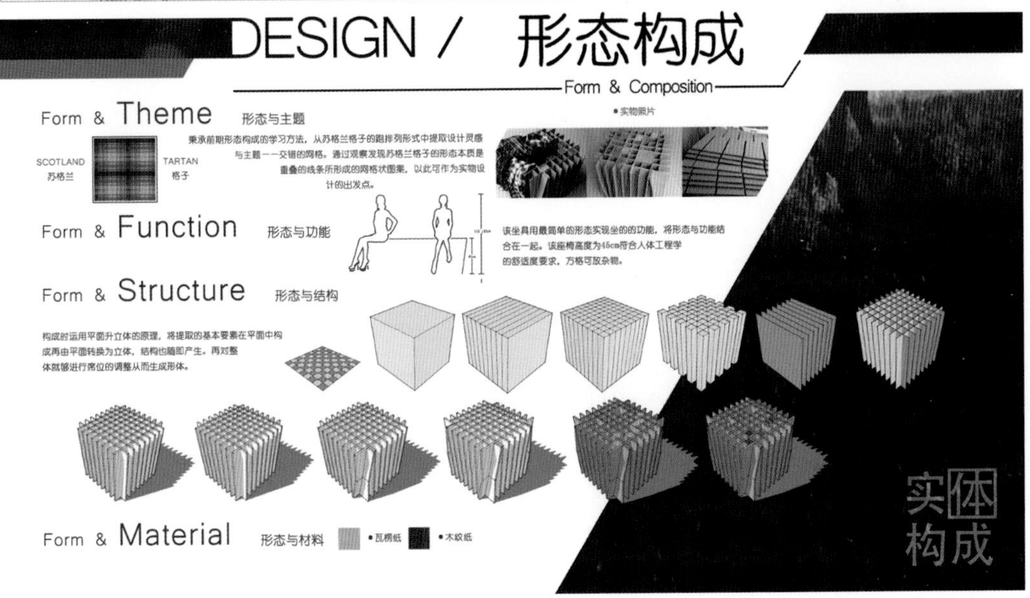

获奖作业2　形态构成　设计者：徐予知

形态构成 Ⅰ

FORM COMPOSITION Ⅰ

设计说明：

由观察实物菠萝入手研究，提炼出六角形的基本元素，抽象、延伸、拓展，表现在平面构成与立体构成中，将这个要素运用于实体构成，完成具有休息遮阳功能，尺度合理，形态富有韵律感的实物模型。

观察笔记

菠萝　提取六角形

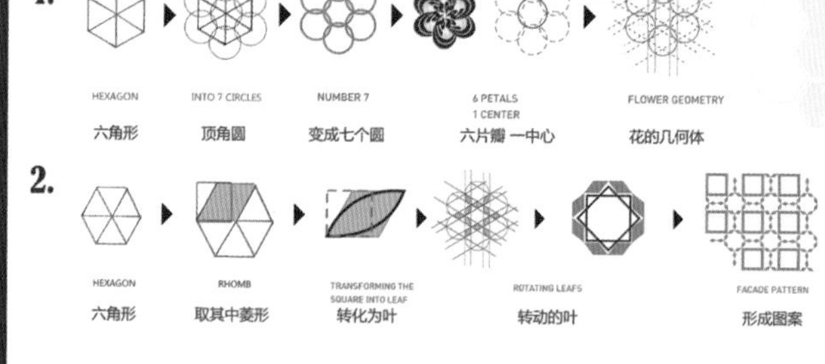

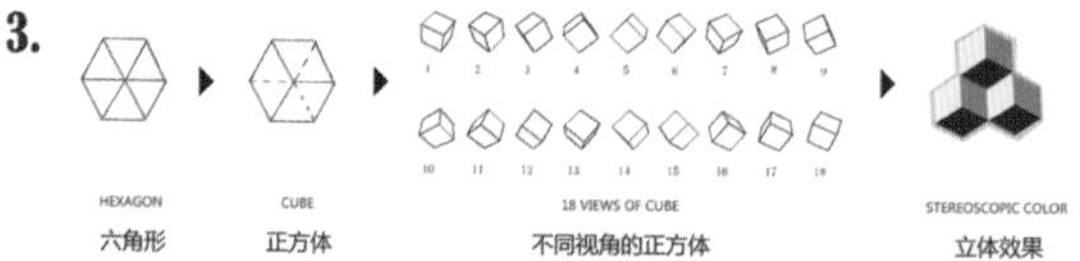

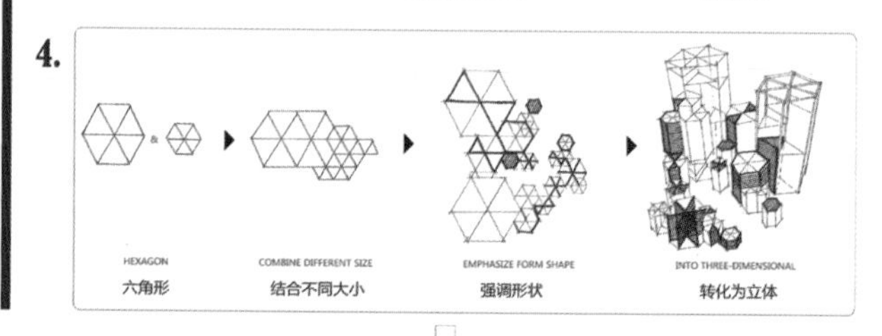

平面构成

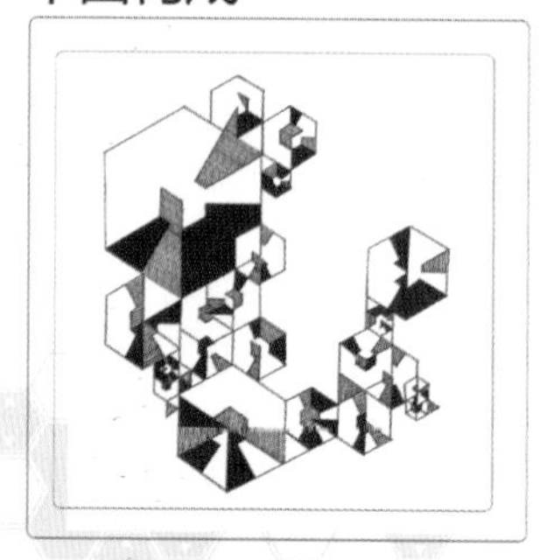

颜色 COLOR

尺寸 SIZE

建筑联想 ARCHITECTURE ASSOCIATION

立体构成

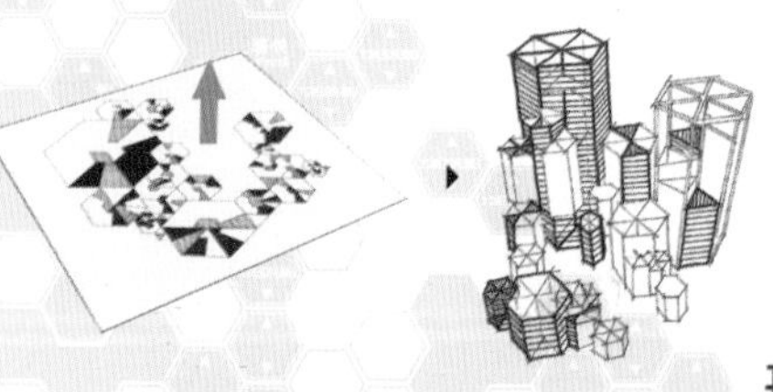

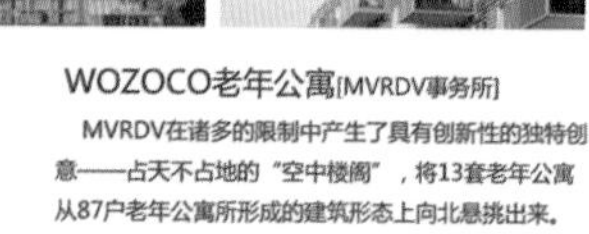

WOZOCO老年公寓[MVRDV事务所]

MVRDV在诸多的限制中产生了具有创新性的独特创意——占天不占地的“空中楼阁”，将13套老年公寓从87户老年公寓所形成的建筑形态上向北悬挑出来。

MVRDV的方案呈现清晰的策略，通过木质建筑外表皮，留下简单的建筑轮廓，并为其重新添加内容，同时前后拉伸形成抽屉般的空间。

立体构成的设计就如同WOZOCO老年公寓的抽象，高低错落，富有秩序感，由小生大，形成一个整体。

形态构成Ⅰ　FORM COMPOSITION Ⅰ

获奖作业2 形态构成 设计者：徐予知（续）

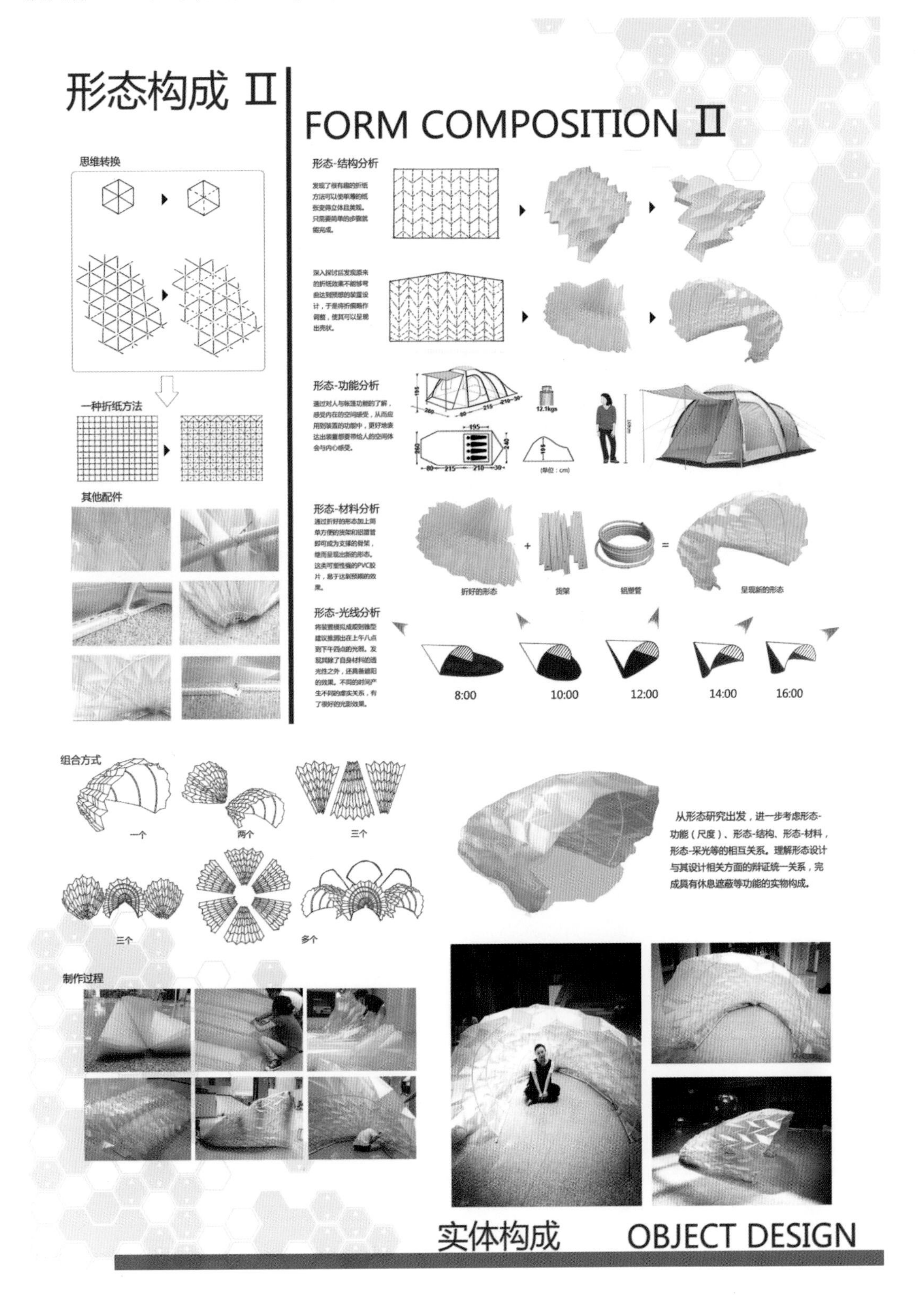

获奖作业3　形态构成　设计者：殷楚红

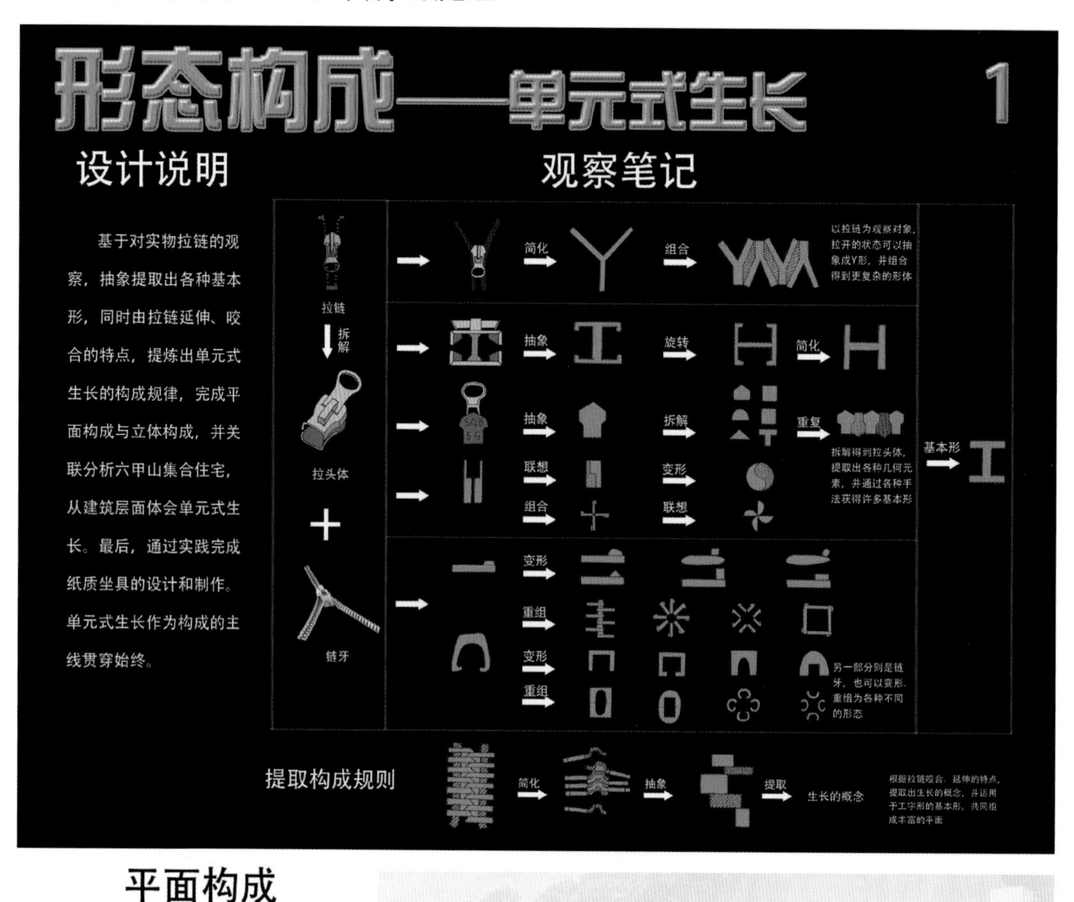

平面构成

不同元素和规则的复杂单元式生长

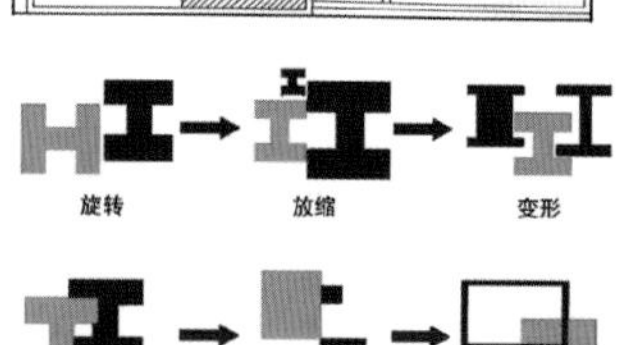

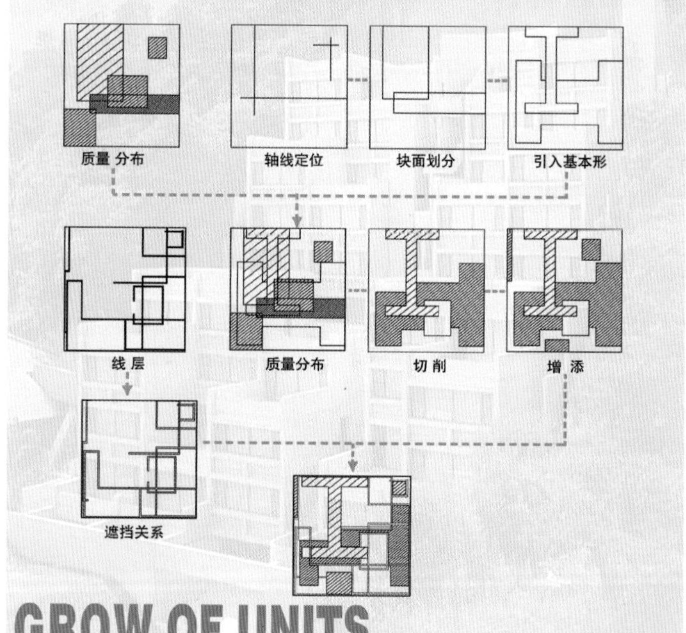

Form Composition GROW OF UNITS

获奖作业3　形态构成　设计者：殷楚红（续）

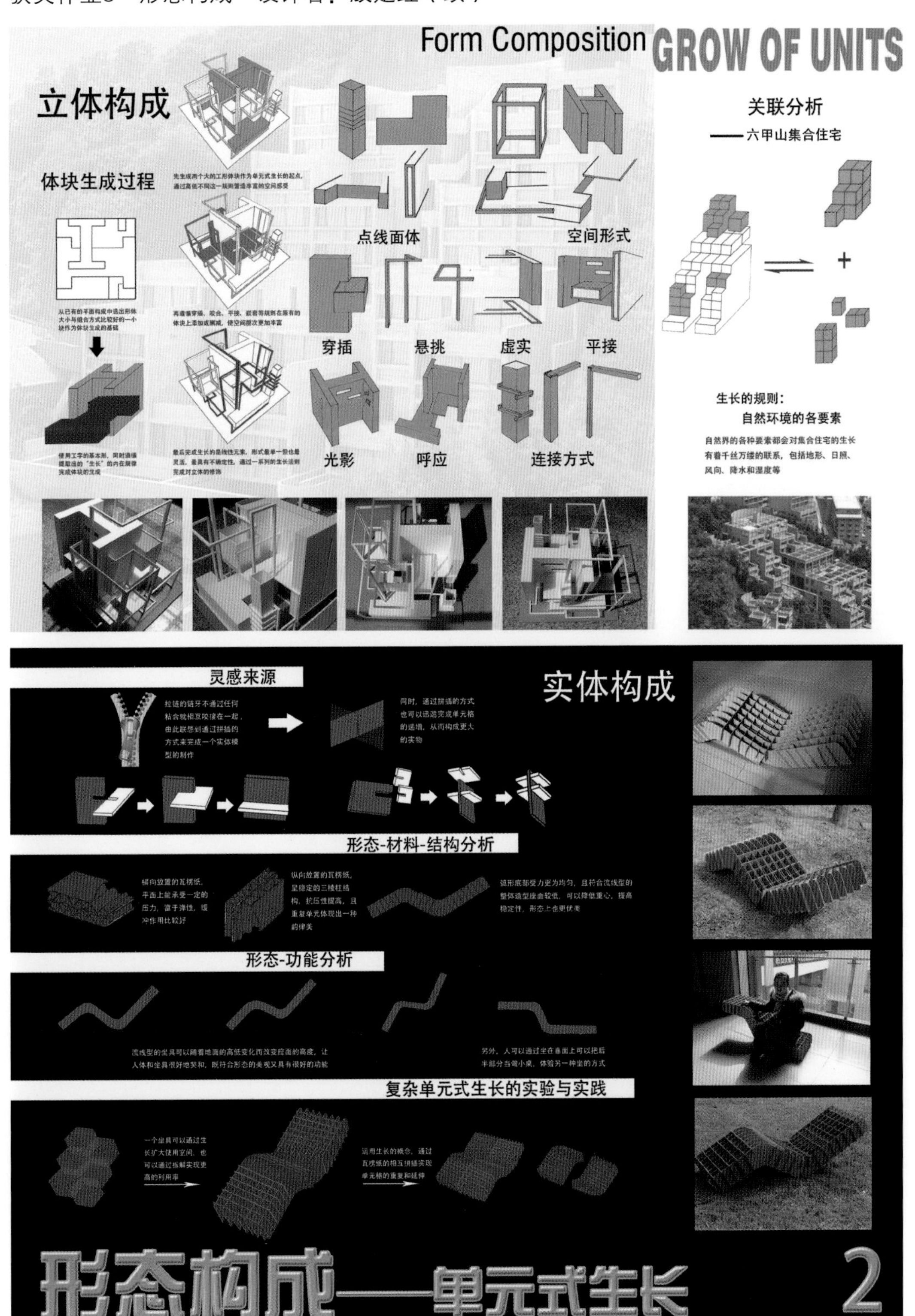

获奖作业4　形态构成　设计者：叶培霖　杨博文

形态构成 I ——舞动「黑·白·灰」

设计说明：本套形态构成作业以生活中常用的自动铅笔为灵感来源和观察对象，通过联想引发出探寻素描形式美规律的主题，采用主题观察中提取的基本形和组合规律完成了平面构成和立体构成设计，并探究、运用了素描创作的基本方法与形式美的规律，最后在主题基础之上进行了思维发散，以「把追寻美的过程作为最高的美」为主题完成了实体设计，收束整套作业。

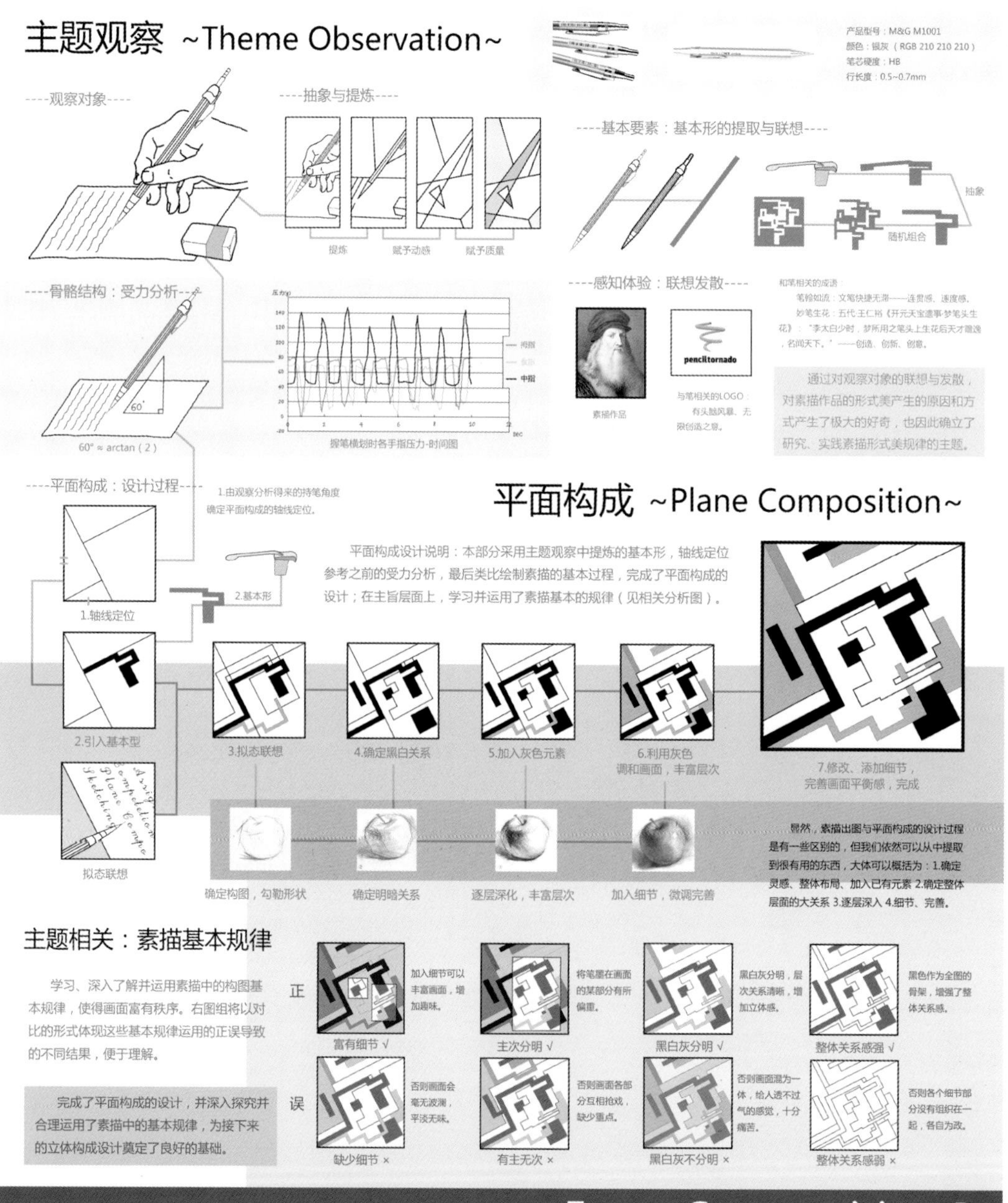

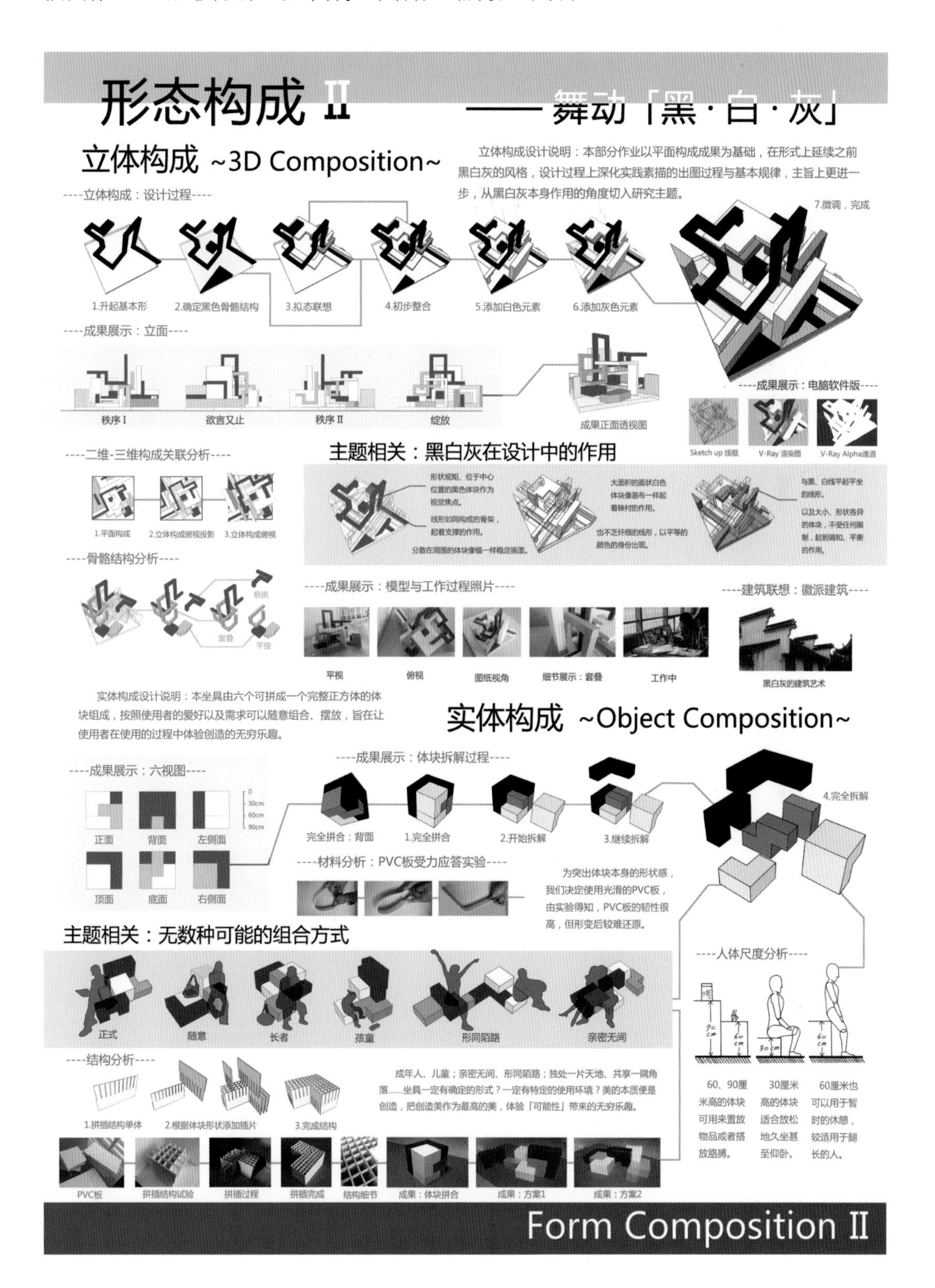

形态构成 II —— 舞动「黑·白·灰」
立体构成 ~3D Composition~
立体构成设计说明：本部分作业以平面构成成果为基础，在形式上延续之前黑白灰的风格，设计过程上深化实践素描的出图过程与基本规律，主旨上更进一步，从黑白灰本身作用的角度切入研究主题。
----立体构成：设计过程----
1.升起基本形
2.确定黑色骨骼结构
3.拟态联想
4.初步整合
5.添加白色元素
6.添加灰色元素
7.微调，完成
----成果展示：立面----
秩序 I
欲言又止
秩序 II
绽放
成果正面透视图
----成果展示：电脑软件版----
Sketch up 线框
V-Ray 渲染图
V-Ray Alpha通道
----二维-三维构成关联分析----
1.平面构成
2.立体构成俯视投影
3.立体构成俯视
主题相关：黑白灰在设计中的作用
形状规矩、位于中心位置的黑色体块作为视觉焦点。
线形如同构成的骨架，起着支撑的作用。
分散在周围的体块像锚一样稳定画面。
大面积的面状白色体块像幕布一样起着映衬的作用。
也不乏纤细的线形，以平等的颜色的身份出现。
与黑、白线平起平坐的线形。
以及大小、形状各异的体块，不受任何限制，起到调和、平衡的作用。
----骨骼结构分析----
悬挑
套叠
平接
----成果展示：模型与工作过程照片----
平视
俯视
图纸视角
细节展示：套叠
工作中
----建筑联想：徽派建筑----
黑白灰的建筑艺术
实体构成设计说明：本坐具由六个可拼成一个完整正方体的体块组成，按照使用者的爱好以及需求可以随意组合、摆放，旨在让使用者在使用的过程中体验创造的无穷乐趣。
实体构成 ~Object Composition~
----成果展示：六视图----
0
30cm
60cm
90cm
正面
背面
左侧面
顶面
底面
右侧面
----成果展示：体块拆解过程----
完全拼合：背面
1.完全拼合
2.开始拆解
3.继续拆解
4.完全拆解
----材料分析：PVC板受力应答实验----
为突出体块本身的形状感，我们决定使用光滑的PVC板，由实验得知，PVC板的韧性很高，但形变后较难还原。
主题相关：无数种可能的组合方式
正式
随意
长者
孩童
形同陌路
亲密无间
----人体尺度分析----
90 cm
60 cm
30 cm
60 cm
60、90厘米高的体块可用来置放物品或者搭放胳膊。
30厘米高的体块适合放松地久坐甚至仰卧。
60厘米也可以用于暂时的休憩，较适用于腿长的人。
----结构分析----
1.拼插结构单体
2.根据体块形状添加插片
3.完成结构
成年人、儿童；亲密无间、形同陌路；独处一片天地、共享一隅角落……坐具一定有确定的形式？一定有特定的使用环境？美的本质便是创造，把创造美作为最高的美，体验「可能性」带来的无穷乐趣。
PVC板
拼插结构试验
拼插过程
拼插完成
结构细节
成果：体块拼合
成果：方案1
成果：方案2
Form Composition II

获奖作业5　形态构成　设计者：顾俣轩　袁浩

折.叠

形态构成Ⅰ

Observation—观察笔记

观察笔记说明：从伞的形态结构入手，观察各个部分的动态过程，用简图概括基本形，并根据美学规律进行加工与引申，感知平面与立体形态造型。

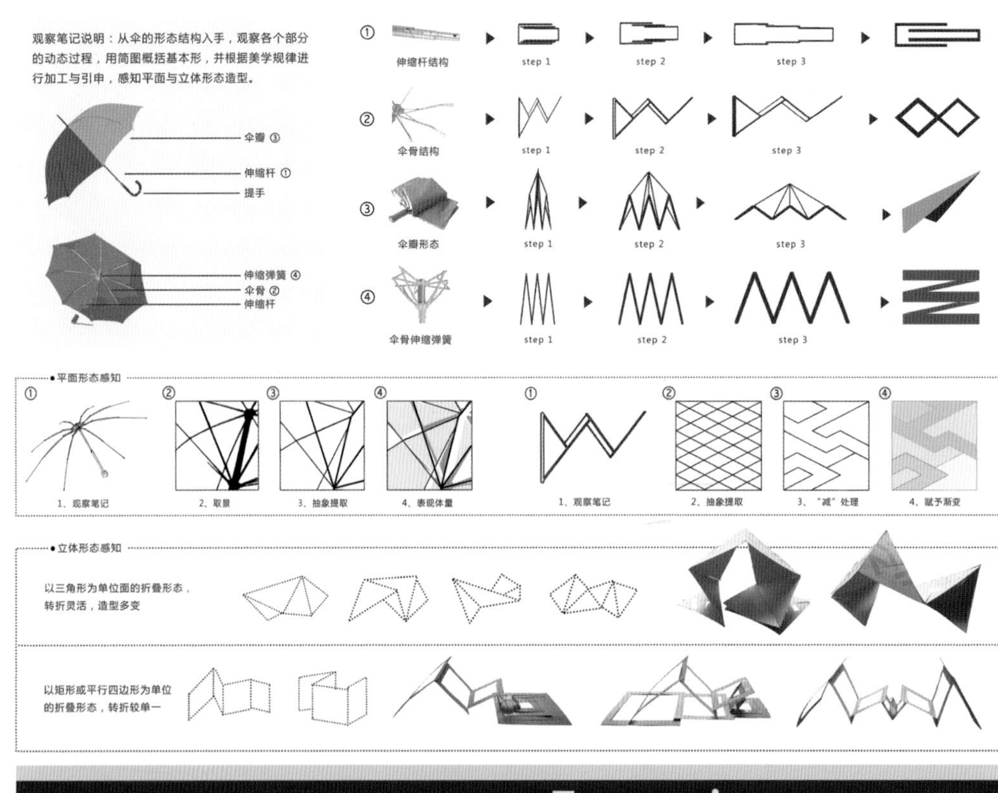

Formation—平面构成

平面构成说明：通过观察伞外轮廓的形态特征，感知形体，并结合着设计原理进行平面构成。

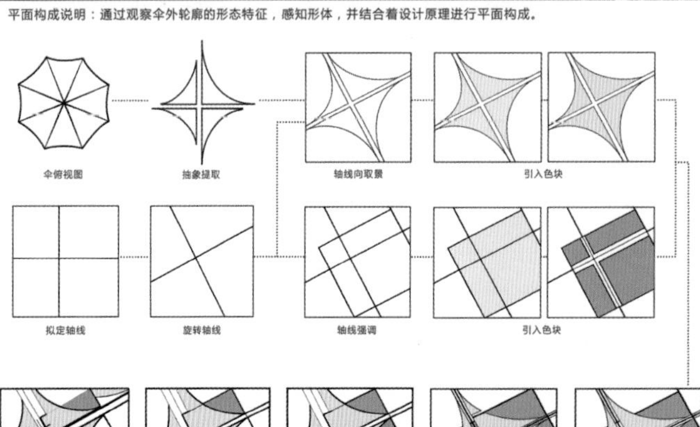

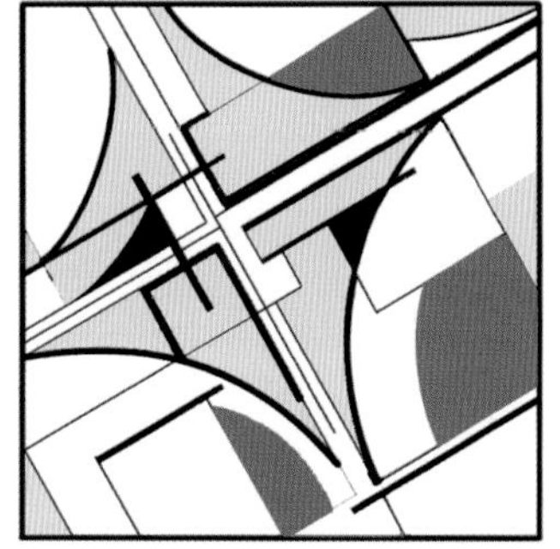

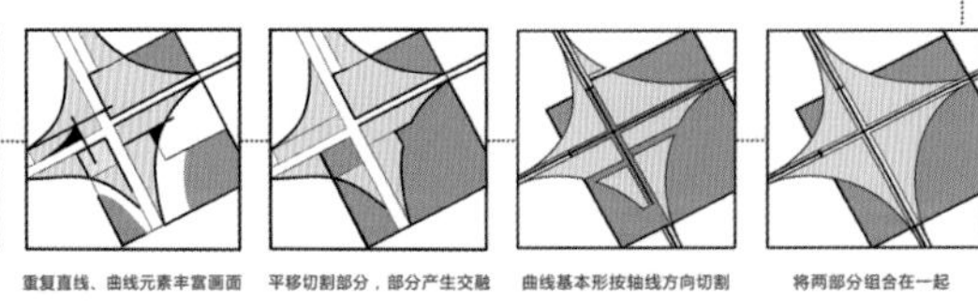

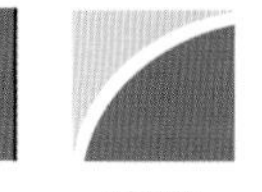

获奖作业5　形态构成　设计者：顾俣轩　袁浩（续）

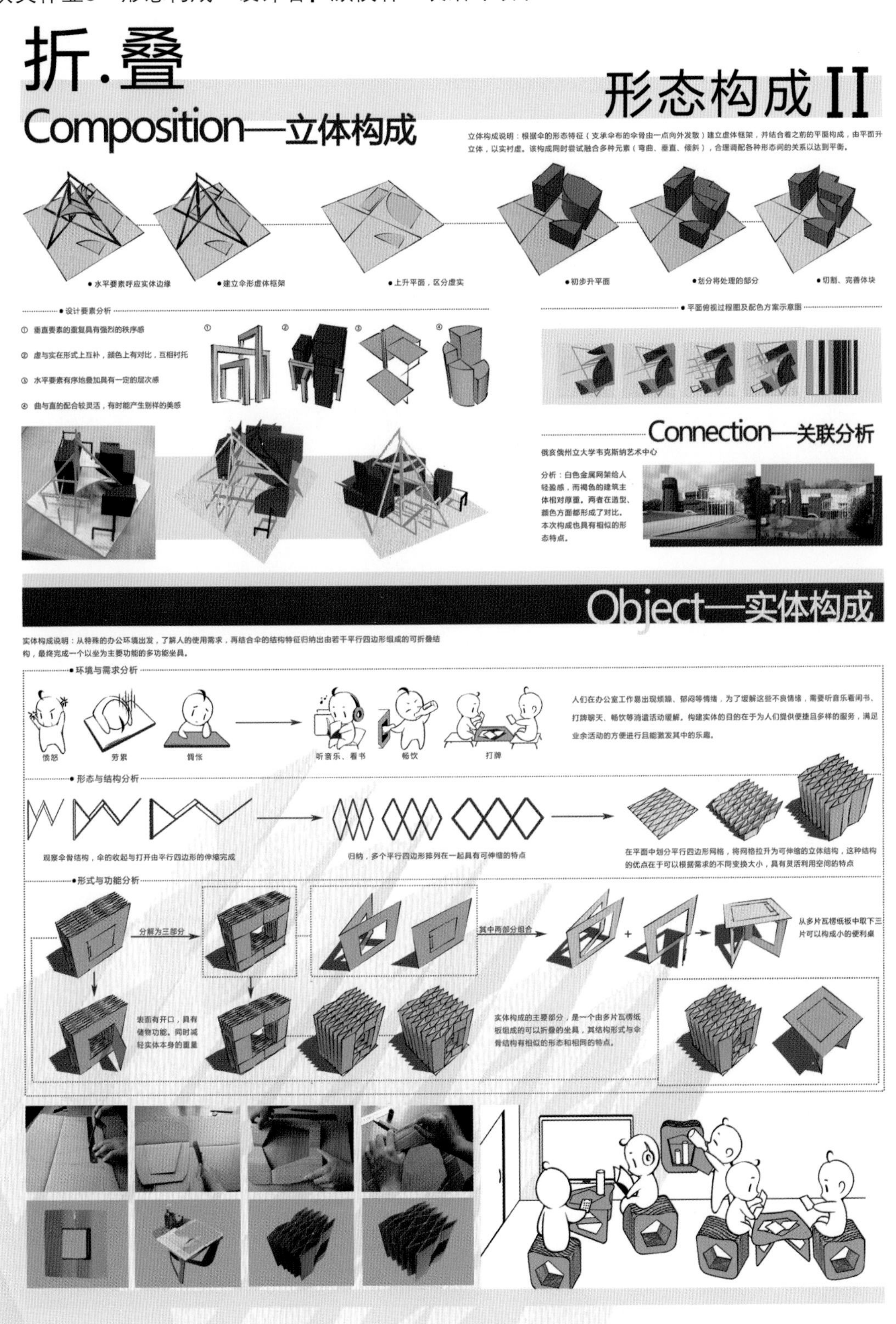

获奖作业6　形态构成　设计者：汪子京　祁美蕙

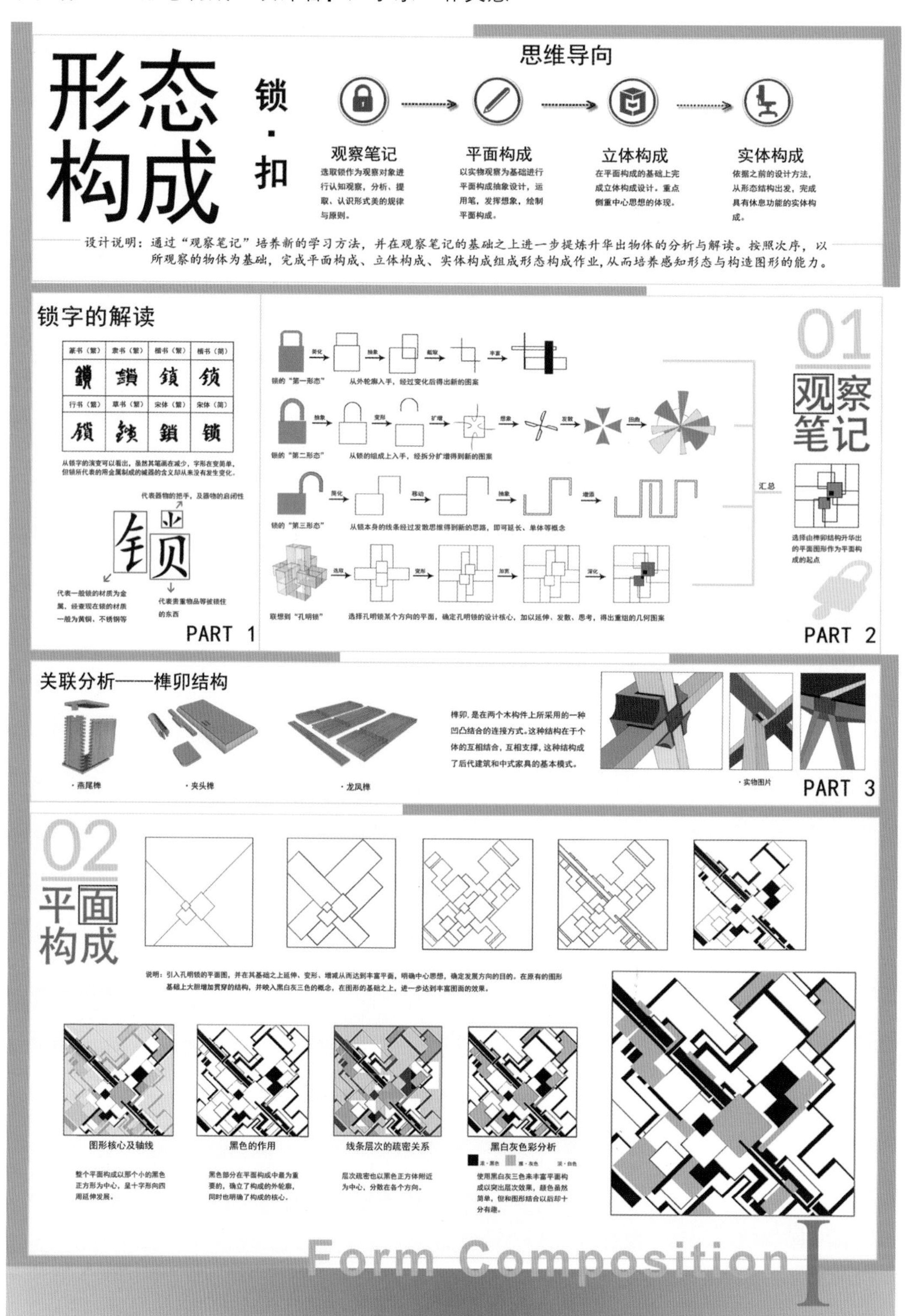

获奖作业6 形态构成 设计者：汪子京 祁美蕙（续）

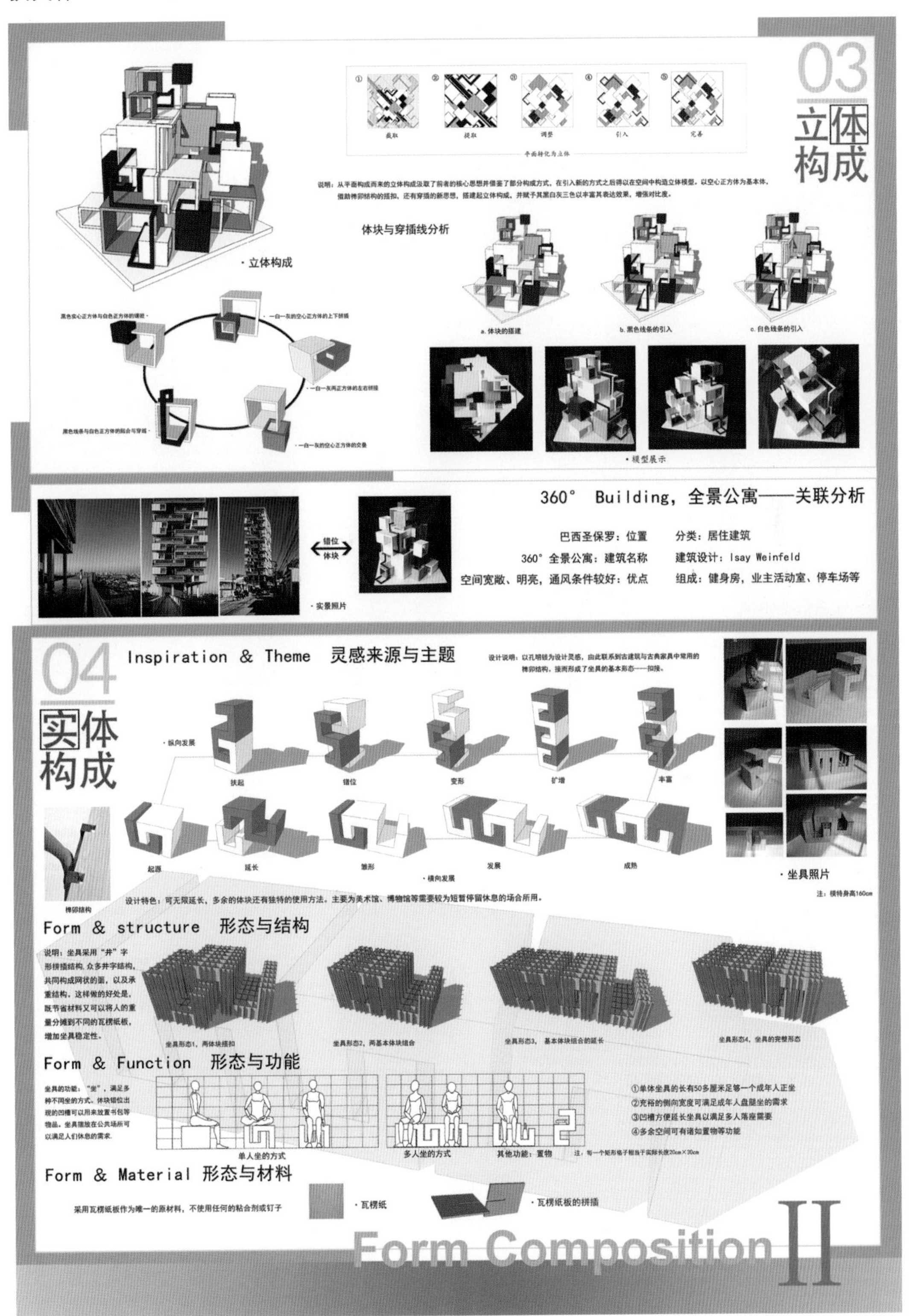

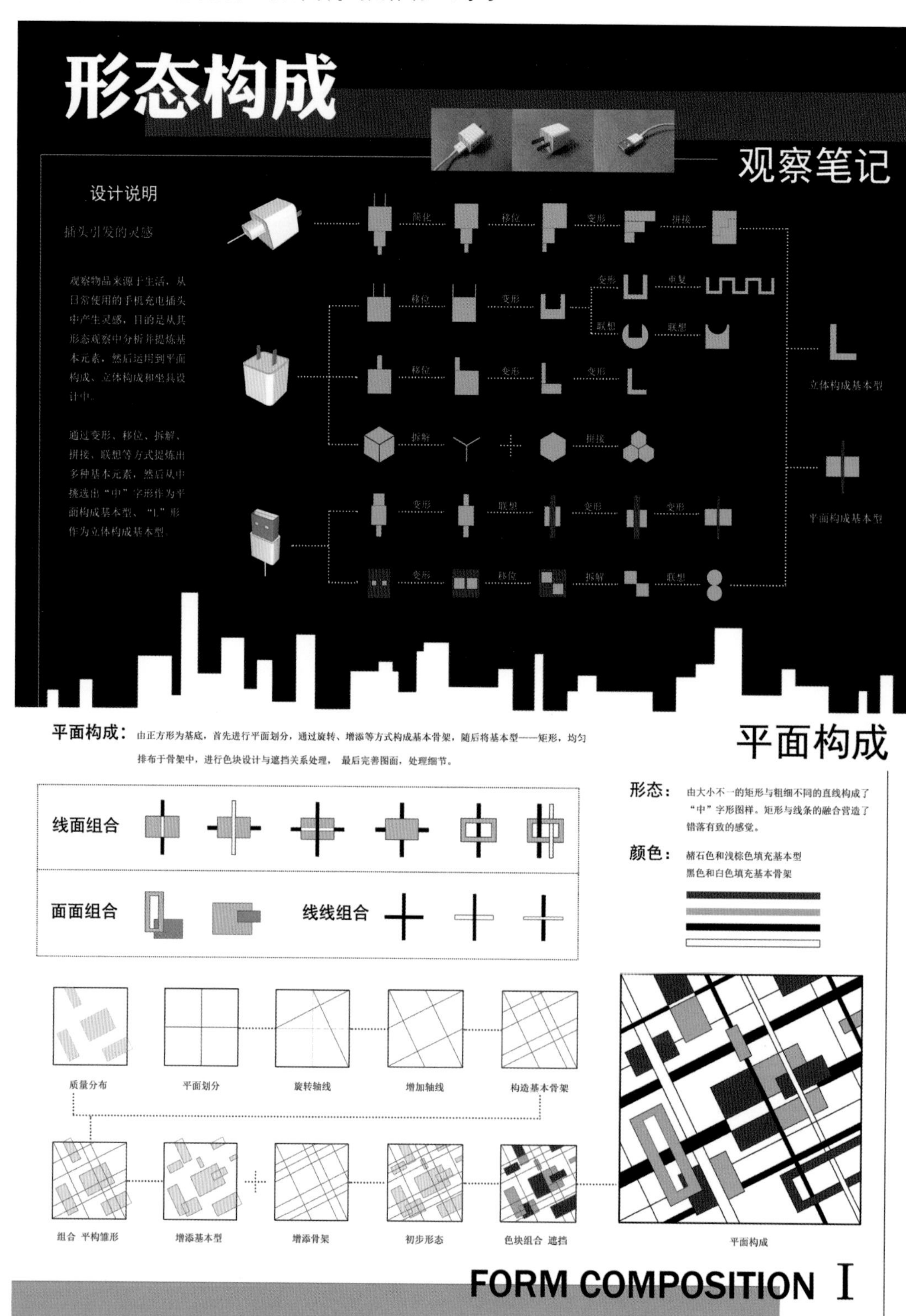
形态构成
观察笔记
设计说明
插头引发的灵感
观察物品来源于生活，从日常使用的手机充电插头中产生灵感，目的是从其形态观察中分析并提炼基本元素，然后运用到平面构成、立体构成和坐具设计中。
通过变形、移位、拆解、拼接、联想等方式提炼出多种基本元素，然后从中挑选出“中”字形作为平面构成基本型、“L”形作为立体构成基本型。
简化
移位
变形
拼接
重复
联想
拆解
立体构成基本型
平面构成基本型
平面构成：由正方形为基底，首先进行平面划分，通过旋转、增添等方式构成基本骨架，随后将基本型——矩形，均匀排布于骨架中，进行色块设计与遮挡关系处理，最后完善图面，处理细节。
平面构成
线面组合
面面组合
线线组合
形态：由大小不一的矩形与粗细不同的直线构成了“中”字形图样。矩形与线条的融合营造了错落有致的感觉。
颜色：赭石色和浅棕色填充基本型
黑色和白色填充基本骨架
质量分布
平面划分
旋转轴线
增加轴线
构造基本骨架
组合 平构雏形
增添基本型
增添骨架
初步形态
色块组合 遮挡
平面构成
FORM COMPOSITION Ⅰ

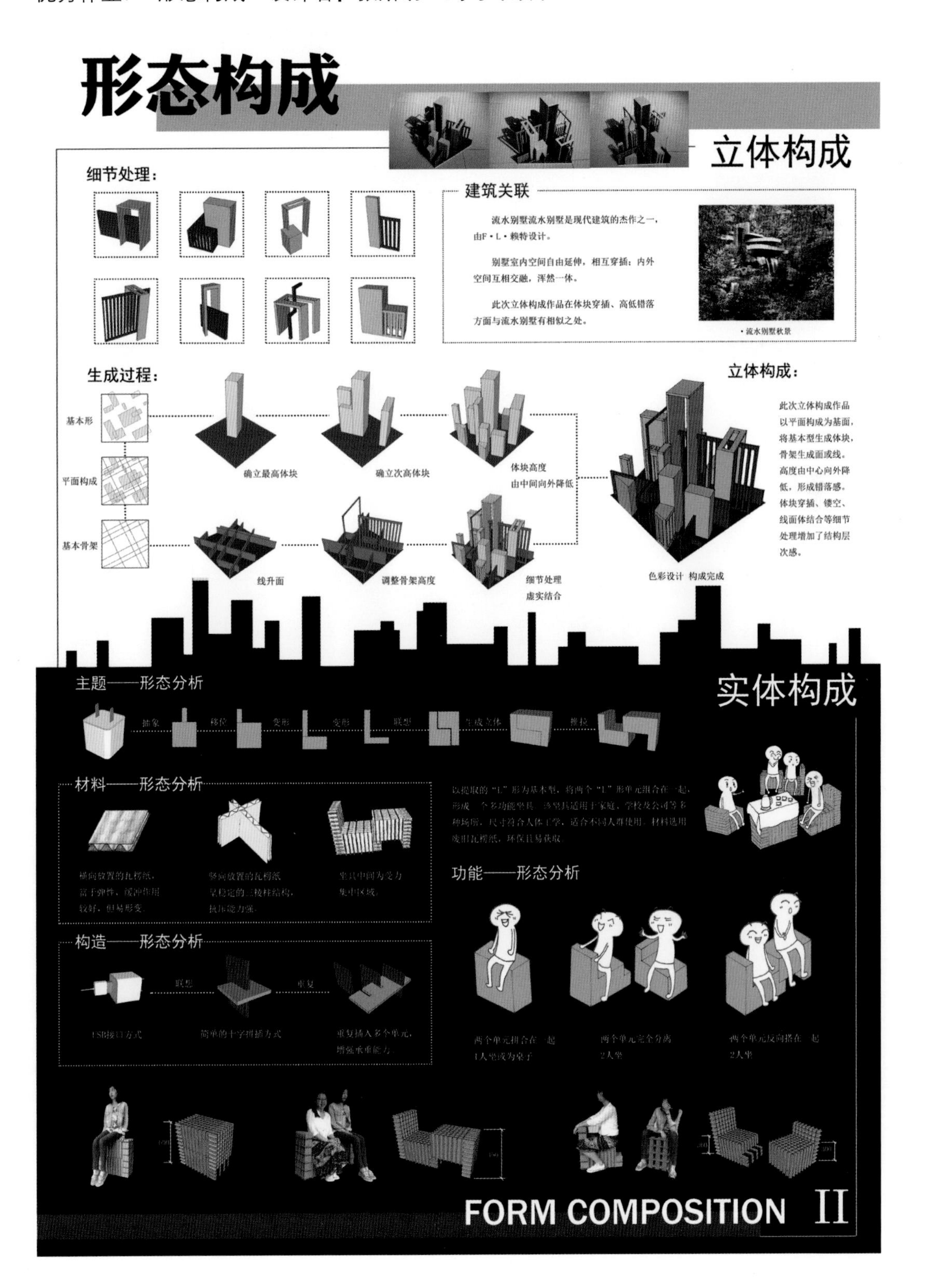
形态构成
立体构成
细节处理：
建筑关联
流水别墅流水别墅是现代建筑的杰作之一，由F·L·赖特设计。
别墅室内空间自由延伸，相互穿插；内外空间互相交融，浑然一体。
此次立体构成作品在体块穿插、高低错落方面与流水别墅有相似之处。
·流水别墅秋景
生成过程：
基本形
平面构成
基本骨架
确立最高体块
确立次高体块
体块高度
由中间向外降低
线升面
调整骨架高度
细节处理
虚实结合
立体构成：
此次立体构成作品以平面构成为基面，将基本型生成体块，骨架生成面或线。高度由中心向外降低，形成错落感。体块穿插、镂空、线面体结合等细节处理增加了结构层次感。
色彩设计 构成完成
主题——形态分析
抽象
移位
变形
变形
联想
生成立体
推拉
实体构成
材料——形态分析
横向放置的瓦楞纸，富于弹性，缓冲作用较好，但易形变。
竖向放置的瓦楞纸呈稳定的三棱柱结构，抗压能力强。
坐具中间为受力集中区域。
以提取的“L”形为基本型，将两个“L”形单元组合在一起，形成一个多功能坐具。该坐具适用于家庭、学校及公司等多种场所，尺寸符合人体工学，适合不同人群使用。材料选用废旧瓦楞纸，环保且易获取。
功能——形态分析
构造——形态分析
联想
重复
USB接口方式
简单的十字拼插方式
重复插入多个单元，增强承重能力。
两个单元拼合在一起
1人坐或为桌子
两个单元完全分离
2人坐
两个单元反向搭在一起
2人坐
FORM COMPOSITION Ⅱ

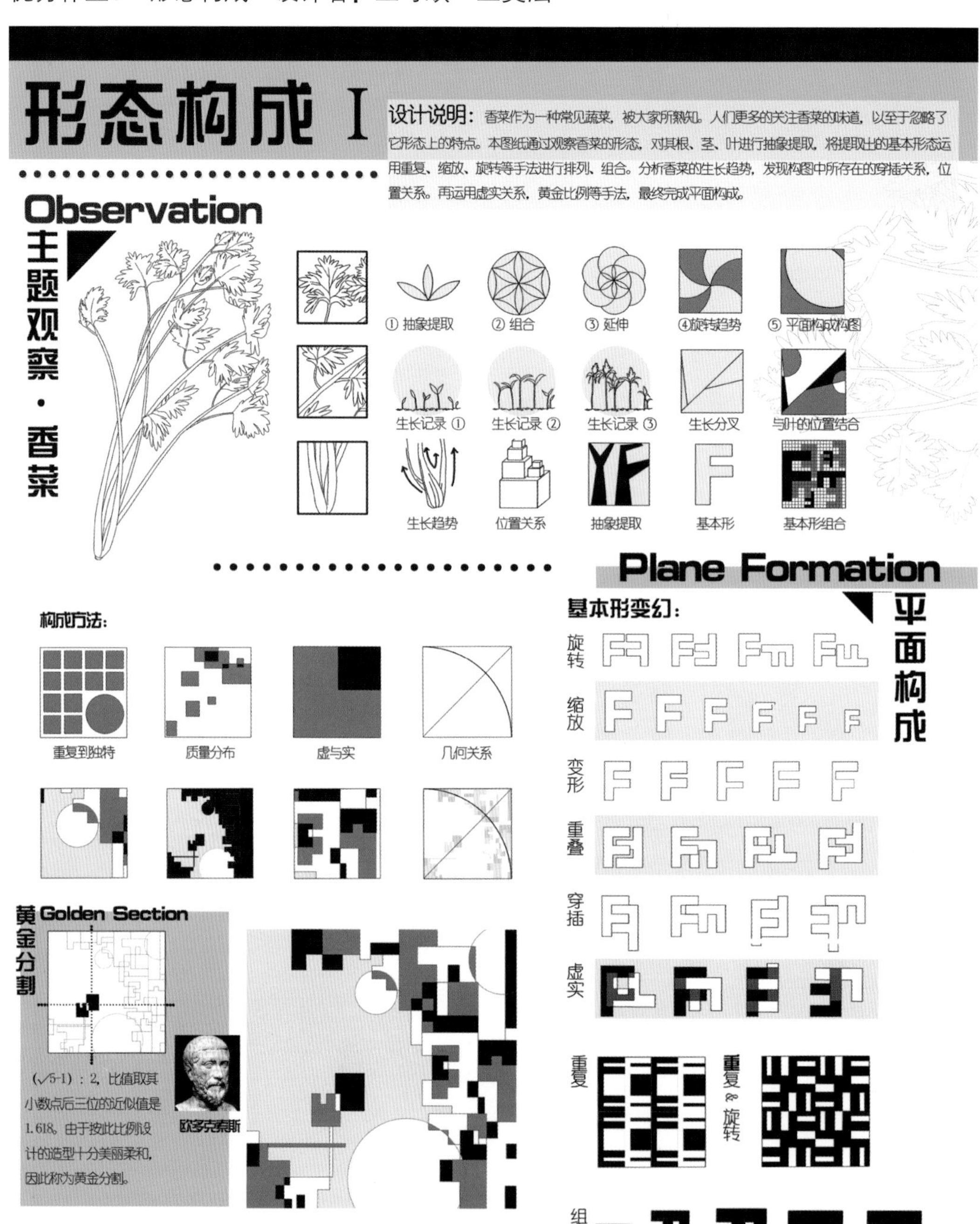

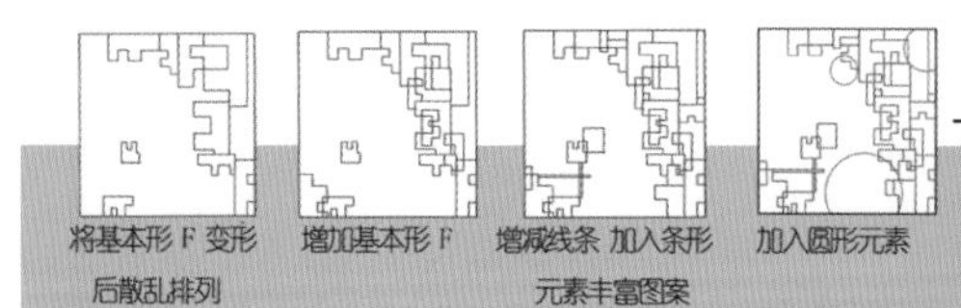

Form Composition I

优秀作业8　形态构成　设计者：王可欣　王奕涵（续）

设计说明：在平面构成的基础上，对平面构成图进行三维立体化设计。运用了伸缩、大小、位移的变换，将体块进行复杂有序的组合。看重虚实关系的运用，使设计本身具有观赏性。在构成训练的基础上，进行纸质坐具设计。将基本形柔化处理，制成三叶草状"一椅三用"坐具，分别为工作椅、休闲椅、儿童椅，不同人群可根据不同需求调整坐具使用方式，达到实用、多用、美观兼具的目的。

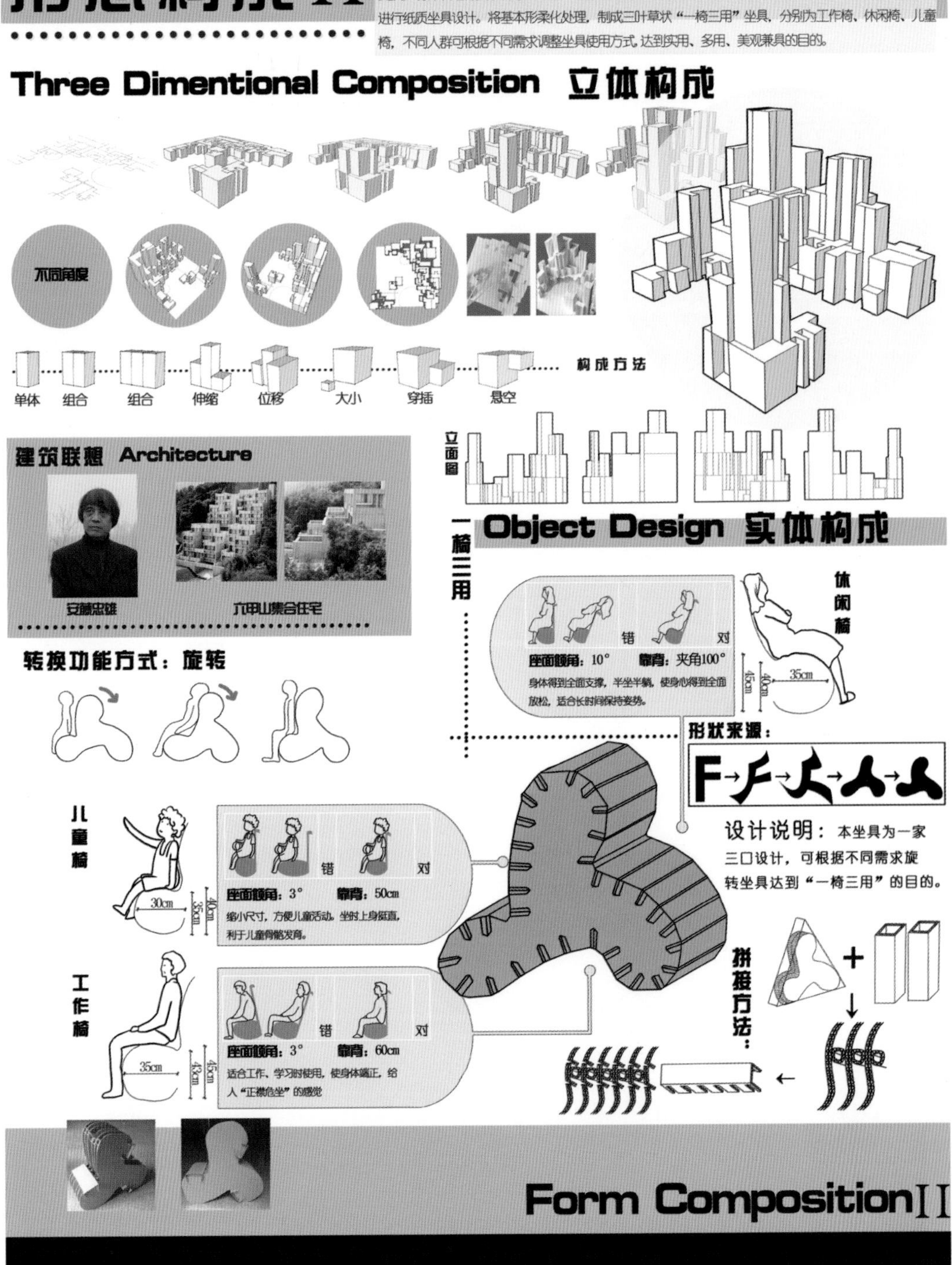

7.7 设计基础：结构/材料研究——坐具设计

题目 瓦楞纸“坐”具设计制作与研究

一、作业目的

1. 学生自主选题，通过完整的实践获取多元、综合的经验。

2. 建立图形思维与表达的意识，在实践中积极尝试与积累，最终形成自己的图形思维与表达方法。

3. 创造性地解决问题，创造新颖独特的产品。

4. 提高信息素养：超越课本与印刷媒介，强调整合网络资源。

5. 进行跨学科思考，避免简单确定性知识的堆积。

二、 作业要求

1. 以纸材（现成品、废品、瓦楞纸）进行“坐”具设计与实物制造体验，尺寸不限。

2. 承重要求：可承重60kg，5min以上。

3. 每人独立完成一件作品。

三、学习重点

1. 对“坐”的解读：谁、有多少、在哪里、在什么时候、怎么样。

2. 形态构成：瓦楞纸材的形态构成（2维→3维的转换：方法？）由行为、环境、材质与构造等综合条件形成的必然形态。

3. 材料的构造：瓦楞纸板的构造研究。

4. 最终形态的决定因素：行为、环境、材质、构造等综合条件形成的最终结果。

5. 主题：以简短的词语概括自己的家具设计。

四、成果要求

1. A2图纸一张：平面图、2个立面图、透视图，图形思维与图示表达（头脑风暴、九宫格、鱼骨图、思维导图、蜘蛛图、问题/解决纲要图），设计说明，实物照片。

2. “坐具”实物1件。

优秀作业1　坐具设计　设计者：廖晓晔 张重瑱 马腾飞

作业点评：

拼插式的结构形态同时提供兼具坐的多种功能。

作业点评：

苏格兰格子——通过结构与形态的巧妙组织来诠释对随身物品的情感。

作业点评：

在体验的过程中由浅入深地逐步深入与改进，最终形成了一个携带便捷可拆装组合的坐具。

优秀作业2　坐具设计　设计者：姚瑶　殷楚红　郭京琦

作业点评：

矩形与弧线巧妙分割的坐卧两用坐具。

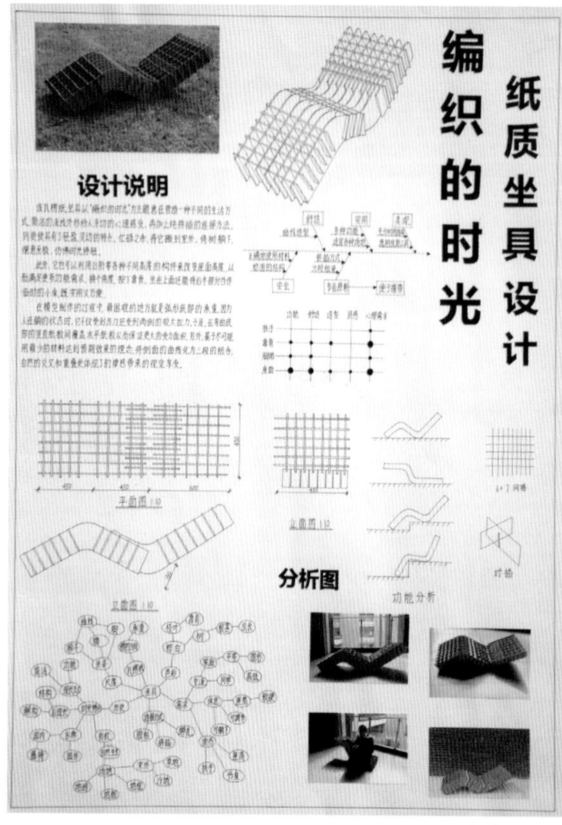

作业点评：

可躺/可坐的巧妙转换。

作业点评：

中心轴向三个方向的延伸满足多种坐姿的需求，而且形态活泼，紧凑有致。

优秀作业3　坐具设计　设计者：沈雨　廖若辰　田京宁

作业点评：

结合蜂巢结构与形态，集坐具与乘具于一体的多功能设计。

作业点评：

以夸张比例的书的符号，很好地解决坐的功能与构造问题，同时保留了书的阅读功能。

作业点评：

通过仔细观察学习环境，选取极具学习符号特征的书这类现成品，进行行为与承重的研究。

优秀作业4　坐具设计　设计者：孙淼　韩般若　芮智

作业点评：

面对面 / 背靠背，探讨人与人的互动及形态组织的实践。

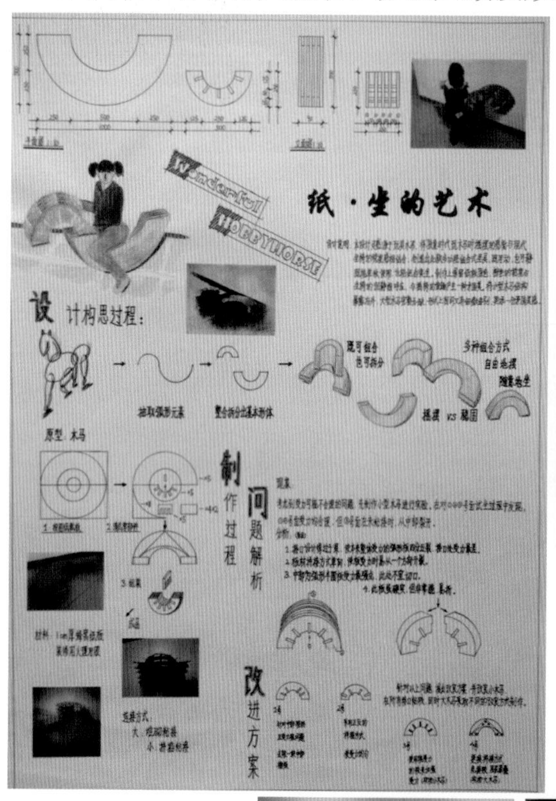

作业点评：

从仿生与游戏的角度诠释“坐”的童真。

作业点评：

有道无常——魔力、游戏、自在与背后严密逻辑性的有机结合。

作业点评：

“九宫”，适应设计专业教室需求，集坐具与储物于一体的多功能。

优秀作业5　坐具设计　设计者：关达宇　吕冰

作业点评：

打破思维常规，观察、提取建筑专业教室里的废纸，进行集垃圾箱与坐具的结合尝试。

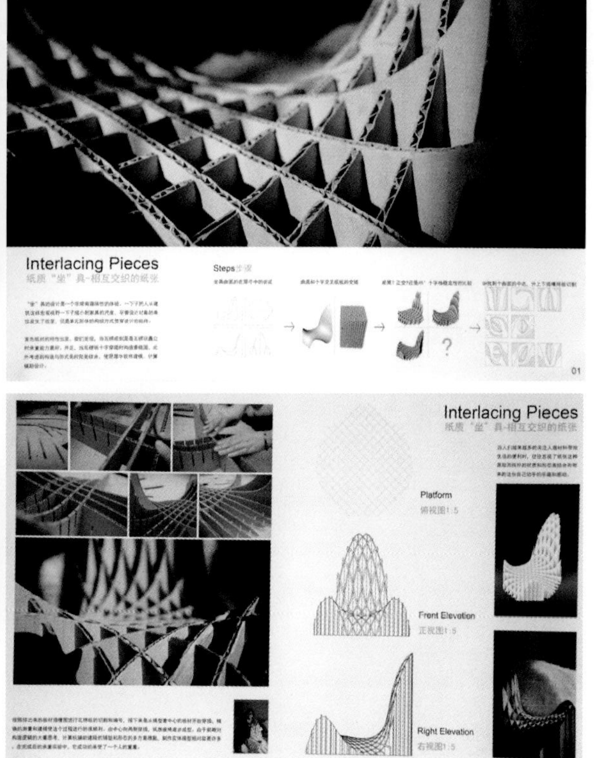

作业点评：

作品将功能、结构、形态巧妙结合，受力稳定，形态优美。

7.8 设计基础：空间/流线研究——空间构成

7.8.1 题目1 空间的限定、组合、序列

一、作业目的

1. 掌握模型的制作方法。

2. 掌握空间限定的手法。

3. 掌握空间组合、序列的构成方法。

4. 通过模型制作进一步体验空间的尺度和感受。

二、作业要求

1. 在一块24m ×18m的地块中安置用墙、柱分割的空间，上北下南，形状不得改变，不得拓展。将地块用模数网格进行划分，双向模数不要求一致，但某一方向应保证统一不变。

2. 将至少3组包含A、 B的空间放进地块（每组都包含A、B两种空间，即至少为6组空间），A必须与B结对安排（关系对应）；在保证矩形面积不变的情况下，边长可以随意调整（A与A之间面积必须相等，形状和划分方式可有所变化，B与B之间同理）。在这些空间中， 一组是主要空间，其他各组空间为次要烘托作用；面积A=2B。

3. 自行设计承重/非承重构件。

4. 用走廊、楼梯、坡道、过厅等空间将各组空间进行连接，并保证每组之间能够相连，组内A、B空间能够相连。调整交通空间的位置和形状关系，寻找各种交通空间组合可能性，但应考虑交通联系的便捷与经济，同时考虑交通空间的多种用途。

5. 在地块范围内，各组空间之间既要考虑纵向的序列又要考虑横向的组合。

三、作业成果

1. 模型规格：按照1:100比例制作。层数为两层，层高3.9~4.5m。

2. 图纸规格：2号图纸。

3. 图纸内容：二层平面，纵、横剖面图，轴测（或透视）图，比例1:100；构思分析图若干，模型照片若干，相关说明文字。

优秀作业1　空间的限定、组合、序列　设计者：安然

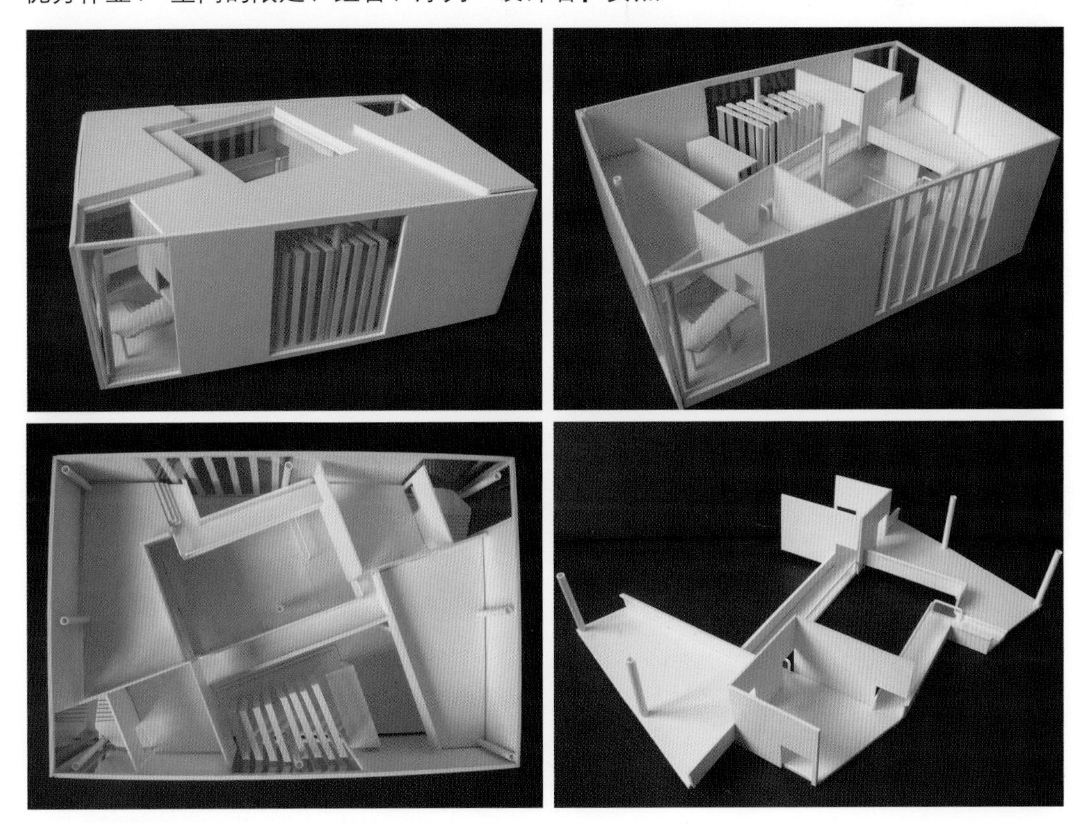

作业点评：

设计在空间的组织和限定上手法娴熟，空间组织灵活，在矩形的大框架内引入斜线作为活跃元素，让空间形态更丰富，形成了富有节奏感、有张力的空间序列，是一份优秀的设计作品。

优秀作业2 空间的限定、组合、序列 设计者：刘西扬

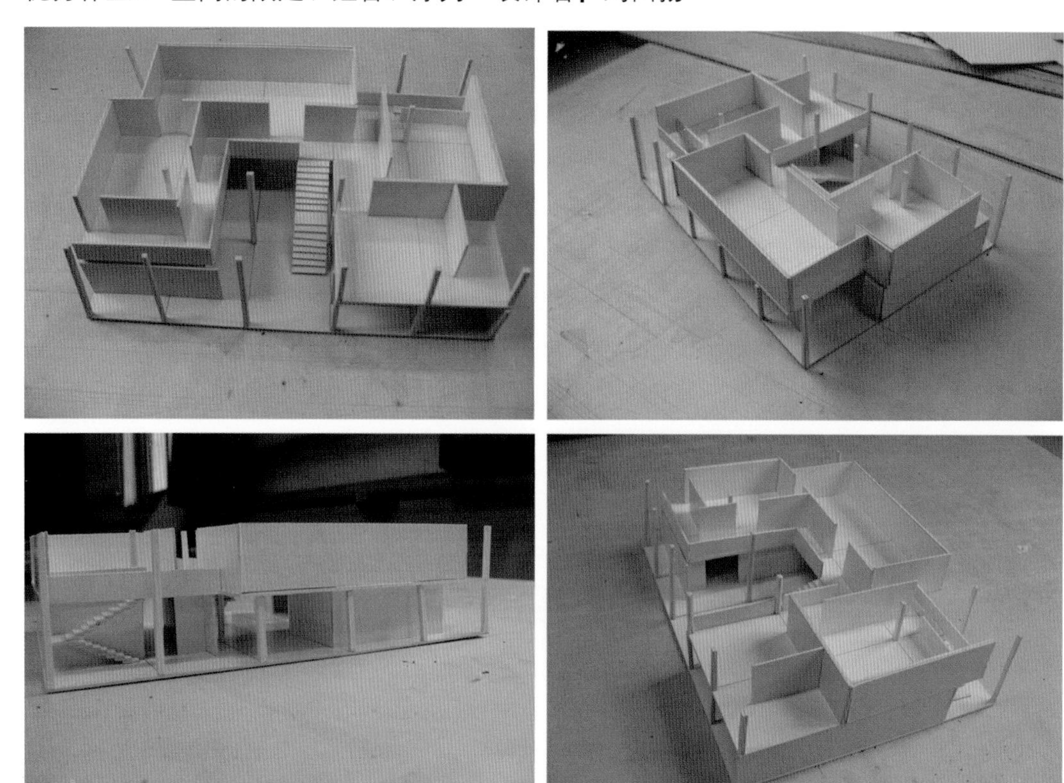

作业点评：

设计空间划分和组织明快简洁，流线清晰，墙、柱关系正确，良好地满足了作业要求。

优秀作业3　空间的限定、组合、序列　设计者：李连娜

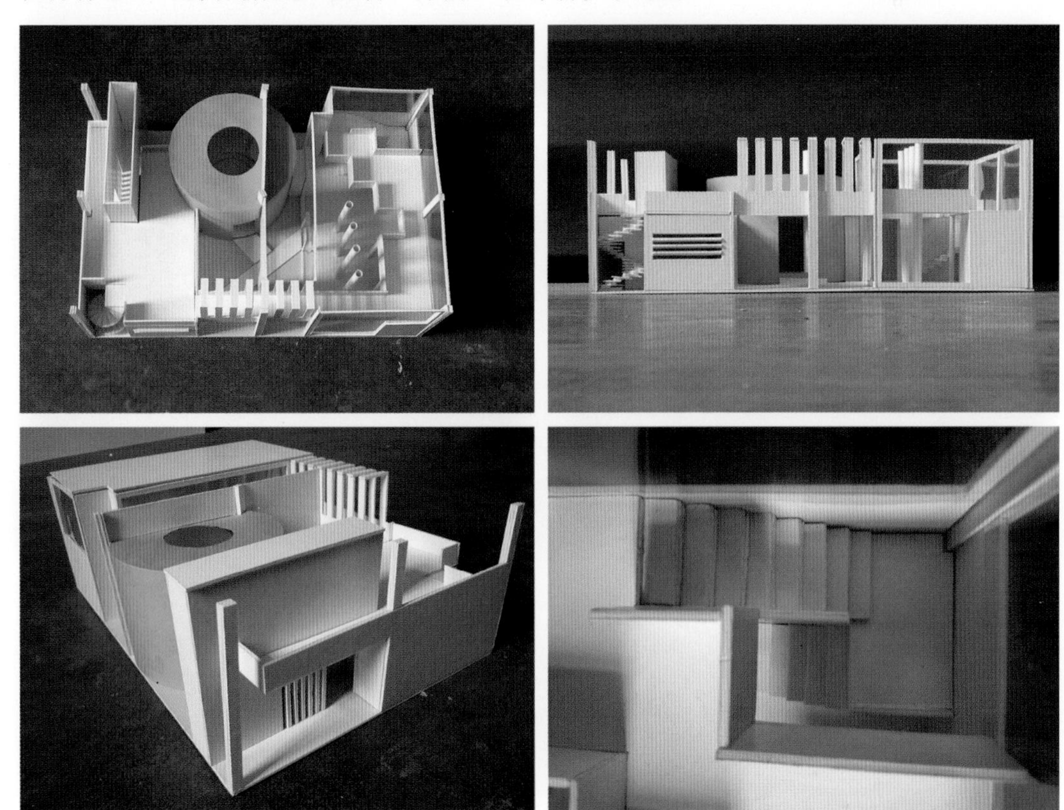

作业点评：

核心交通空间在形态和色彩上都与周围空间形成鲜明的对比，围绕它进行的空间组织和设计则充分利用了不同种类的交通组织形式，使整个空间设计灵活有趣，主题突出。

优秀作业4　空间的限定、组合、序列　设计者：于婧

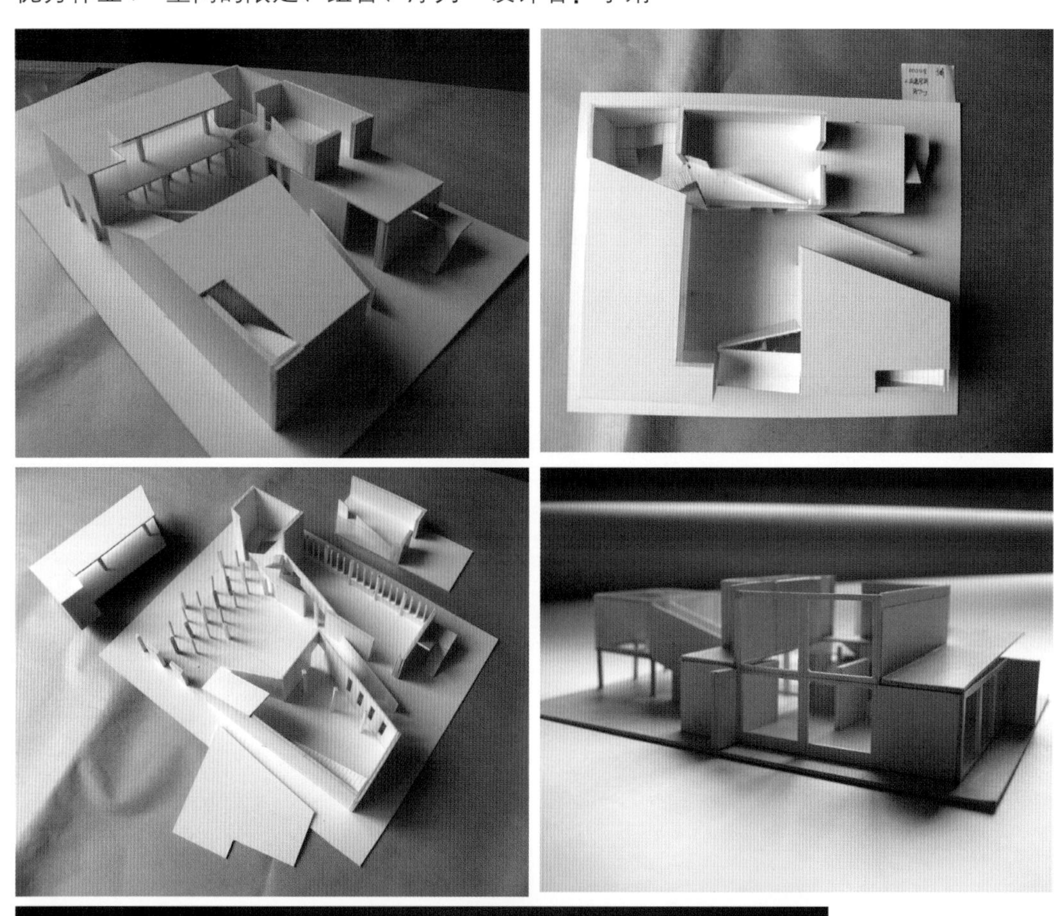

作业点评：

室内外空间相互制约和相互融合。作者用一个斜角将人流从基地外引入基地内部，简洁的几何形体形成了丰富的空间效果。

优秀作业5　空间的限定、组合、序列　设计者：张重瑱

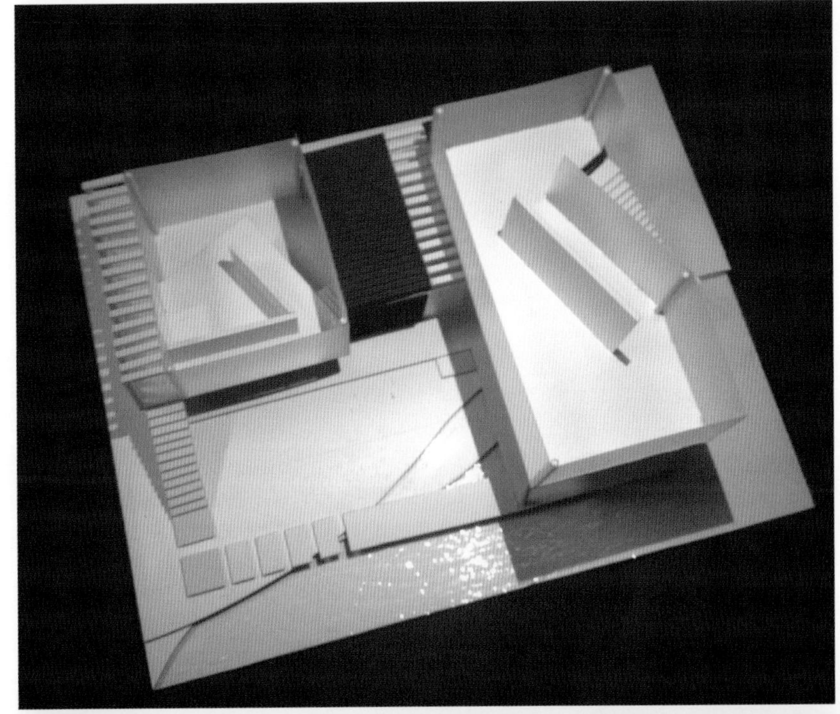

作业点评：

设计使用交通空间将室内外空间相互融合。形体简洁却形成丰富的空间效果。空间比例尺度处理适宜。

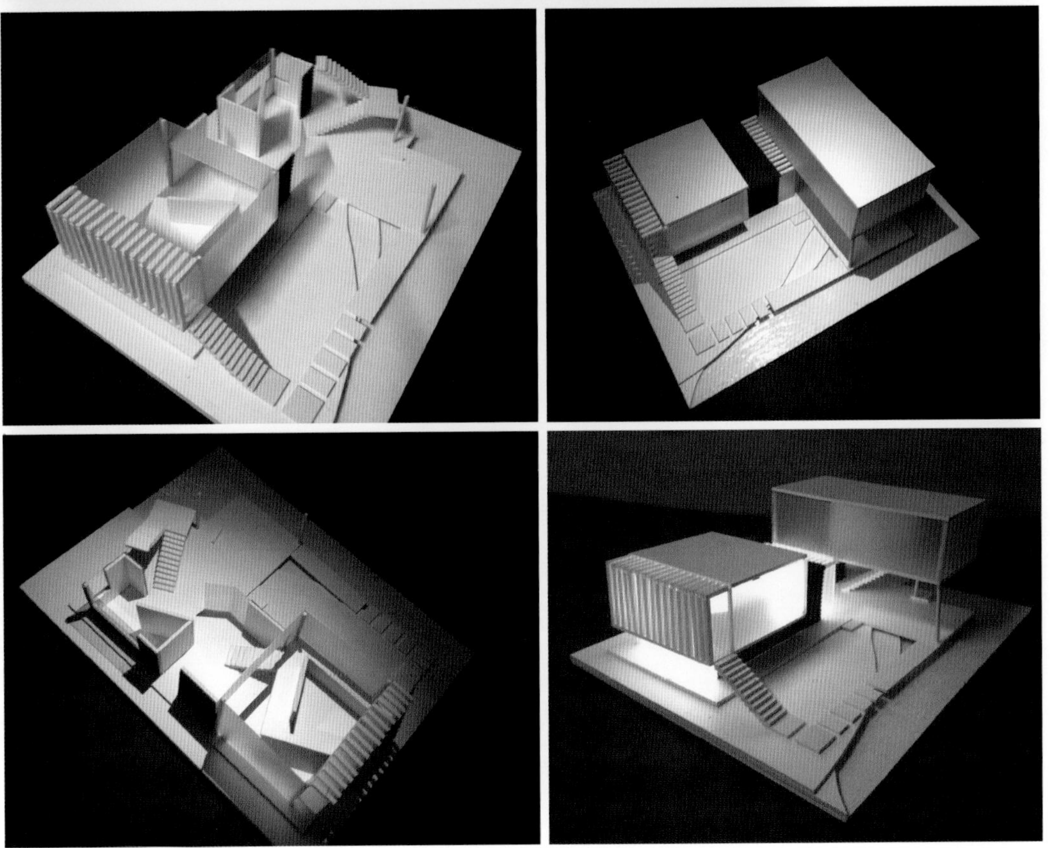

优秀作业6　空间的限定、组合、序列　设计者：胡晗

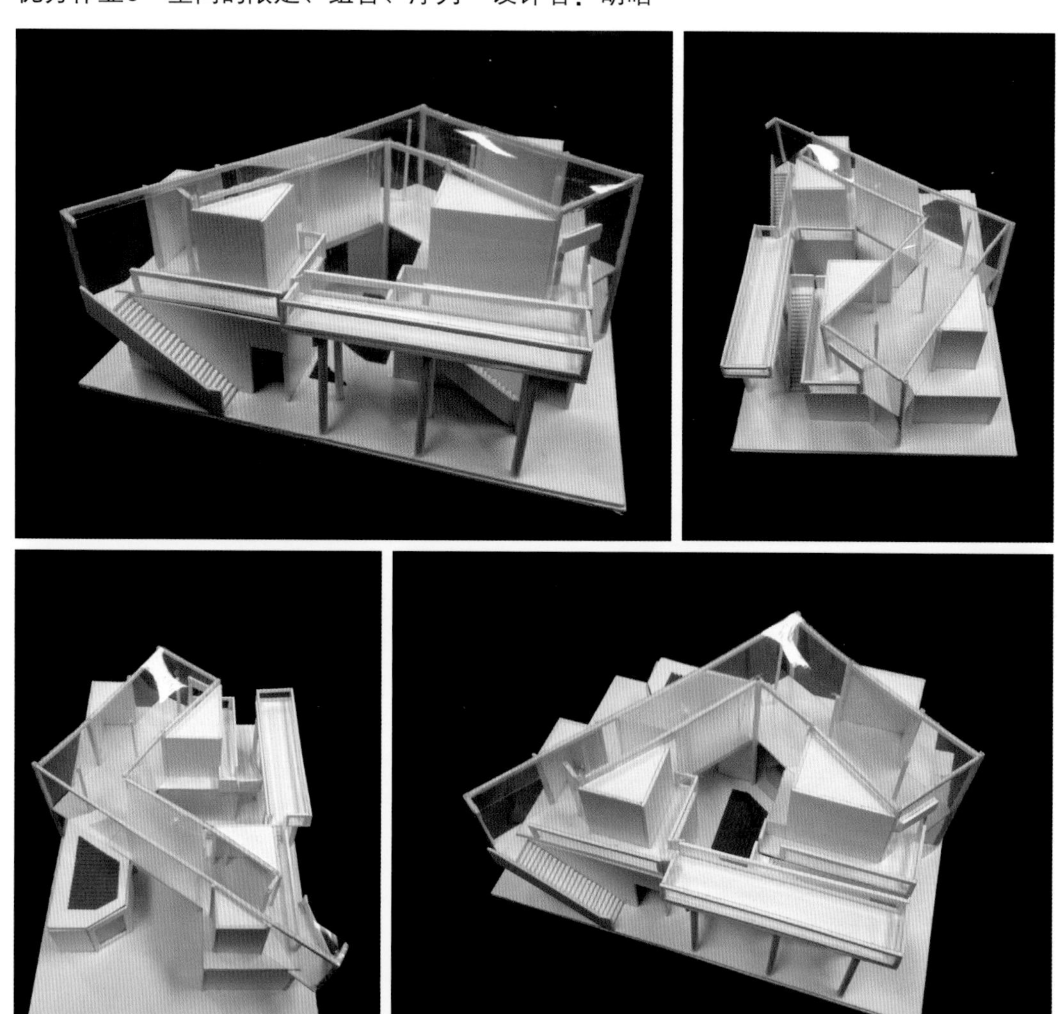

作业点评：

设计用斜向交通空间贯穿主体空间，创造丰富的体块穿插效果和多变的空间体验，室内外空间相互融合，出入口空间设计简洁合理。

优秀作业7　空间的限定、组合、序列　设计者：廖晓晔

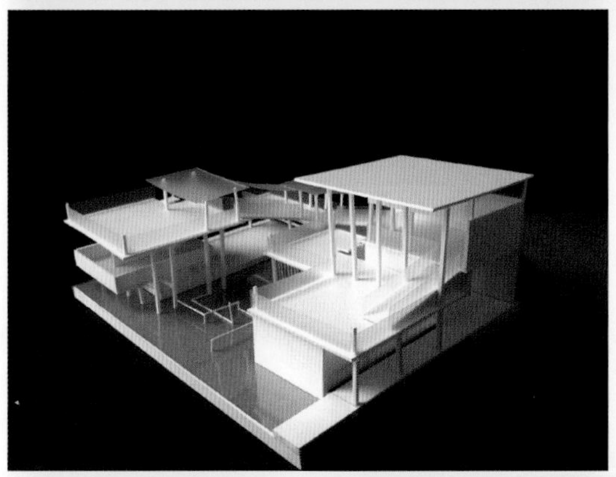

作业点评：

设计采用单一流线贯穿二层空间，多采用开敞和半开敞空间，空间比例尺度适宜，流线合理，并与基地水面有机结合。

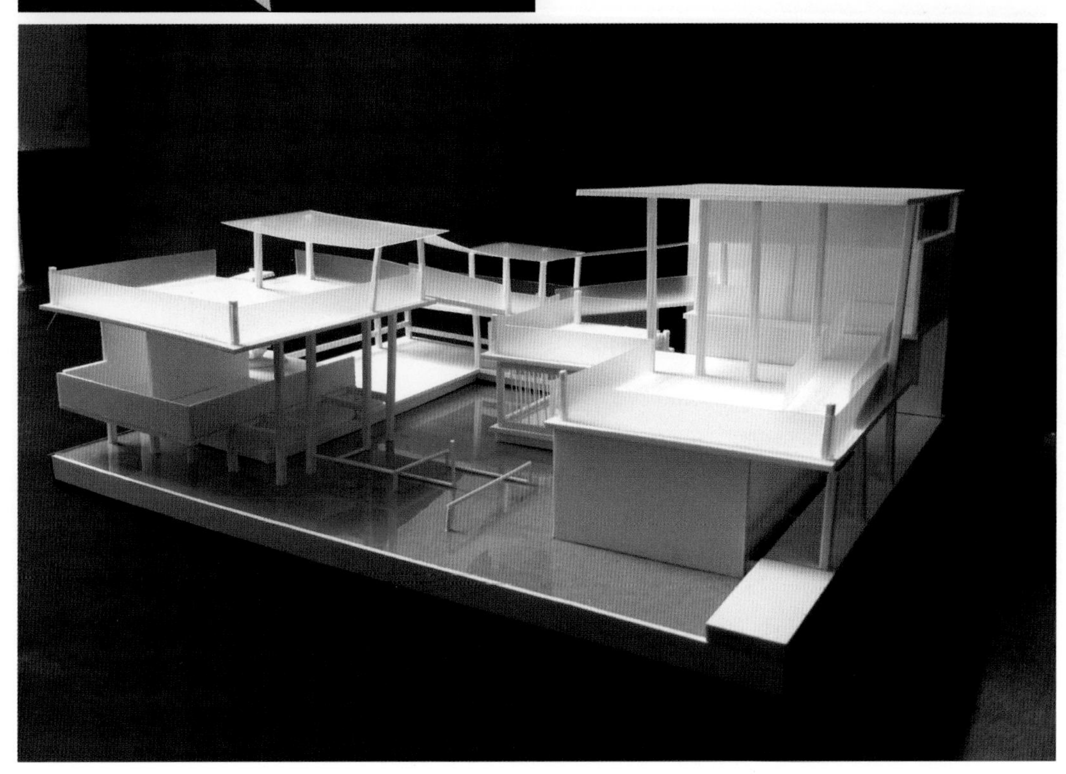

优秀作业8　空间的限定、组合、序列　设计者：汪 鑫

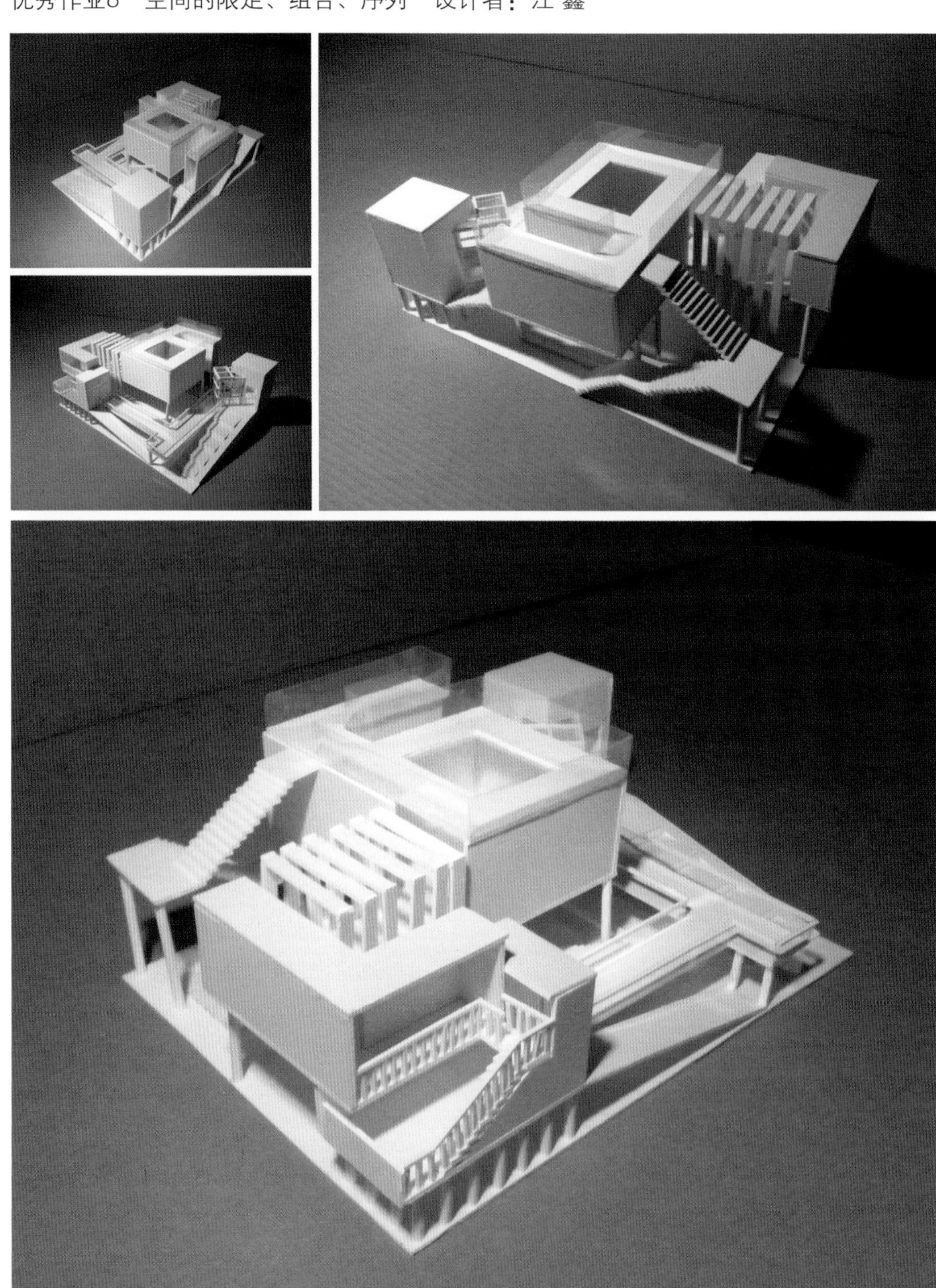

作业点评：

设计主体空间明确，对比鲜明，创造出丰富的空间层次。

7.8.2 题目2 空间组合训练——承重非承重

一、作业目的

1. 初步了解建筑中承重与非承重构件的区别，并利用其各自特点针对性地进行空间分隔和组合。

2. 掌握基本模型工具的使用与不同材料的切割、连接方法。

二、作业要求

1. 根据教师给定的图纸，由学生自由分组，3~4人一组（可以讨论）制作三维模型。

2. 在给定的30cm × 20cm的范围内均匀布置9根柱子，每根柱子高5cm。

3. 除底面和顶面外，在这个模型内放置6个面。面的长度、面上挖洞的方式和尺寸均没有限制，面的高度以不超过5cm为准。

4. 在此基础上尽可能地在模型中划分出不同的空间，尽量做到空间类型和方式上的多样性和创造性。

5. 底面应为完整的30cm × 20cm纸板，顶面的尺寸、形状以及开口方式不做限制；顶面不要粘连在模型上，应可以拿开，便于观察模型内部情况。

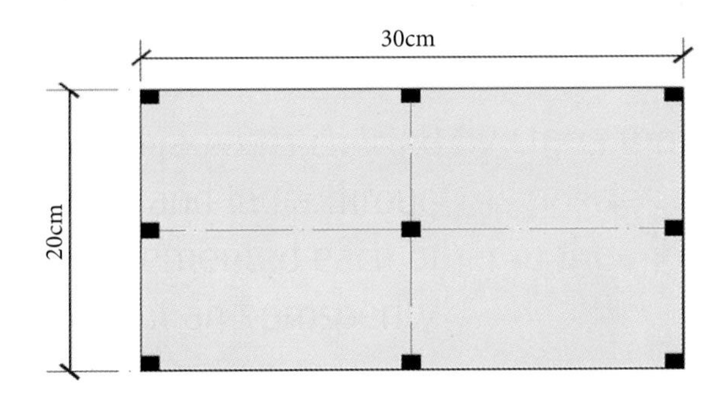

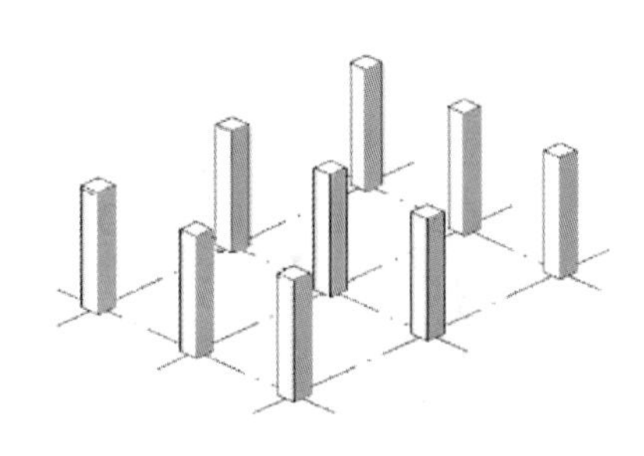

三、作业成果

卡纸模型。

优秀作业1　承重非承重　设计者：沈沉

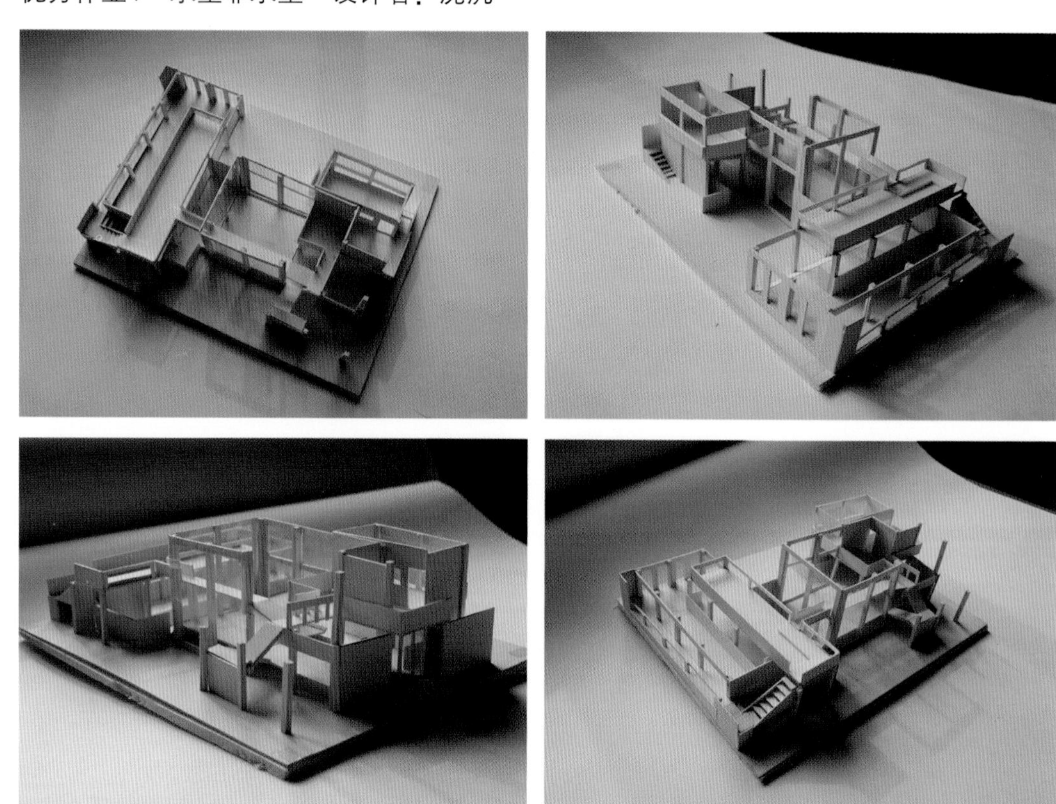

作业点评：

这份设计作品以柱子作为主要承重构件，从而使空间更为通透，渗透感更强。在空间组织上，基地左右两侧分列主要空间，它们之间用交通空间联系，流线组织清晰。

优秀作业2　承重非承重　设计者：宋野

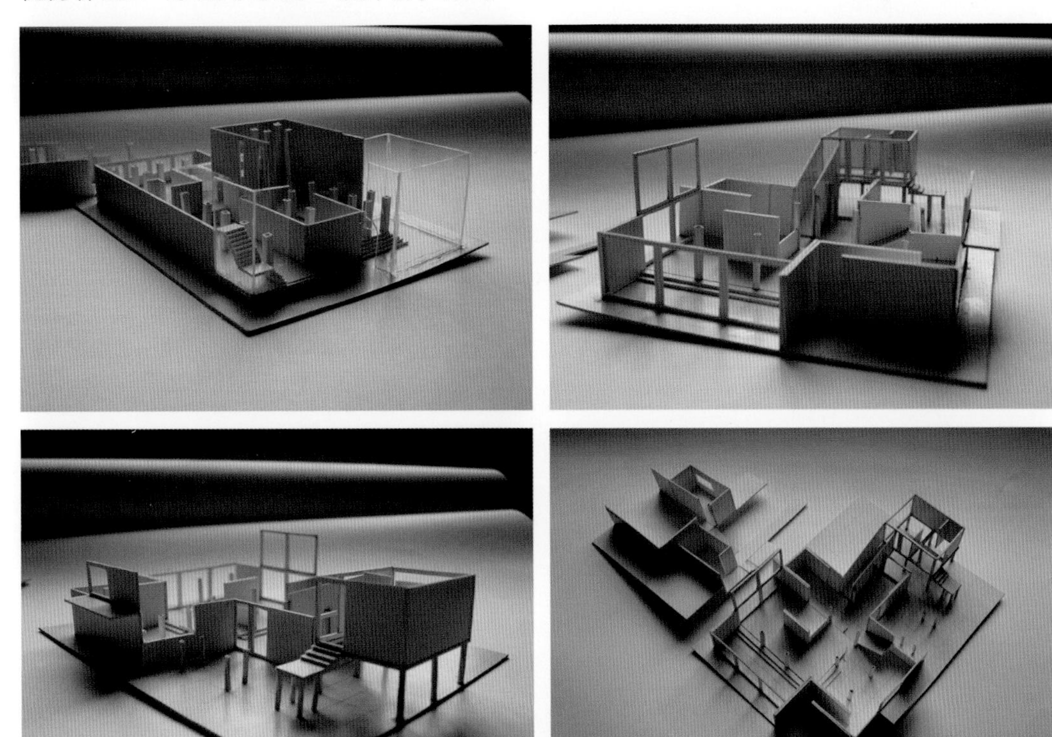

作业点评：

这份设计作品充分利用了各个构件的受力特点，承重和非承重构件在形式和材料上的不同使空间既有融合又有分隔，空间形式多样，组织有序，细节的处理显示出该学生良好的空间控制能力。

7.9 综合设计

7.9.1 题目1 Recycling实体装置设计

一、作业目的

初步掌握设计思维方法，了解设计全过程，初步学习6个环节教学内容，初步树立绿色设计意识，初步具备实践操作能力。

二、作业要求

1. 在学院南侧空地选择一块区域设计一个装置，该装置造型、功能自定，比如可供学生休息、交流、小型展览等。每组用地的尺寸为2.5m×2.5m，装置的任何部分均不得超出这个范围。

2. 该装置造型、功能自定的同时：

①考虑拆解后的设计与使用，如可在教室、教学楼、宿舍内再利用等；

②考虑与周围环境有机结合，符合人体尺度，结构稳定，材料选择具有绿色意识；

③考虑能方便、灵活地满足一个或多个功能，实现空间的高效利用；

④考虑从设计策划—建造使用维护—拆解再利用全生命周期资源节约；

⑤考虑室外特殊气候条件应对，如风雨；由于用地紧张限制，考虑装配程序及方法。该装置不是一个立体构成作品，必须承担某种功能。

3. 设计过程分个人设计、方案筛选和分组制作三个部分，先进行方案设计讨论以及草模推敲，之后每班选择五个执行方案，提供每组800元资金，制作比例1:1的装置，并将最后成果摆放于相应位置。

4. 购买材料并搭建实体模型，模型高度不低于1.8m，不高于2.5m。

5. 制作模型并绘制图纸，可以使用SketchUp做辅助设计。

6. 在搭建装置时，做好时间安排。在最后讲评前做最后的安装，以免装置在室外遭到破坏。

7. 搭建完成的装置必须稳固，可稳定地独立摆放。

8. 必须按照时间安排完成各个阶段的作业，个人最终成绩由个人设计、小组设计和最后成果平均计分。

三、作业成果

1. 草模，比例自定；细部构件可用大比例模型推敲；实体模型比例1:1。

2. 模型材料：根据每组设计自定。

3. 时间要求：5.5周。

优秀作业1　Recycling实体装置设计——WHISPER

设计者：刘高强　李然　李彤　高君卿　杨懿　赵鹏

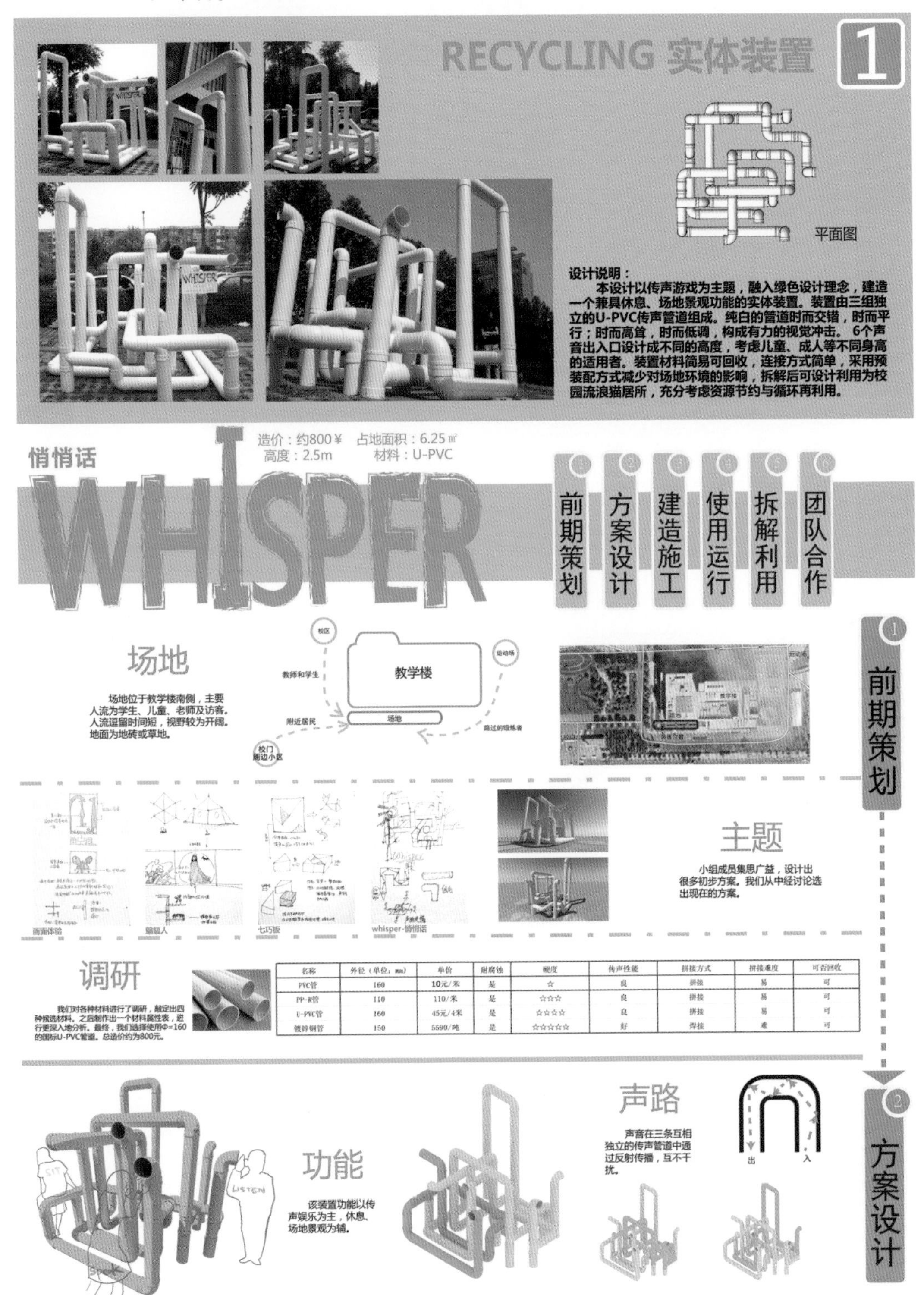

名称	外径（单位：mm）	单价	耐腐蚀	硬度	传声性能	拼接方式	拼接难度	可否回收
PVC管	160	10元/米	是	☆	良	拼接	易	可
PP-R管	110	110/米	是	☆☆☆	良	拼接	易	可
U-PVC管	160	45元/4米	是	☆☆☆☆	良	拼接	易	可
镀锌钢管	150	5590/吨	是	☆☆☆☆☆	好	焊接	难	可

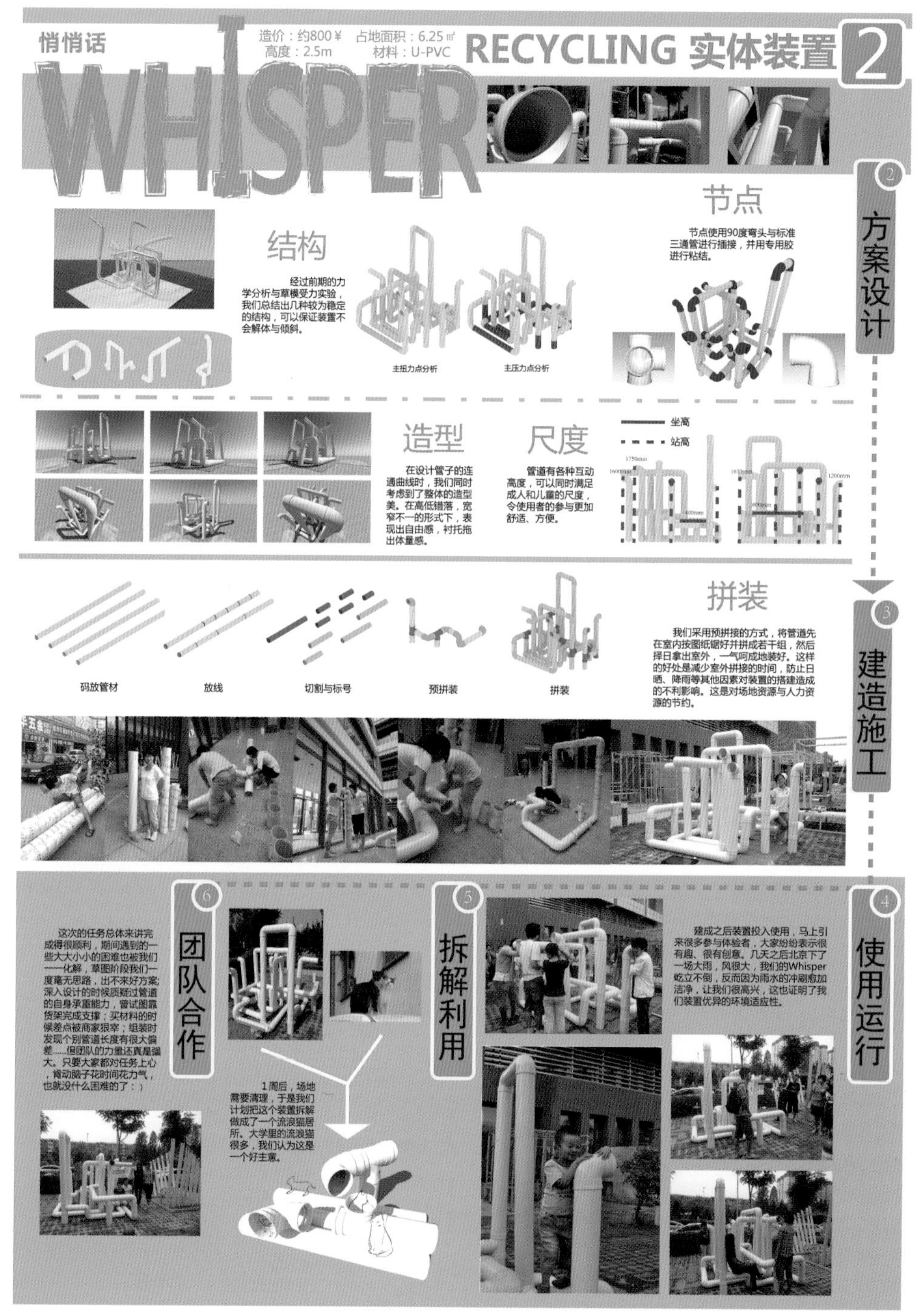

作业点评：

装置以“WHISPER”为题，立意和造型皆颇具童趣；材料选用现成U-PVC管道，前期经过多次Sketch Up模型反复推敲，构成感强。作品的主题、形式和构造能够较完美地统一起来，可谓匠心独具。

优秀作业2　Recycling实体装置设计——雨木栖息

设计者：曲悠扬　王天航　刘雪晴　刘泽华　张子伊　蒙芸

工程造价预算表

编号	建材名称	规格	单价	预购数量	总价	来源
1	木方	40*60*4000mm	18	16	288	建材市场
2	木线	12*80*4000mm	14	10	140	建材市场
3	凳板	20*70*4000mm	15	15	225	建材市场
4	密度板	2000*1250*20mm	80	1	80	建材市场
5	阳光板	1250*1250mm	0	1	0	废旧品回收
6	PVC管	φ 2*2m	0	1	0	废旧品回收
7	连接管件	标准弯头	5	3	15	建材市场
8	连接部件	标准角铁、工字钉	1	50	50	建材市场
9	防水松油	4000g/桶	80	1	80	建材市场
10	玻璃瓶	40个	0	1	0	家中废旧饮料瓶
					总价：	878元

作业点评：

顾名思义，此装置在设计主题、材料选择、建筑形象和使用方式等各个方面，较好表达了“绿色”“生态”“环保”和“循环利用”“全生命周期”等理念。此外，设计者还十分重视设计过程，严格记录装置搭建过程中的各项支出，编制《工程造价预算表》，是同类作品中完成度较高的一例。

优秀作业3　Recycling实体装置设计——CAUP等时性学院标识

设计者：李达　芮智　陈金利　马静　丁晓宇

作业点评：

设计以“CAUP”进行空间三维变形，从各角度都易辨认，形成等时性标识景观。装置内外空间融合，可作为座椅、躺椅或提供临时展、售等功能。结构骨架以螺栓固定金属货架，稳定性好，外围护结构采用废旧展板上色，拆解后可设计再利用为座椅、书架等，节省造价。

优秀作业4 Recycling实体装置设计——榕树下

设计者：李琦 管力 付宇 刘佳艺 王赵玥 马夕雯

作业点评：

设计以“榕树”为主题，提供底层休息、中层展示、上层遮荫的功能，尺度适宜；功能、结构、构造、材质均能较好地切合主题；整体结构稳定，经使用及遭受风雨后仍能保持完好无损；构造采用宜家（IKEA）预制木件连接立柱与横板，铰接牢固，简易，可回收；用材较省从而降低造价。此外，该装置还极为轻便，可整体或局部拆解后搬入教学楼作展示、休息景观设施。

优秀作业5 Recycling实体装置设计——错落的方体

设计者：吴越　肖如星　张淑媛　刘影　谢忠泓　郑彬祥

作业点评：

设计以立方体为基本形，选取与教学楼造型相呼应的体块穿插方式，限定出内外展示空间；提供小型模型展示、参观功能，并且可供观者坐、扶；拆解后可组合为“俄罗斯方块”游戏装置置于教学楼入口休息空间。

7.9.2 题目2 奥运多功能服务设施设计

一、作业目的

奥运会将在北京召开，奥组委希望提供由A空间和B空间组合的一些临时性单元体，以单体或拼合及叠加等方式，在奥运场馆周围，用于满足纪念品、鲜花、礼品、小商品售卖、休息、临时医疗救护、信息交流传播、书报、宣传、临时宿营等功能。通过这项作业学习发现问题和解决问题的设计方法，培养对环境、功能、空间、造型、材料、结构的整体认识与把握。

二、作业要求

1. A、B分别为两个单元体，将A、B进行组合，至少要满足上述一项功能。

2. A=3B，A≤15m^2，交通面积算在各自面积中。

3. 每一个单元体高度≤4m（某些标志构件可达6m）。

4. 将若干A、B进行拼合或叠加，考虑接口的通用性及可扩展性，考虑拼合或叠加体的多功能、易组合、可拆卸等灵活可变性。

5. A空间和B空间的功能定位，可根据具体功能要求由设计者自定。

6. 场地环境选在奥运场馆周围的绿地或广场内。

三、作业成果

模型制作：

1. 完成一个A和一个B的拼合或叠加，根据功能要求设计多种可能的A、B组合。

2. 模型比例 1:50。

图纸表现：绘出A、B单元体及由此单元体形成的组合平面图（1:50），注明功能。通过模型照片体现立面和造型及不同组合形态，在图上完成300字以内的设计说明及分析，图面效果要求干净整洁，构图均衡生动，富有创造力。

图纸规格：A1图（594mm×841mm）1~2张。

优秀作业1　奥运临时服务装置设计　设计者：沈晨

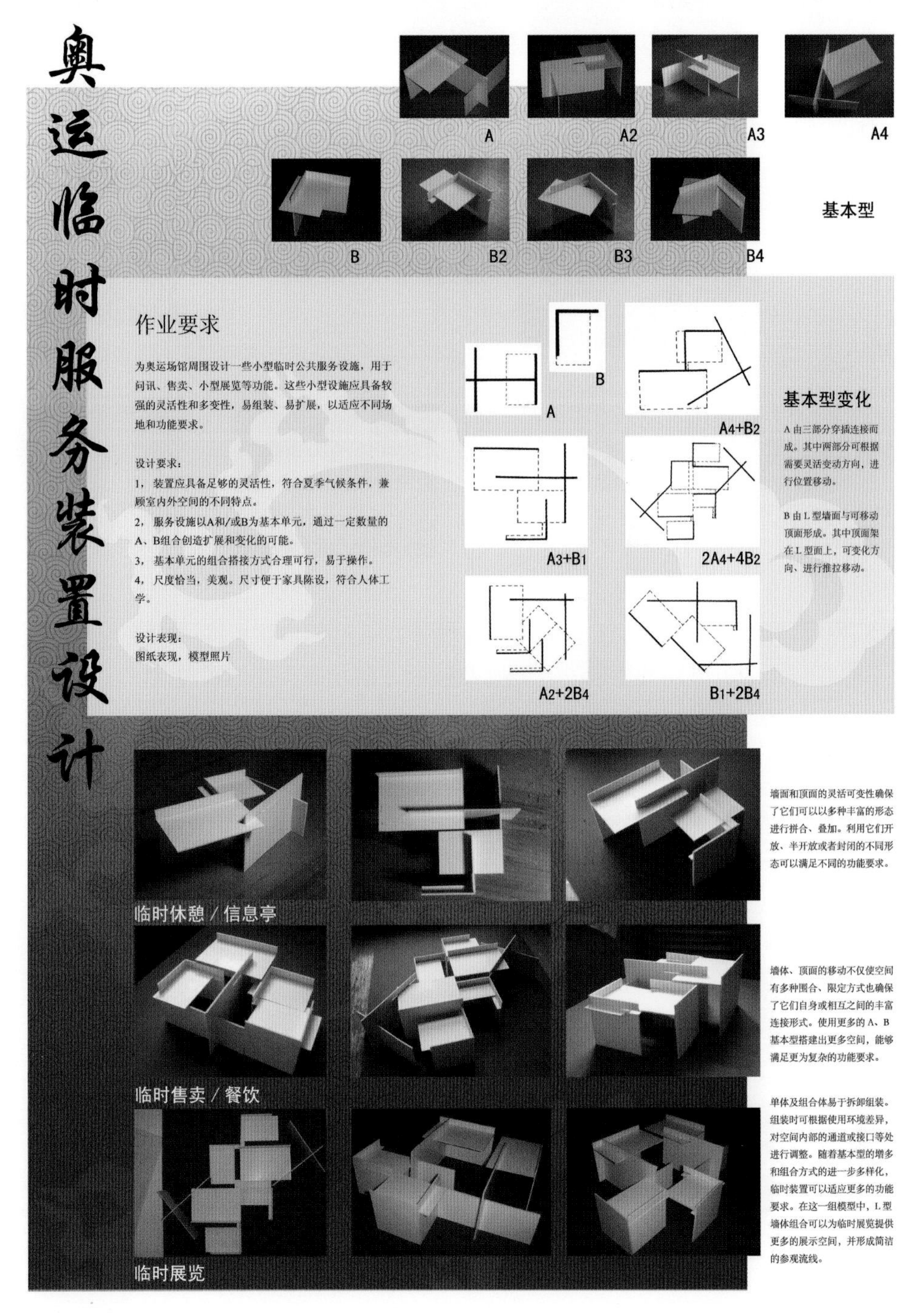

作业点评：

此装置设计灵活，方便拆卸、组装，使用者可根据自己的需求通过拼插等方式对单元形进行重组，进而满足不同的功能需求，在某种程度上引入了参与式设计的理念。

优秀作业2　奥运多功能服务设施设计　设计者：王振海

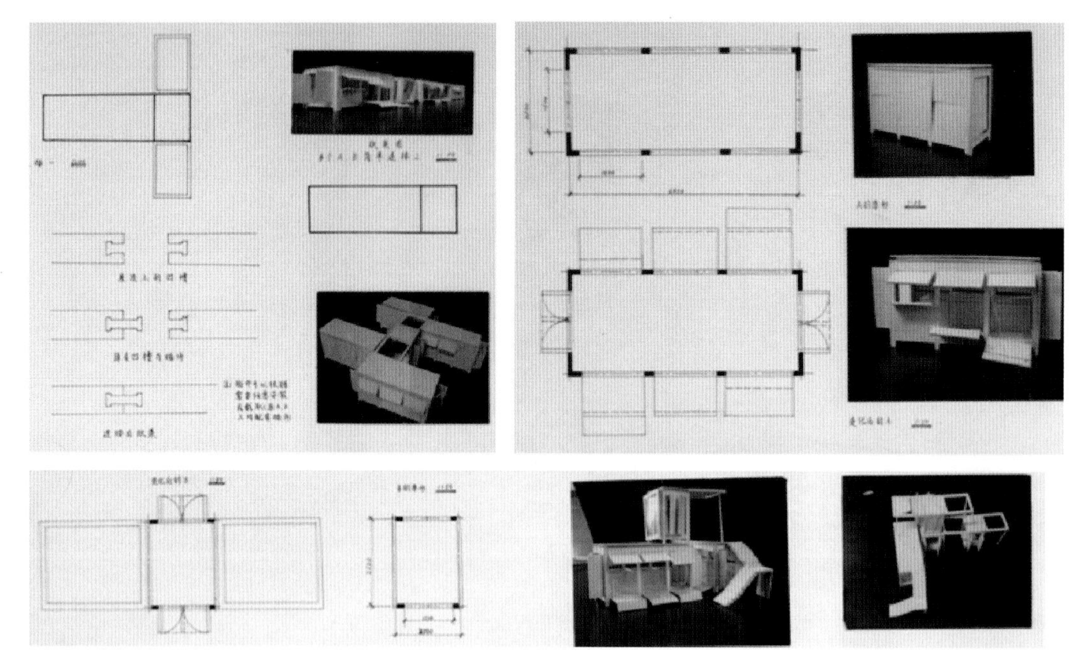

作业点评：

该装置设计简洁，空间感强，颇具建筑意味，通过两个富于变化的单元空间——A和B的不同组合，形成不同的室内外空间和灰空间，满足各类功能需要。

优秀作业3　奥运多功能服务设施设计　设计者：王一辰

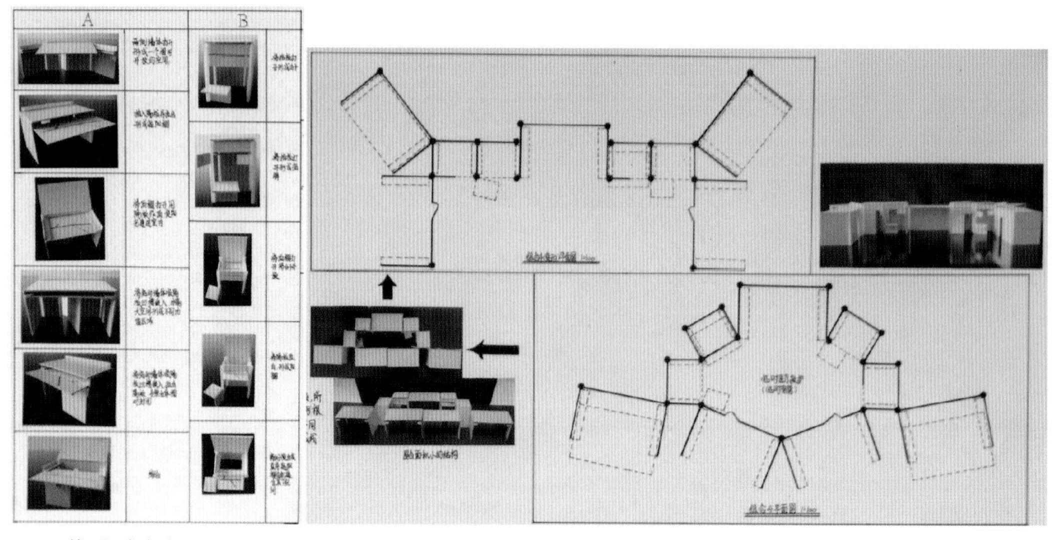

作业点评：

该装置易拆装、易搬运，组合灵活多变，采用框架结构的基本单体通过各种组合、布局后，可形成临时医疗救护、宿营、检录台、小卖部、信息交流中心等满足多种奥运比赛功能的服务空间。

7.9.3 题目3 防灾装置设计

一、作业目的

学习发现问题和以设计手法解决问题的设计方法，培养对环境、功能、空间、造型、材料、结构的整体认识与把握。

二、作业要求

1. 选择一块位于社区中心的绿地，设计一组装置。该装置平时可作为社区景观，灾难发生时可以作为临时避难（供3~5人或以上）、临时医疗救护等应急功能使用。

2. 防灾装置造型、内容自定。要求做到平灾结合：平时造型生动、优美，与周围环境有机结合；灾时能方便、灵活地实现防灾所需功能。

3. 要求做出相应的设施标识设计（含用途标志、使用方法说明等）放置在场地中，并考虑与装置的关系。

三、作业成果

模型要求：

1. 模型比例：1:20，高度<6m，用地范围：10m × 10m。

2. 模型材料：以白卡纸为主，可以辅助其他材料。

图纸要求：

1. 平立面图、透视图、分析图。

2. 模型照片（各个角度，不少于三张）。

3. 设计说明。

4. 3号绘图纸，墨线绘制。

四、时间安排

第一周：讲课、调研、初步设计。

第二周：每人提交设计一草，教师对方案提出修改意见。

第三周：确定每班的5个备选方案并评分；重新分组进行进一步设计和讨论。

第四周：用草模或者计算机辅助设计二草。

第五周：购买材料，搭建模型，并在搭建过程中修正设计。

第六周：完成搭建，完成图纸，公开讲评。

优秀作业1　“能”（able）：扩展空间（包括：Team1-易构空间，Team2-Pioneer救灾先锋车，Team3-EMERGENCY CENTER应急物资中心）

设计者：陈未　袁永健　李子轩　马云飞　吴建师　鲁秋颖

优秀作业1　“能”（able）：扩展空间（包括：Team1–易构空间，Team2–Pioneer救灾先锋车，Team3–EMERGENCY CENTER应急物资中心）（续）

作业点评：

扩展空间组的设计采用原型空间经过扩展进行平灾功能转换。

优秀作业2　“能”（able）：单元空间（包括：A&S，创椅，M^3）

设计者：徐晓萌　董艺　杨一任　王思成　丁洋　董博圆

优秀作业2 “能”（able）：单元空间（包括：A&S，创椅，M^3）（续）

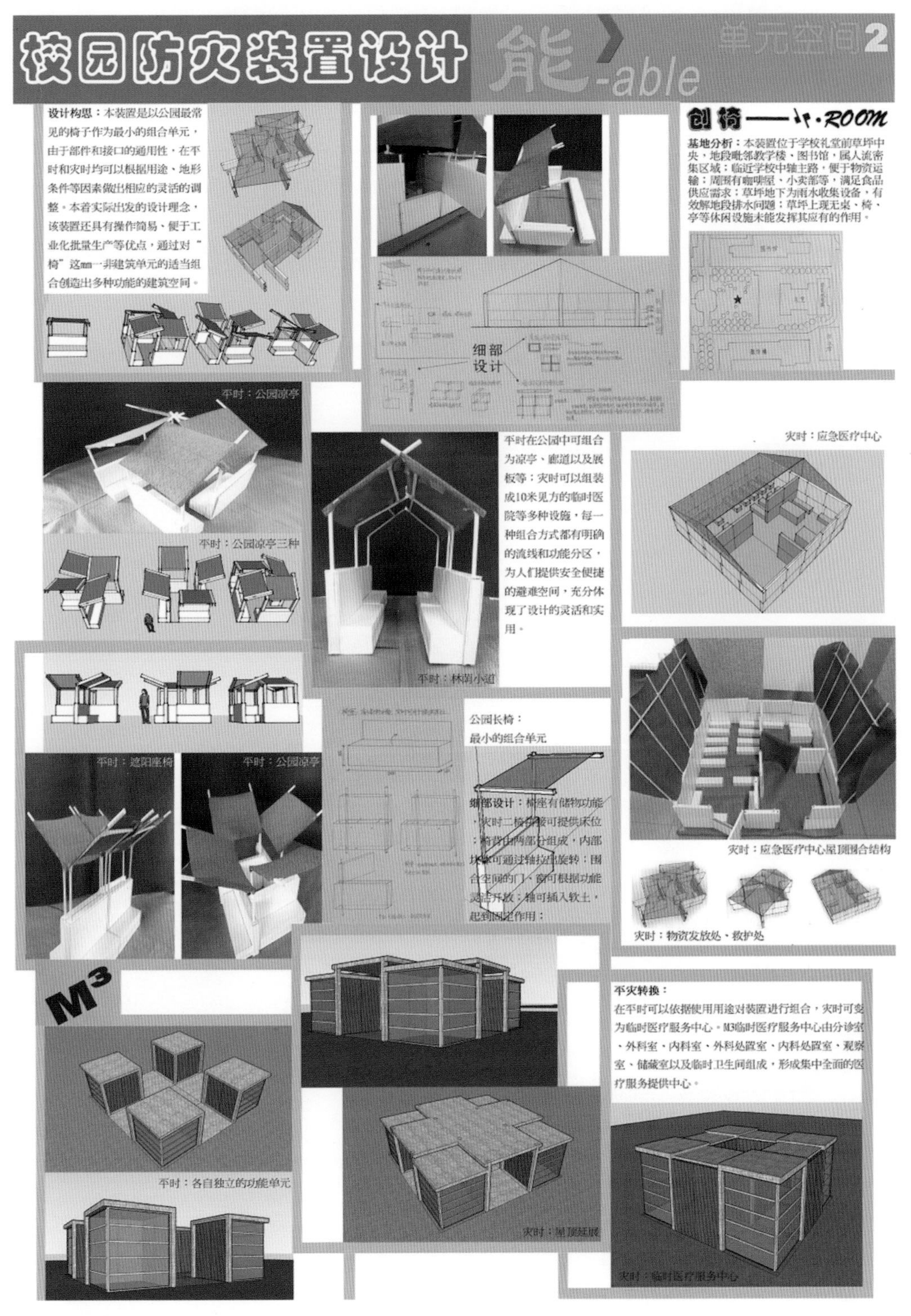

作业点评：

单元空间组的设计采用单元空间经过重复、组合进行平灾功能转换。

优秀作业3 “能”（able）：廊道空间（包括：RUSH，明廊）

设计者：尉东颖 李易 陈静 张铮

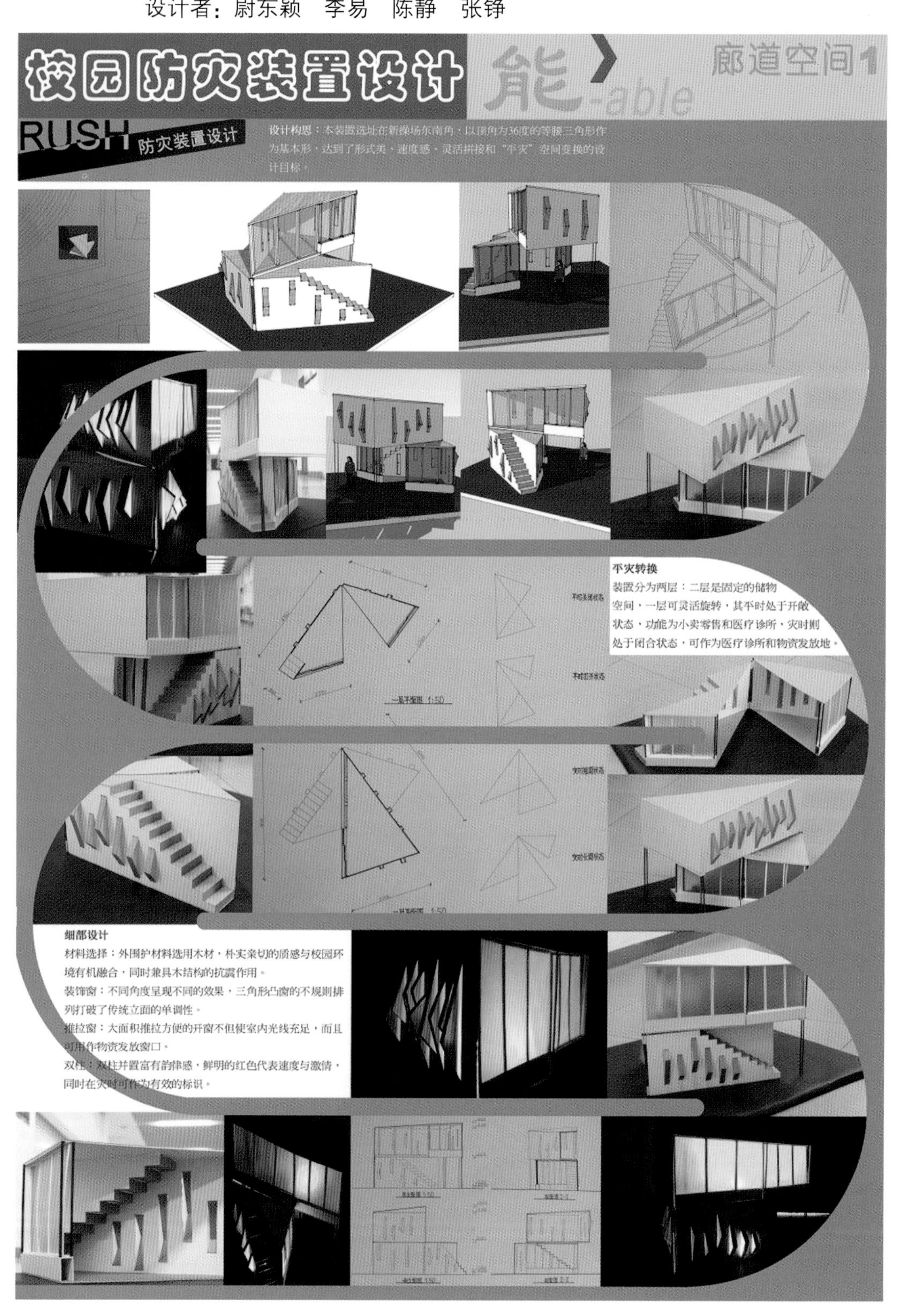

优秀作业3　“能”（able）：廊道空间（包括：RUSH，明廊）（续）

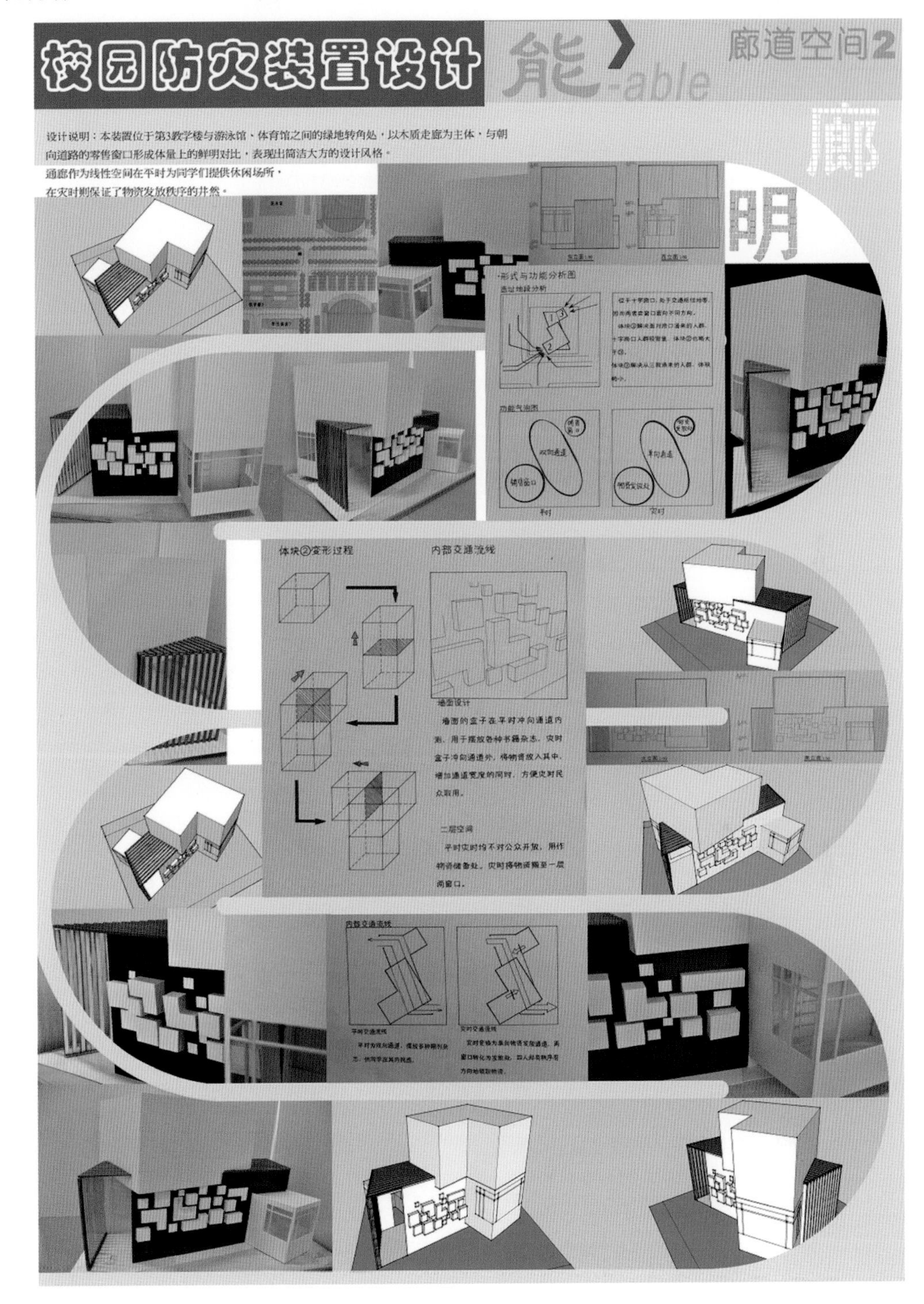

作业点评：

廊道空间组的设计以廊道交通空间为主体，通过重新组织水平、垂直交通，进行平灾功能转换。

获奖作业　防灾装置设计——transformer　设计者：于澈

作业点评：

T形装置平时用作广场中的休息亭，前面的双层墙体则依据形状不同用作布告栏、自行车架、标识物以及景观小品等。隐藏在装置顶部的隔栅可以拉出并在轨道上移动，组合出多种形式，适应不同需求。灾害发生后可沿轨道将T形结构和双层墙体连接在一起，形成临时避难场所。每两个T形结构组成一个临时居住单元供2人居住。装置构思巧妙、形式新颖、空间丰富。

7.10 扩展训练

题目 光的盒子

一、作业目的

了解建筑中光的作用，并进行分析及设计。

二、作业要求

1. 完成与建筑实例相关的光的分析图纸。

2. 制作40cm × 8cm × 8cm的长方体，其中一端（8cm × 8cm）中央留出4cm × 4cm的观察孔，在其余5个面上设计洞口，利用洞口的位置、尺寸使盒子内部呈现丰富的光影变化效果。

3. 材料：卡纸、白乳胶。

三、作业成果

1. A1绘图纸1~2张。

2. 墨线绘图。

3. 以图像表达为主，附以简单文字说明。

4. 模型。

优秀作业1 光的分析 设计者：陈奕名

优秀作业2 光的分析 设计者：李连娜

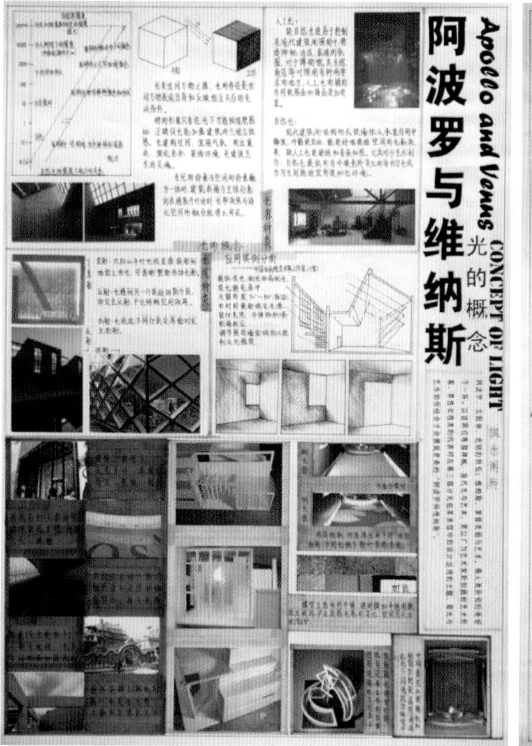

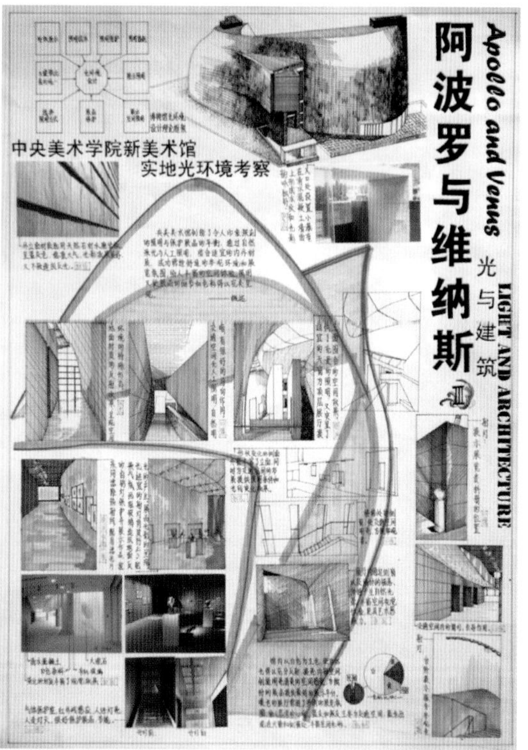

优秀作业3 光的分析 设计者：任柏欣

优秀作业4 光的分析 设计者：张翼楠

优秀作业5　光的分析　设计者：贾晓宁

优秀作业6　光的分析　设计者：翟博泓

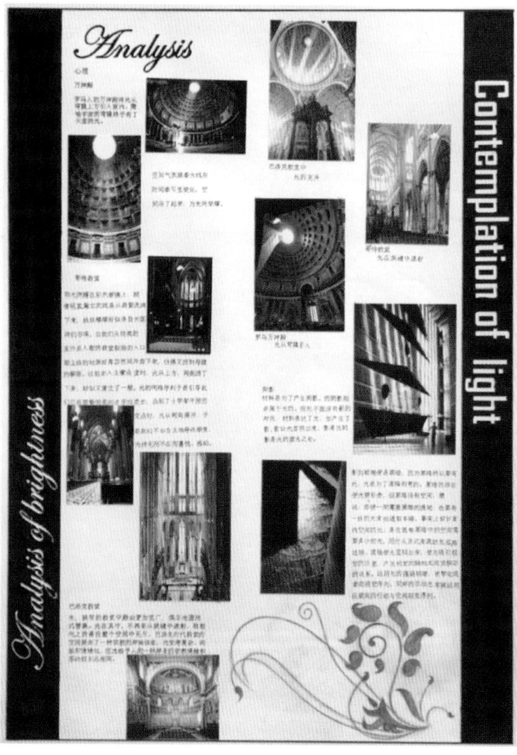

优秀作业7　光的盒子　设计者：沈远

作业点评：

设计简明大方，不同光线入射角能够形成不同的光照效果，充分考虑光影关系，形成一定的韵律感和节奏感。

优秀作业8　光的盒子　设计者：张翼南

作业点评：

设计注重运用光线营造室内空间层次和气氛，充分考虑了顶棚、墙面、地面的光影效果，主题突出，视觉引导性强。

优秀作业9　光的盒子　设计者：宫通通

作业点评：

设计运用顶光源和侧光源营造变化的室内光环境，在顶棚、地面、墙面均形成具有节奏变化的光影效果，突出空间层次和序列感。

优秀作业10　光的盒子　设计者：邱腾菲

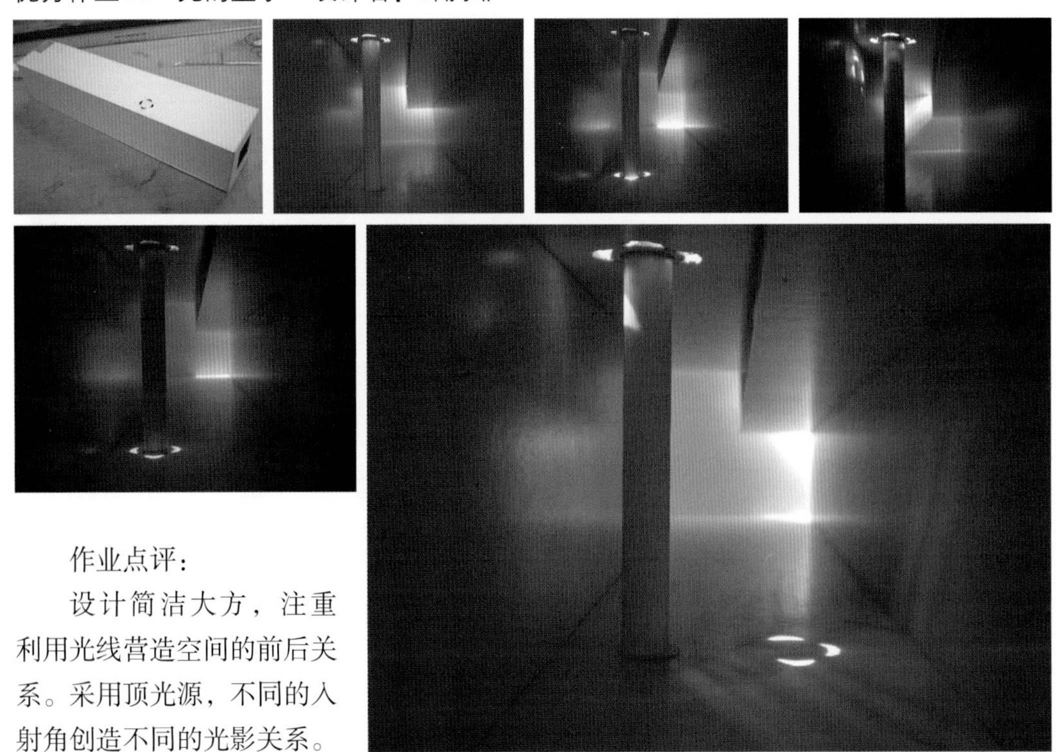

作业点评：

设计简洁大方，注重利用光线营造空间的前后关系。采用顶光源，不同的入射角创造不同的光影关系。

竞赛作业　雕刻时光　设计者：陈奕名

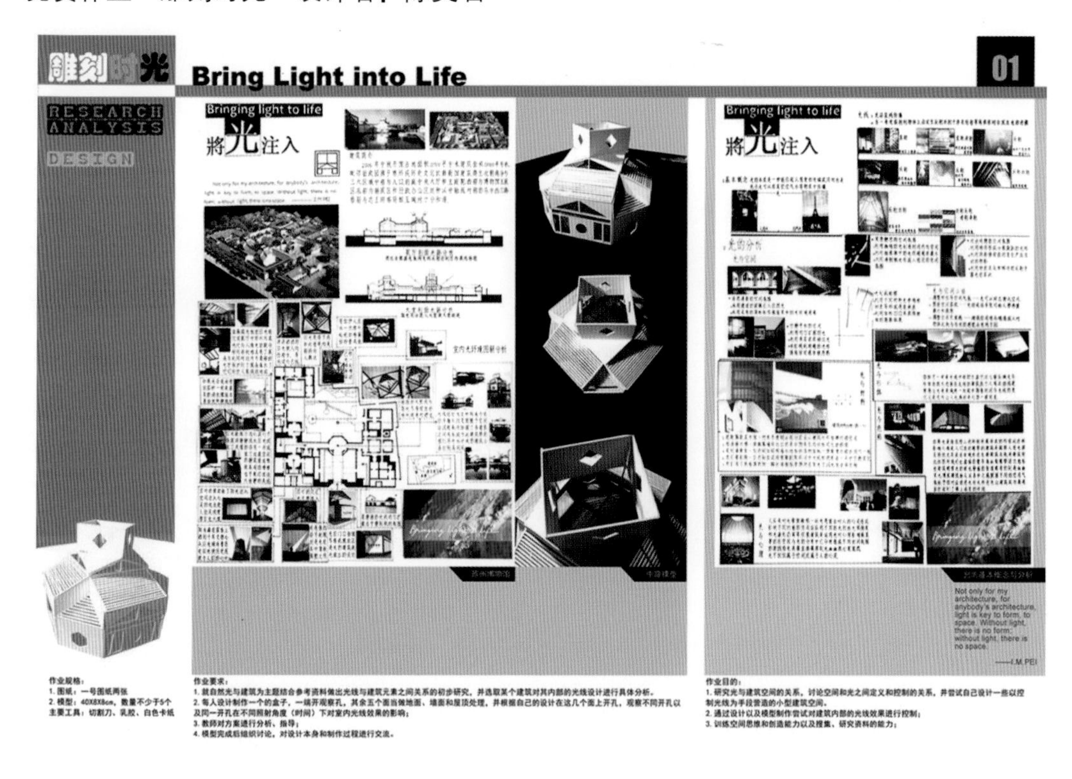

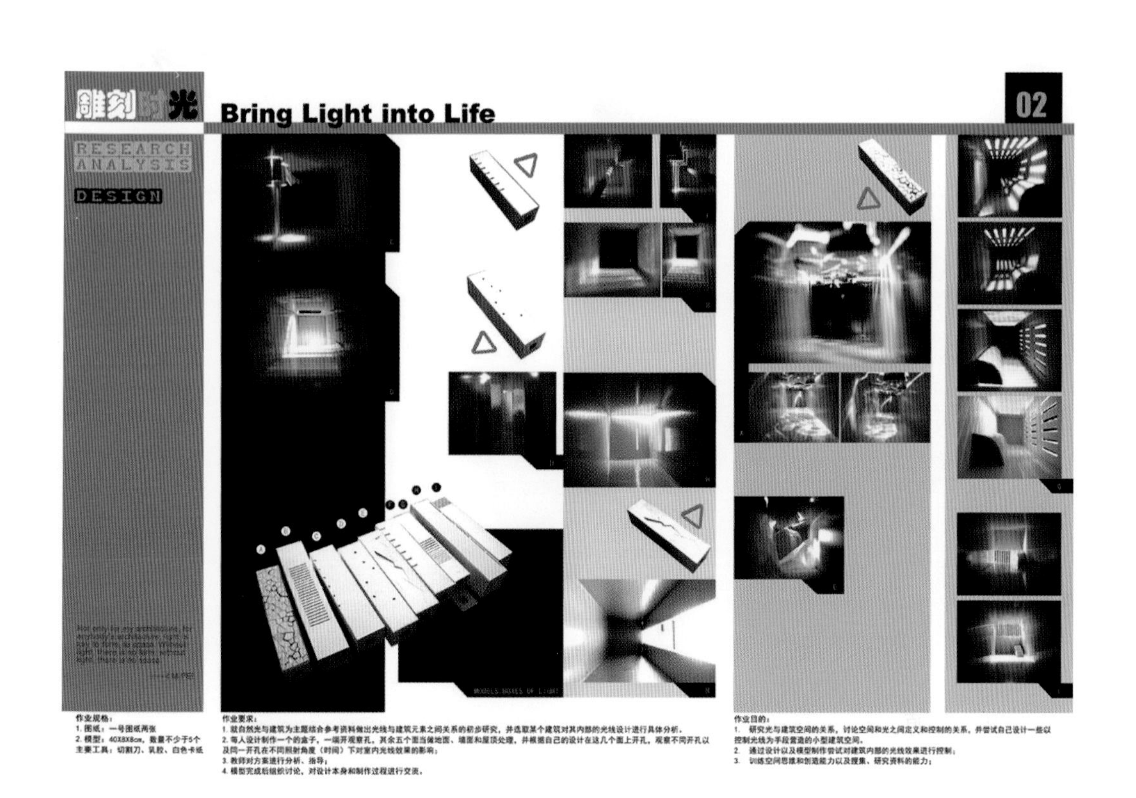

参考文献

[1] 潘谷西. 中国建筑史 [M]. 6版. 北京：中国建筑工业出版社，2009.

[2] 刘敦桢. 中国古代建筑史 [M]. 2版. 北京：中国建筑工业出版社，1984.

[3] 陈志华. 外国建筑史（19世纪末叶以前）[M] . 4版. 北京：中国建筑工业出版社，2010.

[4] 罗小未，蔡琬英. 外国建筑历史图说 [M]. 上海：同济大学出版社，1986.

[5] 李华东. 西方建筑 [M]. 北京：高等教育出版社，2010.

[6] 伯纳德・鲁道夫斯基. 没有建筑师的建筑：简明非正统建筑导论 [M]. 高军，译. 天津：天津大学出版社，2011.

[7] 劳埃德・卡恩. 庇护所 [M]. 梁井宇，译. 北京：清华大学出版社，2012.

[8] 周戒. 房屋建筑工程专业基础知识 [M]. 北京：中国环境科学出版社，2010.

[9] 肖明和，张营. 建筑工程制图 [M]. 2版. 北京：北京大学出版社，2012年.

[10]建筑设计资料集编委会.《建筑设计资料集-1》[M]. 北京：中国建筑工业出版社，1994.

[11] 钟训正. 建筑画环境表现与技法 [M]. 北京：中国建筑工业出版社，2004.

[12] 赵航. 景观建筑手绘效果图表现技法 [M]. 北京：中国青年出版社，2006.

[13]盖瑞・斯梅恩斯. 钢笔画技法 [M]. 张士伟，金莉，译. 北京：中国青年出版社，1998.

[14] 雷吉・斯坦顿（Reggie Stanton）. 建筑透视图法 [M]. 庄修田，译. 台北：艺术图书公司，1981.

[15] 田学哲，郭逊. 建筑初步 [M]. 北京：中国建筑工业出版社，2011.

[16] 彭一刚. 建筑空间组合论 [M]. 北京：中国建筑工业出版社，2010.

[17] 朝仓直巳. 艺术设计的平面构成 [M]. 林征，林华，译. 北京：中国计划出版社，2000.

[18] 贾倍思. 型和现代主义 [M]. 北京：中国建筑工业出版社，2003.

[19] 辛华泉. 形态构成学 [M]. 北京：中国美术出版社，2010.

[20] 李峰等. 从构成走向产品设计 [M]. 北京：中国建筑工业出版社，2005.

[21] 曹晖. 视觉形式美的美学研究 [M]. 北京：人民出版社，2009.

[22] 盖尔格里特・汉娜. 设计元素——罗伊娜里德科斯塔罗与视觉构成关系 [M]. 北京：中国水利水电出版社，知识产权出版社，2003.

[23] 贡布里希. 秩序感——装饰艺术的心理学研究 [M]. 杨思梁，徐一维，译. 浙江：浙江摄影出版社，1987.

[24] 丹尼斯・库恩. 心理学导论：思想与行为的认识之路 [M]. 郑钢，等译. 北京：中国轻工业出版社，2004.

[25] 程大锦. 建筑：形式、空间和秩序 [M]. 天津：天津大学出版社，2009.

[26] 唐君. 对建筑装置化倾向的认识 [J]. 安徽建筑，2007（5）.

[27] 刘俨卿. 论建筑装置及其意义 [D]. 北京：中央美术学院，2012.

[28] 苏幼坡，王兴国. 城镇防灾避难场所规划设计 [M]. 北京：中国建筑工业出版社，2012.

[29] 渥美公秀，寄藤文平. 地震笔记本 [M]. 刘晗，译. 北京：生活・读书・新知三联书店，2012.